高等职业教育课程改革系列教材

数字电子电路分析与制作

主　　编　宁金叶　石　琼
副 主 编　裴　琴　王　芳　容　慧
参　　编　郭美莉　周笔锋　张誉腾
　　　　　袁　泉　周惠芳　刘宗瑶
主　　审　陈意军

机械工业出版社

本书以项目为载体，通过任务驱动的方式将知识点与技能点有机融合，使读者在任务学习与任务实施的过程中掌握知识点，提高实践动手能力。

本书安排了五个项目，为电源欠电压过电压报警器的分析与制作、数显逻辑笔的分析与制作、抢答器电路的分析与制作、简易秒表的分析与制作和三角波发生器的分析与制作。每个项目由多个任务组成，通过任务导入、知识链接、任务实施、任务评价和任务总结等环节引导学生逐步完成项目的学习，每个项目配套相应的习题训练，用于知识点与技能点的巩固与提高。

本书可作为高等职业院校电子信息工程技术、电气自动化技术、通信技术、应用电子技术、机电一体化技术、汽车电子技术等专业的教材，也可作为湖南省技能抽考的指导教材。

为方便教学，本书配有电子课件、习题解答、模拟试卷及答案等，凡选用本书作为教材的学校均可来电索取。咨询电话：01088379375；电子邮箱：cmpgaozhi@sina.com。

图书在版编目（CIP）数据

数字电子电路分析与制作 / 宁金叶，石琼主编. —北京：机械工业出版社，2018.12（2025.1 重印）

高等职业教育课程改革系列教材

ISBN 978-7-111-61442-5

Ⅰ. ①数…　Ⅱ. ①宁… ②石…　Ⅲ. ①数字电路-电路分析-高等职业教育-教材②数字电路-制作-高等职业教育-教材　Ⅳ. ①TN79

中国版本图书馆 CIP 数据核字（2018）第 267358 号

机械工业出版社（北京市百万庄大街 22 号　邮政编码 100037）

策划编辑：王宗锋　　责任编辑：王宗锋　曲世海　高亚云

责任校对：张　薇　　封面设计：陈　沛

责任印制：单爱军

北京虎彩文化传播有限公司印刷

2025 年 1 月第 1 版第 9 次印刷

184mm×260mm · 10.75 印张 · 257 千字

标准书号：ISBN 978-7-111-61442-5

定价：35.00 元

电话服务

客服电话：010-88361066

010-88379833

010-68326294

网络服务

机　工　官　网：www.cmpbook.com

机　工　官　博：weibo.com/cmp1952

金　　书　　网：www.golden-book.com

机工教育服务网：www.cmpedu.com

教材编写委员会

前　言

本书是为适应高等职业院校项目化课程改革需求，更好地培养应用型技术人才而编写的高职高专电类专业通用型教材。在编写过程中，编者认真研究了国家职业技能鉴定标准、电子产品生产一线的岗位要求，结合湖南省技能抽考的实际情况组织教材内容，使教材符合理实一体化的教学需要。

本书以项目教学为导向，结合典型电子产品的分析与制作促进技能的学习，将实际岗位需求的知识与技能点融入项目的学习与实践中，体现了“学中做、做中学”的职业教育理念，具有以下特点：

（1）以项目为载体组织教学活动，打破传统的知识点传授方式，将理论与实践有机结合，注重实践技能的培养。

（2）以项目为主线设置教学内容，体现了项目引导、任务驱动、教学做一体化的项目化课程教学理念。

（3）项目设置与生产实践紧密结合，内容安排合理，知识点由浅入深、循序渐进，符合认知规律。

（4）项目内容涵盖湖南省技能抽考题库中的数字电子线路装调全部内容，可以作为电类专业技能抽考中数字电子模块的指导教材。

本书建议学时为 80 学时。教学时可根据专业实际情况，对教学内容和教学学时进行调整。本书可以作为高等职业院校电子信息工程技术、电气自动化技术、通信技术、应用电子技术、机电一体化技术、汽车电子技术等专业的教材，也可以作为湖南省技能抽考的指导教材。

本书由宁金叶、石琼任主编，裴琴、王芳、容慧任副主编，参与编写的有郭美莉、周笔锋、张誉腾、袁泉、周惠芳和刘宗瑶。陈意军教授任本书主审。由于编者水平有限，书中难免存在不妥、疏漏或错误之处，恳请读者批评指正。

编　者

目　　录

项目一　电源欠电压过电压报警器的分析与制作

项目描述

电子电路在工作过程中，需要对电源电路的关键引脚电压值进行实时检测，过低或者过高的电源电压都会使电路发生故障。实际工作中，通常采用数字万用表来测量电路中关键引脚的电压值，但此种方法在操作过程中非常不方便，且不能及时发现电路故障。本项目将设计和制作一个简易的电源欠电压过电压报警保护电路，电路的系统框图如图 1-1 所示。首先，被检测的交流电源采用整流桥堆进行整流、电源芯片实现直流稳压。随后，采用集成门电路实现电源电压的过电压和欠电压检测。最后采用发光二极管、蜂鸣器和集成门电路实现异常电压的声光报警。该电路不仅可以快速测量出电路中不正常的电压值，还可以做出相应的报警显示，确保电路工作在正常的电压范围内。

围绕电源欠电压过电压报警保护电路的知识与技能点，本项目分解为四个子任务，即认识数字电路、逻辑门电路的功能测试、集成门电路的功能测试、电源欠电压过电压报警保护电路的制作与调试。

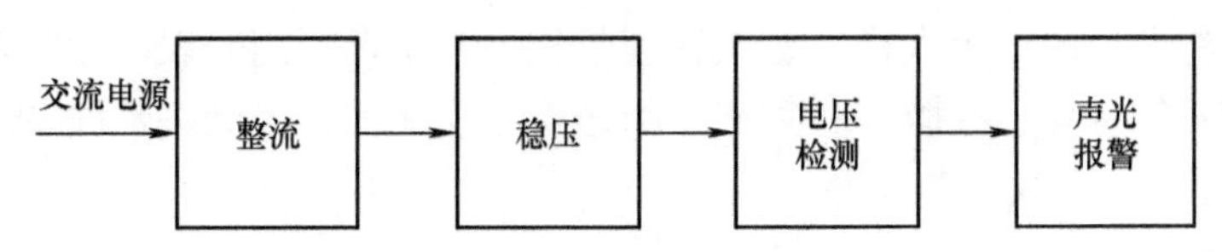

图 1-1　电源欠电压过电压报警保护电路的系统框图

学习目标

【知识目标】

1）了解数字电路的特点以及数制和编码的概念。

2）掌握基本门电路与常见复合门电路的逻辑功能和表示方法。

3）掌握逻辑代数的基本运算、基本公式及基本定理。

4）掌握逻辑代数的公式化简法和卡诺图化简法。

5）熟练运用真值表、逻辑表达式、逻辑电路图和卡诺图表示逻辑函数。

6）了解常见集成门电路的功能和使用注意事项。

【技能目标】

1）会查资料了解数字集成电路的相关知识。

2）掌握常用集成门电路的功能测试与应用方法。

3）初步了解数字电路的故障检修方法。

4）熟悉数字电路的搭接技巧与集成芯片的电子焊接方法。

5）能够对电源欠电压过电压报警保护电路进行安装与调试。

任务一　认识数字电路

【任务导入】

当今，“数字”这两个字正以越来越高的频率出现在各领域，数字化已经成为电子技术发展的潮流。数字电路是数字电子技术的核心，是现代计算机和数字通信的硬件基础。从现在开始，你将跨入数字电子技术这一神奇的世界，去探索它的奥秘，认识它的精彩。本任务主要介绍数字电路的基本概念、数制和编码等数字电路基础知识。

【知识链接】

一、数字电路概述

（一）模拟信号和数字信号

电子电路中的信号可以分为两大类：模拟信号和数字信号。

1. 模拟信号

在自然界中存在着很多的物理量，如温度、压力、速度及重量等。它们在时间和数值上具有连续变化的特点，习惯上人们把这类物理量称为模拟量，用来表示模拟量的信号称为模拟信号。模拟信号的特点：在时间和数值上都是连续变化的，不会突然跳变。典型的模拟信号如图 1-2 所示。

2. 数字信号

还有一类物理量，诸如，电路的通断、灯泡的开关、生产流水线上记录零件个数的计数信号等。它们在时间和数值上都是离散的，习惯上人们把这类物理量称为数字量，用来表示数字量的信号称为数字信号。数字信号的特点：其变化发生在离散的瞬间，其值也仅在有限个量化值之间发生阶跃变化。典型的数字信号如图 1-3 所示。

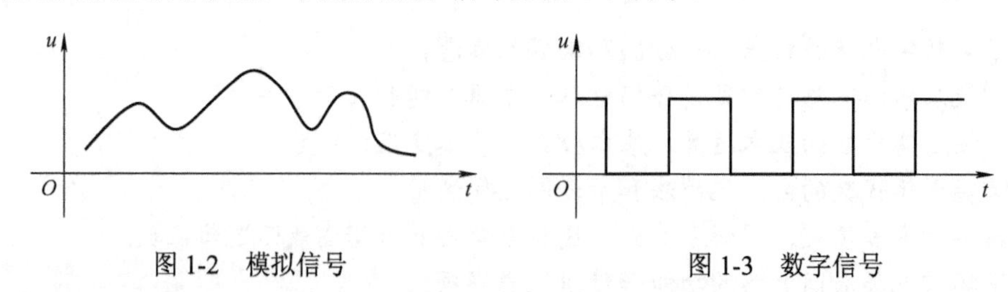

图 1-2　模拟信号　　　图 1-3　数字信号

（二）数字电路

数字电路是指传输和处理数字信号的电子电路。

1. 数字电路的特点

与模拟电路相比，数字电路具有以下显著的特点：

1）工作信号是二进制的数字信号，反映在电路上是高低电平两种状态。

2）研究的主要问题是电路的逻辑功能。

3）电路结构简单，便于集成、系列化生成，成本低廉，使用方便。

4）抗干扰能力强，可靠性高，精度高。

5）对电路中元器件精度要求不高，只要能区分 0 和 1 两种状态即可。

6）数字信号更易于存储、加密、压缩、传输和再现。

2. 数字电路的分类

数字电路的种类很多，常用的一般按下列几种方法来分类：

1）按电路有无集成元器件来分，可分为分立元器件数字电路和集成数字电路。

2）按集成电路的集成度来分，可分为小规模集成数字电路（SSI）、中规模集成数字电路（MSI）、大规模集成数字电路（LSI）和超大规模集成数字电路（VLSI）。

3）按构成电路的半导体器件来分，可分为双极型数字电路和单极型数字电路。

4）按电路中元器件有无记忆功能来分，可分为组合逻辑电路和时序逻辑电路。

3. 学习数字电路应注意的问题

在数字电路中，所有的变量都归结为 0 和 1 两个对立的状态。通常，我们只需要关心信号的有或无，开关的通或断等，不必去计算某个变量的详细数值，比如电压幅值的微小变化就可能毫无意义。

数字电路的研究是以逻辑代数为基础的，它主要研究输入、输出变量之间的逻辑关系，并建立了一套逻辑函数运算和化简的方法。逻辑代数又称为双值代数，其变量只有 0 和 1 两种可能，相对模拟电路，数字电路中没有复杂的计算问题。

二、数制

数字信号通常都是用数码的形式给出的，不同的数码可以用来表示数量的不同大小。用数码表示数量的大小时，仅采用一位数码往往不够用，因此经常需要用进位计数制的方式来组成多位数码。我们把多位数码中每一位的构成方法以及从低位到高位的进位规则称为数制。日常生活中，人们常用的计数制是十进制，而在数字电路中通常采用的是二进制，有时也采用八进制和十六进制。

（一）几种常用的数制

1. 十进制

十进制是日常生活和工作中最常使用的进位计数制。在十进制中，每一位有 0～9 十个数码，所以计数的基数是 10，超过 9 的数必须用多位数来表示，其中低位与相邻高位之间遵循“逢十进一”的规律，故称之为十进制。

【例 1-1】 将十进制数 2017.9 按权的形式展开。

【解】

$$2017.9=2\times10^3+0\times10^2+1\times10^1+7\times10^0+9\times10^{-1}$$

所以，任意一个十进制数 D 均可以展开为

$$D=\sum K_i\times10^i \tag{1-1}$$

其中 K_i 是第 i 位的系数，它可以是 0～9 这十个数码中的任何一个。若整数部分的位数是 n，小数部分的位数是 m，则 i 包含从 n–1 到 0 的所有正整数和从–1 到–m 的所有负整数。

若以 N 取代式（1-1）中的 10，则可以得到任意进制数按照十进制展开的普遍形式，即

$$D=\sum K_i \times N^i \tag{1-2}$$

其中，i 的取值与式（1-1）的规定一致。K_i 为第 i 位的系数，N 称为计数的基数，N^i 称为第 i 位的权。

2. 二进制

在数字系统中广泛采用二进制计数。在二进制数中，每一位仅有 0 和 1 两个可能的数码，所以计数的基数是 2。低位与相邻高位之间遵循“逢二进一”的规律，故称之为二进制。根据式（1-2），任意一个二进制数可展开为

$$D=\sum K_i \times 2^i \tag{1-3}$$

根据上式可计算出它所表示的十进制数的大小。

【例 1-2】 求二进制数 101.01 按权展开的形式和结果。

【解】

$$(101.01)_2=1\times2^2+0\times2^1+1\times2^0+0\times2^{-1}+1\times2^{-2}$$
$$=(5.25)_{10}$$

其中，下角标 2 和 10 表示括号里的数是二进制数和十进制数，也可以用 B（Binary）和 D（Decimal）代替 2 和 10 这两个下角标。

在数字系统中，由于其电气元件最易实现的是两种稳定状态，即器件的“开”与“关”、电平的“高”与“低”，因此，采用二进制数的“0”和“1”可以很方便地表示数字系统的数据运算与存储。为了方便阅读和书写，人们还经常用八进制数或十六进制来表示二进制数。虽然一个数可以用不同计数制形式表示它的大小，但该数的量值是相等的。

3. 八进制

在八进制数中，每一位仅有 0～7 八个不同的数码，所以计数的基数是 8。低位与相邻高位之间遵循“逢八进一”的规律，故称之为八进制。根据式（1-2），任意一个八进制数可以展开为

$$D=\sum K_i \times 8^i \tag{1-4}$$

由此式可计算出它所表示的十进制数的大小。

【例 1-3】 求八进制数 17.2 按权展开的形式和结果。

【解】

$$(17.2)_8=1\times8^1+7\times8^0+2\times8^{-1}$$
$$=(15.25)_{10}$$

其中，下角标 8 表示括号里的数是八进制数，也可以用 O（Octal）代替 8 这个下角标。

4. 十六进制

十六进制数的每一位有十六个不同的数码，分别用 0～9、A（10）、B（11）、C（12）、D（13）、E（14）、F（15）表示，遵循“逢十六进一”的规律，故称之为十六进制。任意十六进制数都可以展开为

$$D=\sum K_i \times 16^i \tag{1-5}$$

由此式可计算出它所表示的十进制数的大小。

【例 1-4】 求十六进制数 2A.7F 按权展开的形式和结果。

【解】 $(2A.7F)_{16} = 2\times16^{1} + 10\times16^{0} + 7\times16^{-1} + 15\times16^{-2}$

$=(42.49609375)_{10}$

其中，下角标 16 表示括号里的数是十六进制数，也可用 H（Hexadecimal）代替 16 这个下角标。

由于目前在微型计算机中普遍采用 8 位、16 位和 32 位二进制数并进行运算，而 8 位、16 位和 32 位的二进制数可以用 2 位、4 位和 8 位的十六进制数表示，因此采用十六进制书写程序非常方便。

（二）数制转换

1．非十进制数转换为十进制数

将非十进制数转换为等值的十进制数，只需要将被转换数按照式（1-2）展开，然后将所有各项的数值按十进制数相加，就可以得到等值的十进制数了。

【例 1-5】 将 $(1011.01)_2$ 转换为等值的十进制数。

【解】 $(1011.01)_2 = 1\times2^{3} + 0\times2^{2} + 1\times2^{1} + 1\times2^{0} + 0\times2^{-1} + 1\times2^{-2}$

$= (11.25)_{10}$

【例 1-6】 将 $(17.2)_8$ 转换成等值的十进制数。

【解】 $(17.2)_8 = 1\times8^{1} + 7\times8^{0} + 2\times8^{-1}$

$= (15.25)_{10}$

【例 1-7】 将 $(4B.3F)_{16}$ 转换成等值的十进制数。

【解】 $(4B.3F)_{16} = 4\times16^{1} + 11\times16^{0} + 3\times16^{-1} + 15\times16^{-2}$

$= (75.24609375)_{10}$

2．十进制数转换为其他进制数

十进制数转换成其他进制数，需要将整数部分和小数部分分开计算。对于整数部分，采取除以基数取余法，即“除基数取余，直到商为 0，低位排列”；对于小数部分，采取乘以基数取整法，即“乘基数取整，直到积为整（乘不尽时，达到一定精度为止），高位排列”。

【例 1-8】 将 $(173.625)_{10}$ 转换成二进制数。

【解】 根据“整数部分除基数取余，小数部分乘基数取整”的原则，按照如下方式进行转换。

整数部分

除数	被除数		余数	
2	173	……	余数=1	低位
2	86	……	余数=0	
2	43	……	余数=1	
2	21	……	余数=1	
2	10	……	余数=0	
2	5	……	余数=1	
2	2	……	余数=0	
2	1	……	余数=1	高位
	0			

小数部分

0.625 × 2 = 1.250	……	整数部分=1	高位
0.250 × 2 = 0.500	……	整数部分=0	
0.500 × 2 = 1.000	……	整数部分=1	低位

即：$(173.625)_{10} = (10101101.101)_2$

【例 1-9】 将 $(173.625)_{10}$ 转换成八进制数。

【解】

整数部分			小数部分	
8 | 173	…… 余数=5	低位	0.625	
8 | 21	…… 余数=5	↑	× 8	
8 | 2	…… 余数=2	高位	5.000	…… 整数部分=5
0				

即：$(173.625)_{10}=(255.5)_8$

【例 1-10】 将 $(173.625)_{10}$ 转换成十六进制数。

【解】

整数部分			小数部分	
16 | 173	…… 余数=D	低位 ↑	0.625	
16 | 10	…… 余数=A	高位	× 16	
0			10.000	…… 整数部分=A

即：$(173.625)_{10}=(\text{AD.A})_{16}$

3．二进制数与十六进制数的相互转换

（1）**二-十六转换**　将二进制数转换为等值的十六进制数称为二-十六转换。

二进制数转换成十六进制数时，其整数部分和小数部分可以同时进行转换，具体方法是：以二进制数的小数点为起点，分别向左向右每四位为一组划分。若整数最高位不足一组，则在左边加 0 补足一组；若小数最低位不足一组，则在右边加 0 补足一组。然后每组二进制数用一位十六进制数代替，即可得到等值的十六进制数。

【例 1-11】 将 $(1101101110.0111101)_2$ 转换成等值的十六进制数。

【解】

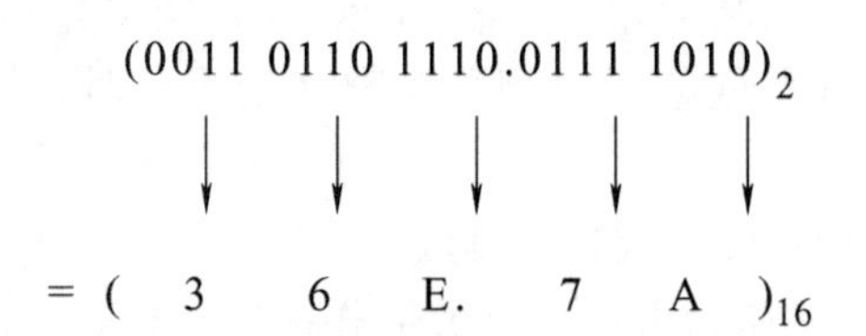

$(0011\ 0110\ 1110.0111\ 1010)_2$

$=(3\quad 6\quad \text{E}.\quad 7\quad \text{A})_{16}$

（2）**十六-二转换**　将十六进制数转换为等值的二进制数称为十六-二转换。转换时只需将十六进制数的每一位用等值的 4 位二进制数代替就可以了。

【例 1-12】 将 $(9\text{F.1C})_{16}$ 转换成等值的二进制数。

【解】

$(9\quad \text{F}.\quad 1\quad \text{C})_{16}$

↓　↓　↓　↓

$=(1001\ 1111.\ 0001\ 1100)_2$

4．二进制数与八进制数的相互转换

（1）**二-八转换**　将二进制数转换为等值的八进制数称为二-八转换。

二-八转换的方法与二-十六转换的方法基本相同。转换时将二进制数由小数点开始，分别向左向右每三位为一组划分。若整数最高位不足一组，则在左边加 0 补足一组；若小数最

低位不足一组，则在右边加 0 补足一组。然后每组二进制数用一位八进制数代替，即可得到等值的八进制数。

【例 1-13】 将 $(11110111.0111)_2$ 转换成等值的八进制数。

【解】

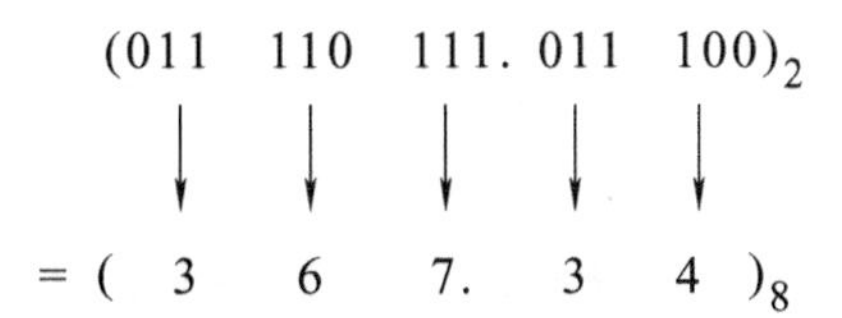

（2）**八-二转换**　将八进制数转换为等值的二进制数称为八-二转换。转换时只需将八进制数的每一位用等值的 3 位二进制数代替就可以了。

【例 1-14】 将 $(52.13)_8$ 转换成等值的二进制数。

【解】

(5　2.　1　3)$_8$

↓　↓　↓　↓

= (101　010.　001　011)$_2$

三、编码

（一）BCD 码

数码不仅可以用来表示数量的大小，而且可以用来表示某些事物。此时，称这些数码为表征事物的代码。日常生活中常用十进制代码，如开运动会时给每个运动员编一个号码。为了便于记忆和处理，在编制代码时总要遵循一定的规则，这些规则就叫作码制，其处理过程称为编码。

在实际的应用中经常使用是 BCD（Binary Coded Decimals）码，它是十进制代码中最常见的一种。BCD 码就是用 4 位二进制数码表示 1 位十进制数 0～9 这 10 个状态。由于 4 位二进制代码一共有 16 种（0000～1111）不同组合，选取其中哪 10 种组合以及如何与 0～9 一一对应，就有很多的方案，因此 BCD 编码的方式有很多种。常见的有 8421BCD 码、2421BCD 码、余 3 码、5211BCD 码、余 3 循环码等，表 1-1 给出了几种常见的 BCD 码。

表 1-1　几种常见的 BCD 码

十进制数	8421BCD 码	2421BCD 码	5211BCD 码	余 3 码
0	0000	0000	0000	0011
1	0001	0001	0001	0100
2	0010	0010	0100	0101
3	0011	0011	0101	0110
4	0100	0100	0111	0111
5	0101	1011	1000	1000
6	0110	1100	1001	1001
7	0111	1101	1100	1010
8	1000	1110	1101	1011
9	1001	1111	1111	1100

8421BCD 码是 BCD 代码中最常用的一种。选取 0000～1001 表示十进制数 0～9，按自然顺序的二进制数表示所对应的十进制数字，1010～1111 六种状态是不用的，称为禁用

码。8421BCD码是有权码，从高位到低位的权值依次为8、4、2、1，故取名为8421BCD码。其特点是：编码的含义与自然二进制数的值相同，便于记忆和应用。

【例1-15】 将十进制数520表示成8421BCD码。

【解】 $(520)_{10}=(1001\ 0010\ 0000)_{8421BCD}$

2421BCD码也是一种有权码。其特点是：0和9、1和8、2和7、3和6、2和5所对应的编码互为补码。这种编码在计算机中进行十进制数的运算处理时很有作用，因此，常用于运算处理电路中。

5421BCD码也是一种有权码。其特点是：5421码的每一位的权正好与8421码十进制计数器3个触发器输出脉冲的分频比相对应，这种对应关系在构成某些数字系统是非常有用的。

余3码不属于有权码，其编码与8421码相比，所对应的十进制数码的值多3。其特点是：用余3码作十进制加法运算时，若两数之和为10时，对应的余3码值为16，对应的二进制数正好产生进位。此外，它与2421码一样是一种“对9自补”代码。

代码在形成和传递过程中，有时难免发生错误。为防止出错，并及时发现错误，数字电路中也常使用一些可靠性编码，比如格雷码（循环码）、奇偶校验码、字符码等。

（二）格雷码

格雷码（Gray Code）又称循环码。在一组数的编码中，若任意两个相邻的代码只有一位二进制数不同，则称这种编码为格雷码。与普通的二进制代码相比，格雷码最大的优点就是在代码转换的过程中不会产生过渡“噪声”。格雷码常用于模拟量的转换中，当模拟量发生微小变化而可能引起数字量发生变化时，格雷码仅改变1位，这样与其他码同时改变两位或者多位的情况相比更为可靠，从而减少出错的可能性。

十进制代码中的余3循环码就是取4位格雷码中的十个代码组成的，它仍具有格雷码的优点，即两个相邻代码之间仅有一位不同。

【任务实施】

一、任务目的

1）熟悉逻辑显示与逻辑电平的关系。

2）熟悉逻辑电平与二进制数的关系。

二、仪器及元器件

1）直流稳压电源1台、数字万用表1块。

2）本任务所需元器件见表1-2。

表1-2 元器件清单

序号	名称	型号与规格	封装	数量	单位
1	电平开关		直插	4	个
2	电阻	510Ω，1/4W	色环直插	4	个
3	发光二极管	红色	直插3mm	4	个

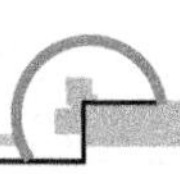

三、内容及步骤

1. 电路安装

1）逻辑电平测试电路如图 1-4 所示。

2）按照图 1-4 连接电路。

2. 熟悉数字电路中逻辑电平的概念

在电路图 1-4 中，如果开关 S_1、S_2 闭合，开关 S_3、S_4 断开，可以看到发光二极管 LED_1、LED_2 亮，LED_3、LED_4 灭，改变开关的状态，对应的发光二极管的亮灭状态随之发生改变，将逻辑开关状态与显示状态结果记录在表 1-3 对应栏目中。

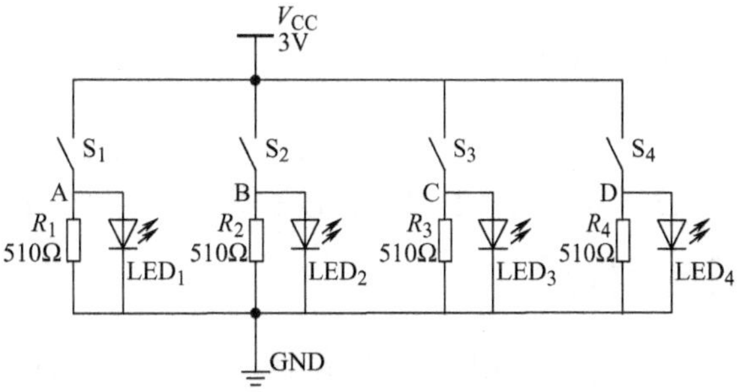

图 1-4　逻辑电平测试电路图

3. 逻辑显示与逻辑电平的关系

在数字电路的逻辑关系中，逻辑电平的高低往往通过显示器件表示出来，这里通过发光二极管指示。S_1 闭合时，对应的发光二极管 LED_1 亮。此时，用万用表测量 A 点的电位，把测量结果记录在表 1-3 对应栏目中。可知，高电平时发光二极管亮，低电平时，发光二极管不亮，这种表示是常用的正逻辑方法，反之称之为负逻辑。一般来说，若无特殊说明时都采用正逻辑表示。

表 1-3　逻辑电平与二进制数的关系

输入	输出					
$S_1\ S_2\ S_3\ S_4$	LED_1	LED_2	LED_3	LED_4	ABCD 四点的电平高低	二进制数
0000	灭	灭	灭	灭	低低低低	0000
0001						
0010						
0011						
0100						
0101						
0110						
0111						
1000						
1001						
1010						
1011						
1100						
1101						
1110						
1111						

4. 二进制数与逻辑电平的关系

在图 1-4 中，S_1、S_2 闭合，S_3、S_4 断开，可以看到 LED_1、LED_2 亮，而 LED_3、LED_4 灭，则电路中 A、B、C、D 四点的电平高低就通过 LED_1～LED_4 表示，用二进制数表示为 1100。改变开关的状态，对应的二进制数发生相应的改变。

5. 总结逻辑电平、逻辑显示与二进制数的关系

完成表 1-3 的内容，总结逻辑电平、逻辑显示与二进制数的关系。开关闭合用____表示，开关断开用____表示；发光二极管亮用____表示，灭用____表示。ABCD 四点电平的高低与发光二极管的状态相对应，ABCD 电平高低用二进制数表示，也与二极管的状态相对应。

四、思考题

1）数字电路中的输入/输出电压的高低电平是如何定义的？

2）数字电路的电压状态除了 0 和 1，还有其他的值吗？

【任务评价】

1）分组汇报数字电路基础知识的学习情况以及二进制数与逻辑电平、逻辑显示之间的联系。

2）填写任务评价表，见表 1-4。

表 1-4　任务评价表

评价标准		学生自评	小组互评	教师评价	分值
知识目标	掌握数字电路与模拟电路之间的区别与工作特点				
	掌握几种常用数制的权值、基数与数码的定义				
	掌握不同数制之间的转换方法				
	掌握 BCD8421 码与十进制的关系				
技能目标	掌握二值变量与二进制数的关系				
	掌握二进制数与逻辑电平的关系				
	掌握二进制数与逻辑显示的关系				
	安全用电、遵守规章制度				
	按企业要求进行现场管理				

【任务总结】

1）数字信号是指在时间和幅值上都不连续，并取一定离散数值的信号。矩形脉冲是一种典型的数字信号。用于数字信号传输和处理的电子电路称为数字电路。模拟信号通过模-数转换器变成数字信号，就可用数字电路进行传输和处理了。

2）常用的数制有二进制、十进制、八进制和十六进制等。常用二-十进制（BCD）码，一般分为有权 BCD 码和无权 BCD 码两类。字符数字信息有两类：一类是数值；一类是文字、图形、符号，表示非数值的其他事物。对于后一类信息，在数字系统中也用一定的数码表示，以便用计算机来处理。这些表示信息的数码不再有数值的意义，而称之为信息代码，如电报码、运动员的编号等。为了便于记忆、查找、区分，在编写各种代码时，总要遵循一定的规律，这些规律称为码制。

任务二　逻辑门电路的功能测试

【任务导入】

在数字电路中有与、或、非三种基本逻辑运算关系，逻辑运算是一种函数关系，它可以用语句描述，也可以用逻辑表达式描述，还可以用表格或图形来描述。我们要理解门电路的

逻辑关系，掌握集成门电路的简单应用和测试方法，才能利用门电路构成具有一定逻辑功能的数字电路。

【知识链接】

一、逻辑代数基础

数字电路实现的是逻辑关系，逻辑关系就是条件与结果的关系。电路的输入信号反映条件，输出信号则反映结果。在分析和设计数字电路时，常常借助逻辑代数（布尔代数），逻辑代数是研究数字电路的基本工具。

（一）逻辑变量

逻辑代数中的变量称为逻辑变量，通常用大写字母 *A*、*B*、*C* 等表示。每个变量只有“0”和“1”两种状态，不可能出现第三种状态。它相当于信号的有或无，事件的是和非，电平的高和低，电路的导通和截止两种对立的逻辑状态。若定义有信号为 1，则无信号为 0，显然这里的 0 或 1 并不是数量的大小。

（二）逻辑函数

逻辑函数可用来描述输入变量（条件）和输出变量（结果）之间的关系，可写作 $Y=f$（*A*，*B*，*C*，*D*）这里 *Y* 的取值由输入条件 *A*，*B*，*C*，*D* 之间的逻辑关系决定。

二、基本逻辑运算

逻辑代数的基本运算有与（AND）、或（OR）、非（NOT）三种，数字系统中所有的逻辑关系均可以用这三种基本逻辑运算来实现。

（一）与逻辑（与运算）

当决定某事件的全部条件同时具备时，结果才会发生，这种因果关系叫作“与”逻辑，也称为逻辑乘。与逻辑模型电路如图 1-5a 所示。*A*、*B* 表示两个串联开关，*Y* 表示灯，只有两个开关同时接通时灯才会亮。

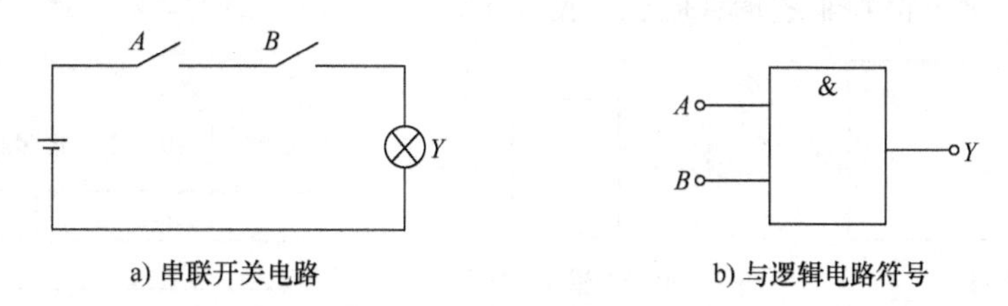

a) 串联开关电路　　b) 与逻辑电路符号

图 1-5　与逻辑模型电路及其电路符号

图 1-5a 中，如果将条件（开关 *A*、*B* 的闭合和断开）作为输入变量，事件的结果（灯 *Y* 的亮灭）作为输出变量，那么对于两个输入变量的四种组合，则有相应的输出与其对应。设“1”表示开关闭合或灯亮，“0”表示开关断开或灯灭，则得到表 1-5 所示的表格，称为逻辑真值表。

与运算的逻辑表达式：$Y=A\cdot B$ 或 $Y=AB$ （“·”号可省略）。

与逻辑的运算规律：有 **0** 出 **0**；全 **1** 出 **1**。

在数字电路中能够实现与运算的电路称为与门电路，其电路符号如图 1-5b 所示。与运算可以推广到多变量：$Y = ABC\cdots$

表 1-5　与逻辑真值表

A	B	Y
0	0	0
0	1	0
1	0	0
1	1	1

（二）或逻辑（或运算）

当决定某事件的全部条件都不具备时，结果不会发生，但只要一个条件具备，结果就会发生，这种因果关系叫作“或”逻辑，也称为逻辑加。

或逻辑的模型电路如图 1-6a 所示。只要两个开关中有一个接通，灯就会亮，因此满足或逻辑关系。如果用“1”来表示灯亮和开关闭合，用“0”表示灯灭和开关断开，则可得到或逻辑真值表，见表 1-6。

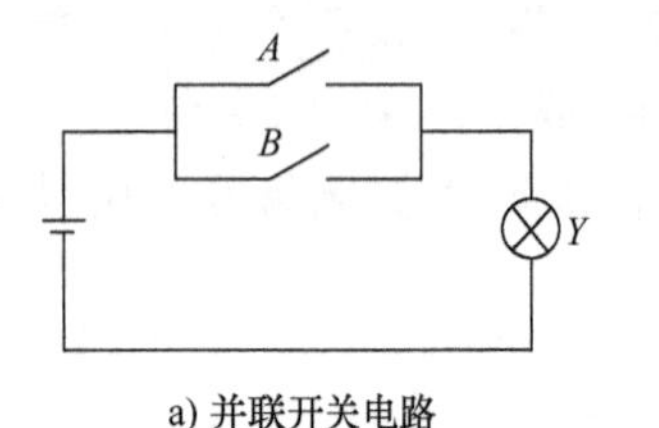

a) 并联开关电路　　b) 或逻辑电路符号

图 1-6　或逻辑模型电路及其电路符号

表 1-6　或逻辑真值表

A	B	Y
0	0	0
0	1	1
1	0	1
1	1	1

或运算的逻辑表达式：$Y = A + B$。

或逻辑的运算规律：**有 1 出 1；全 0 出 0**。

在数字电路中能够实现或运算的电路称为或门电路，其电路符号如图 1-6b 所示。或运算可以推广到多变量：$Y = A+B+C\cdots$

（三）非逻辑（非运算）

当某事件相关条件不具备时，结果必然发生，但条件具备时，结果不会发生，这种因果关系叫作“非”逻辑，也称为逻辑非。

非逻辑的模型电路如图 1-7a 所示。如果用“1”来表示灯亮和开关闭合，用“0”表示灯灭和开关断开，则可得到非逻辑真值表，见表 1-7。

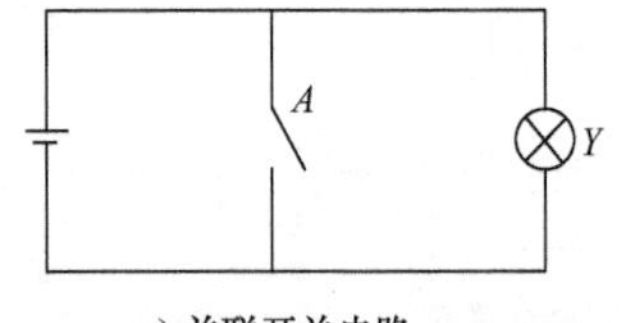

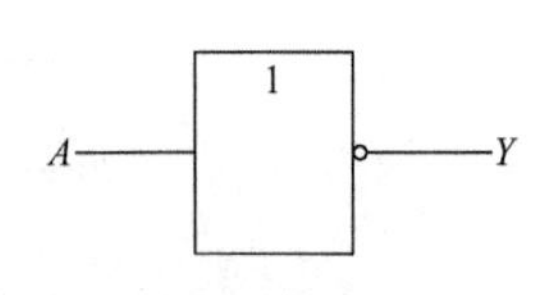

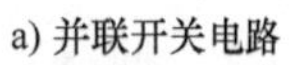

a) 并联开关电路　　b) 非逻辑电路符号

图 1-7　非逻辑模型电路及其电路符号

表 1-7　非逻辑真值表

A	Y
0	1
1	0

非运算也称“反运算”。非运算的逻辑表达式：$Y = \overline{A}$。

非逻辑的运算规律：0 变 1，1 变 0，即**“始终相反”**。

在数字电路中能够实现非运算的电路称为非门电路，其电路符号如图 1-7b 所示。非运算的运算对象有且只有一个。

与、或、非三种基本逻辑运算可以构建不同的数字电路，国际上常用的逻辑电路图符号与国标符号不一致，与、或、非的国际逻辑电路图符号如图 1-8 所示。

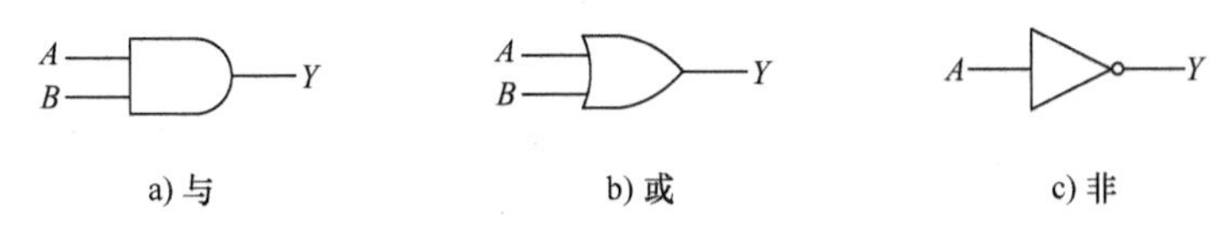

图 1-8　与、或、非的国际逻辑电路图符号

三、复合逻辑运算

任何复杂的逻辑运算都可以由三种基本逻辑运算组合而成。实际应用中，为了减少逻辑门的数目，使数字电路的设计更方便，还常常使用其他几种常见的复合逻辑运算，如与非、或非、同或、异或等。

（一）与非逻辑（与非运算）

与非逻辑运算是先与后非，由与运算和非运算复合而成。

1）与非逻辑的电路符号如图 1-9 所示。

2）与非逻辑的真值表见表 1-8。

3）与非逻辑的表达式：$Y=\overline{AB}$ 。

4）与非逻辑运算规律：有 **0** 出 **1**；全 **1** 出 **0**。

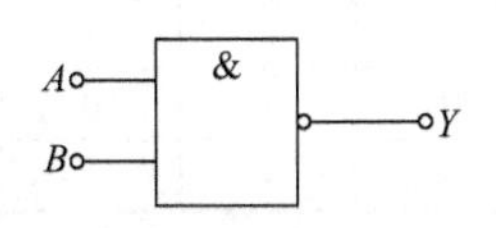

图 1-9　与非逻辑电路符号

表 1-8　与非逻辑真值表

A	B	Y
0	0	1
0	1	1
1	0	1
1	1	0

（二）或非逻辑（或非运算）

或非逻辑运算是先或后非，由或运算和非运算复合而成。

1）或非逻辑的电路符号如图 1-10 所示。

2）或非逻辑的真值表见表 1-9。

3）或非逻辑的表达式：$Y=\overline{A+B}$ 。

4）或非逻辑运算规律：**有 1 出 0；全 0 出 1**。

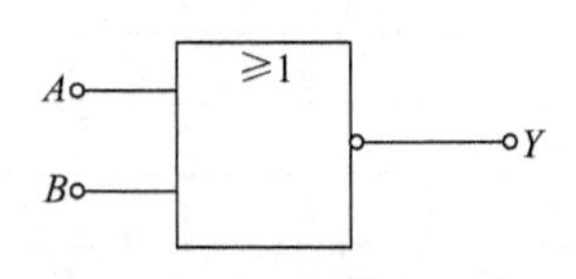

图 1-10　或非逻辑电路符号

表 1-9　或非逻辑真值表

A	B	Y
0	0	1
0	1	0
1	0	0
1	1	0

（三）与或非逻辑（与或非运算）

与或非逻辑运算是先与、后或、再非，由与运算、或运算和非运算复合而成。

1）与或非逻辑的电路符号如图 1-11 所示。

2）与或非逻辑的真值表见表 1-10。

3）与或非逻辑表达式：$Y=\overline{AB+CD}$。

4）与或非逻辑运算规律：与门中只要有 **1** 个输出为 **1**，***Y*** 即为 **0**；两个与门输出均为 **0** 时，***Y*** 为 **1**。

表 1-10　与或非逻辑真值表

A	*B*	*C*	*D*	*Y*
0	0	0	0	1
0	0	0	1	1
0	0	1	0	1
0	0	1	1	0
0	1	0	0	1
0	1	0	1	1
0	1	1	0	1
0	1	1	1	0
1	0	0	0	1
1	0	0	1	1
1	0	1	0	1
1	0	1	1	0
1	1	0	0	0
1	1	0	1	0
1	1	1	0	0
1	1	1	1	0

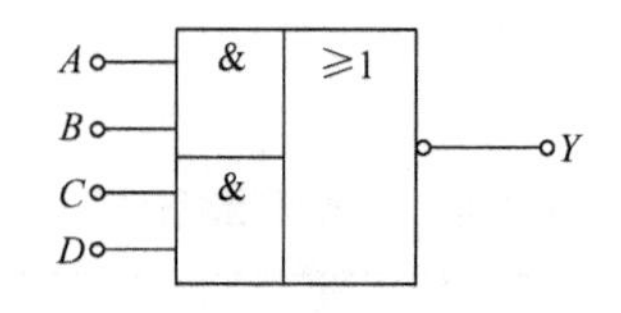

图 1-11　与或非逻辑电路符号

（四）异或逻辑（异或运算）

异或门是一个两输入、一输出的逻辑门电路，当两个输入变量 *A*、*B* 不同时，输出 *Y* 为 1。

1）异或逻辑的电路符号如图 1-12 所示。

2）异或逻辑的真值表见表 1-11。

3）异或逻辑的表达式：$Y=\overline{A}B+A\overline{B}=A\oplus B$。

4）异或逻辑运算规律：**相同出 0；相异出 1。**

表 1-11　异或逻辑真值表

A	*B*	*Y*
0	0	0
0	1	1
1	0	1
1	1	0

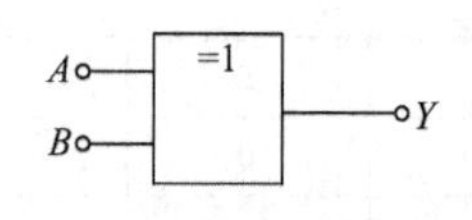

图 1-12　异或逻辑电路符号

（五）同或逻辑（同或运算）

同或逻辑与异或逻辑互为反运算。同或逻辑也是一个只有两输入、一输出的逻辑门电路，当两个输入变量 *A*、*B* 相同时，输出 *Y* 为 1。

1）同或逻辑的电路符号如图 1-13 所示。

2）同或逻辑的真值表见表 1-12。

3）同或逻辑的表达式：$Y = AB + \overline{A}\,\overline{B} = \overline{A \oplus B} = A \odot B$

4）同或逻辑运算规律：不同出 **0**；相同出 **1**。

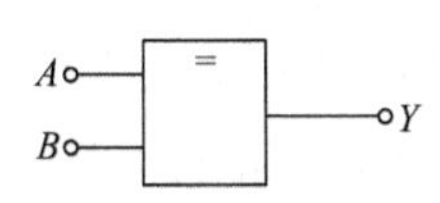

图 1-13　同或逻辑电路符号

表 1-12　同或逻辑真值表

A	B	Y
0	0	1
0	1	0
1	0	0
1	1	1

四、逻辑代数的公式和定理

与普通代数一样，逻辑代数也有相应的定律和规则，只有掌握了这些基本定律和规则，才能正确分析和设计逻辑电路。

（一）基本公式和定律

逻辑代数中的变量只有两个值，即 0 和 1，这里的 0 和 1 不表示数量的大小，只表示两种不同的逻辑状态，逻辑代数的基本公式和定律见表 1-13。

表 1-13　逻辑代数的基本公式和定律

名称	基本公式和定律		说明
0-1 律	$A \cdot 0 = 0$	$A + 0 = A$	与、或、非运算的逻辑功能
	$A \cdot 1 = A$	$A + 1 = 1$	
重叠律	$A \cdot A = A$	$A + A = A$	
互补律	$A \cdot \overline{A} = 0$	$A + \overline{A} = 1$	
还原律	$\overline{\overline{A}} = A$		
交换律	$A \cdot B = B \cdot A$	$A + B = B + A$	与普通代数相似的定律
结合律	$A \cdot B \cdot C = A \cdot (B \cdot C)$	$A + B + C = A + (B + C)$	
分配律	$A(B + C) = AB + AC$	$(A + B)(A + C) = A + BC$	注意：后者与普通代数不同
反演律（德 · 摩根定律）	$\overline{AB} = \overline{A} + \overline{B}$	$\overline{A + B} = \overline{A} \cdot \overline{B}$	广泛应用的逻辑代数特殊定律

（二）若干常用公式

1．$A\overline{B} + AB = A$

证明：$A\overline{B} + AB = A(\overline{B} + B) = A \cdot 1 = A$

2．$A + AB = A$

证明：$A + AB = A(1 + B) = A \cdot 1 = A$

3．$A + \overline{A}B = A + B$

证明：$A + \overline{A}B = (A + \overline{A})(A + B) = 1 \cdot (A + B) = A + B$

4．$AB + \overline{A}C + BC = AB + \overline{A}C$

证明：
$$\begin{aligned} AB + \overline{A}C + BC &= AB + \overline{A}C + BC(A + \overline{A}) \\ &= AB + \overline{A}C + ABC + \overline{A}BC \\ &= AB(1 + C) + \overline{A}C(1 + B) \\ &= AB + \overline{A}C \end{aligned}$$

推论：$AB+\overline{A}C+BCDE=AB+\overline{A}C$

（三）基本定理

1．代入定理

代入定理的基本内容是：对于任何一个逻辑等式，以某个逻辑变量或逻辑函数同时取代等式两端任何一个逻辑变量后，等式依然成立。利用代入定理可以方便地扩展公式。

【例 1-16】 试分析等式 $B(A+C)=AB+BC$，将所有出现 A 的地方都代以函数 $A+D$，判断该等式是否成立。

【解】 $B[(A+D)+C]=B(A+D)+BC=AB+BD+BC$，该等式依旧成立。

【例 1-17】 试分析在反演律 $\overline{AB}=\overline{A}+\overline{B}$ 中用 BC 去代替等式中的 B，判断新的等式是否成立。

【解】 $\overline{ABC}=\overline{A}+\overline{BC}=\overline{A}+\overline{B}+\overline{C}$，该等式依旧成立。

可见，反演律对任意多个变量都成立。由代入规则可推出：

$$\overline{A\cdot B\cdot C\cdots}=\overline{A}+\overline{B}+\overline{C}+\cdots$$

$$\overline{A+B+C+\cdots}=\overline{A}\cdot\overline{B}\cdot\overline{C}\cdots$$

2．反演定理

求一个逻辑函数 Y 的反函数时，只要将函数中所有“·”换成“+”，“+”换成“·”，“0”换成“1”，“1”换成“0”，原变量换成反变量，反变量换成原变量，则所得到的逻辑函数式就是原逻辑函数的反函数 $\overline{Y}$。

【例 1-18】 求 $Y=A(B+C)+CD$ 的反函数。

【解】 $\overline{Y}=(\overline{A}+\overline{B}\,\overline{C})(\overline{C}+\overline{D})=\overline{A}\,\overline{C}+\overline{B}\,\overline{C}+\overline{A}\,\overline{D}$

注意：利用反演定理，可以容易地求出一个函数的反函数。但是要注意变换时要保持原式中先与后或的顺序，不属于单个变量上的非号保留不变。

3．对偶定理

如果两个逻辑表达式相等，那么它们的对偶式也相等，即若 $F=G$，则 $F^{D}=G^{D}$。

对偶式是这样定义的：Y 是一个逻辑函数表达式，如果把 Y 中的与“·”换成或“+”，“+”换成与“·”，“0”换成“1”，“1”换成“0”，那么得到一个新的逻辑函数式，叫作 Y 的对偶式，记做 Y^{D}。

【例 1-19】 求 $Y=(A+B)\cdot(A+C)$ 的对偶式。

【解】 $Y^{D}=A\cdot B+A\cdot C$

注意：变换时仍需注意保持原式中先与后或的顺序。

五、逻辑函数的化简方法

在进行逻辑函数运算时经常会看到，同一个逻辑函数可以写成不同的逻辑表达式，而这些逻辑表达式的繁简程度往往相差甚远。逻辑表达式越简单，它所表示的逻辑关系越明显，同时也有利于用最少的电子元器件实现这个逻辑函数。因此，经常需要通过化简的手段找出逻辑函数的最简形式。

在各种逻辑函数表达式中，最常用的是与或表达式，由它很容易推导出其他形式的表达

式。与或表达式就是用逻辑函数的原变量和反变量组合成多个逻辑乘积项，再将这些逻辑乘积项逻辑相加而成的表达式。

化简逻辑函数的目的就是要消去多余的乘积项和每个乘积项中多余的因子，以得到逻辑函数式的最简形式。判断与或表达式是否最简的条件是：

1）逻辑乘积项最少。

2）每个乘积项中变量最少。

化简逻辑函数的方法，最常用的有公式化简法和卡诺图化简法。

（一）公式化简法

公式化简法是指用逻辑代数定理和恒等式对逻辑函数进行化简，求最简与或表达式。由于表达式形式多样，因此要做到快速化简，就要求熟练掌握并灵活运用前面介绍的逻辑代数定理和恒等式。下面介绍几种常用的方法。

1．并项法

利用公式 $A+\overline{A}=1$，将两项合并为一项，并消去一个变量。并项法的关键是对函数式的某两与项提取公因子后，消去其中相同因子的原变量和反变量，则两项即可并为一项。

【例 1-20】 化简逻辑函数 $F=AB+AC+A\overline{B}\,\overline{C}$。

【解】

$$\begin{aligned}F&=AB+AC+A\overline{B}\,\overline{C}\\&=A(B+C+\overline{B}\,\overline{C})\\&=A(B+C+\overline{B+C})\\&=A\end{aligned}$$

2．吸收法

吸收法是指利用公式 $A+AB=A$，消去 AB 项。

【例 1-21】 化简逻辑函数 $F=AB+A\overline{C}+A\overline{B}\,\overline{C}$。

【解】

$$\begin{aligned}F&=AB+A\overline{C}+A\overline{B}\,\overline{C}\\&=AB+A\overline{C}(1+\overline{B})\\&=AB+A\overline{C}\end{aligned}$$

3．消去法

消去法是指利用公式 $A+\overline{A}B=A+B$，消去多余的因子 $\overline{A}$。

【例 1-22】 化简逻辑函数 $F=AB+\overline{A}C+\overline{B}C$。

【解】

$$\begin{aligned}F&=AB+\overline{A}C+\overline{B}C\\&=AB+C(\overline{A}+\overline{B})\\&=AB+C\overline{AB}\\&=AB+C\end{aligned}$$

4．配项法

配项法是指利用公式 $A=A(B+\overline{B})$，先添上 $(B+\overline{B})$ 作配项用，以消去更多的项。

【例 1-23】 化简逻辑函数 $F=A\overline{B}+B\overline{C}+\overline{B}C+\overline{A}B$。

【解】

$$
\begin{aligned}
F &= A\overline{B} + B\overline{C} + \overline{B}C + \overline{A}B \\
&= A\overline{B} + B\overline{C} + (A+\overline{A})\overline{B}C + \overline{A}B(C+\overline{C}) \\
&= A\overline{B} + B\overline{C} + A\overline{B}C + \overline{A}\overline{B}C + \overline{A}BC + \overline{A}B\overline{C} \\
&= A\overline{B}(1+C) + B\overline{C}(1+\overline{A}) + \overline{A}C(\overline{B}+B) \\
&= A\overline{B} + B\overline{C} + \overline{A}C
\end{aligned}
$$

公式化简法化简逻辑函数时，必须综合运用上述技巧以及逻辑代数定理和恒等式，才能有效地化简逻辑函数。

（二）卡诺图化简法

卡诺图是真值表的一种变形，为逻辑函数的化简提供了直观的图形方法。当逻辑变量不太多（一般小于 5 个）时，应用卡诺图化简逻辑函数，方法直观、简捷，较容易掌握。

1. 逻辑函数的最小项

（1）**最小项的定义** 在 n 个输入变量的逻辑函数中，如果一个乘积项包含 n 个变量，而且每个变量以原变量或反变量的形式出现且仅出现一次，那么该乘积项称为该函数的一个最小项。对 n 个输入变量的逻辑函数来说，共有 2^n 个最小项。

例如，两个变量 A、B 可以构成四个最小项：$\overline{A}\,\overline{B}$、$\overline{A}B$、$A\overline{B}$、$AB$；三个变量 A、B、C 可以构成八个最小项：$\overline{A}\,\overline{B}\,\overline{C}$、$\overline{A}\,\overline{B}C$、$\overline{A}B\overline{C}$、$\overline{A}BC$、$A\overline{B}\,\overline{C}$、$A\overline{B}C$、$AB\overline{C}$、$ABC$；可见 n 个变量的最小项共有 2^n 个。

（2）**最小项的特点**

1）对于任意一个最小项，只有变量的一组取值使得它的值为 1，而取其他值时，这个最小项的值都是 0。

2）若两个最小项之间只有一个变量不同，其余各变量均相同，则称这两个最小项满足逻辑相邻。

3）对于任意一种取值，全体最小项之和为 1。

4）对于一个 n 输入变量的函数，每个最小项有 n 个最小项与之相邻。

（3）**最小项的编号** 为了表达方便，最小项通常用 m_i 表示，下标 i 即最小项编号，用十进制数表示。编号的方法：先将最小项的原变量用 1、反变量用 0 表示，构成二进制数，再将此二进制数转换成相应的十进制数，就是该最小项的编号。按此原则，三变量的最小项编号见表 1-14。

表 1-14 三变量最小项编号

最小项	变量取值			最小项目编号
	A	B	C	
$\overline{A}\overline{B}\overline{C}$	0	0	0	m_0
$\overline{A}\overline{B}C$	0	0	1	m_1
$\overline{A}B\overline{C}$	0	1	0	m_2
$\overline{A}BC$	0	1	1	m_3
$A\overline{B}\overline{C}$	1	0	0	m_4
$A\overline{B}C$	1	0	1	m_5
$AB\overline{C}$	1	1	0	m_6
ABC	1	1	1	m_7

如果在一个与或表达式中，所有与项均为最小项，则称这种表达式为最小项表达式，任一逻辑函数都可以表示成唯一的最小项表达式。

例如，$F(A,B,C)=A\overline{B}C+A\overline{B}\,\overline{C}+AB\overline{C}$是一个三变量的最小项表达式，它也可以简写为

$$F(A,B,C)=m_5+m_4+m_6=\sum m(4,5,6)$$

2．用卡诺图化简逻辑函数

卡诺图（Karnaugh Map）由美国工程师卡诺（Karnaugh）首先提出，故称卡诺图，简称K图。它是一种按相邻规则排列而成的最小项方格图，利用相邻项不断合并的原则可以使逻辑函数得到化简。由于这种图形化简法简单而直观，因而得到了广泛应用。

（1）**最小项的卡诺图**　对于有n个变量的逻辑函数，其最小项有2^n个。因此该逻辑函数的卡诺图由2^n个小方格构成，每个小方格都满足逻辑相邻项的要求。图1-14分别画出了二到五变量最小项的卡诺图。

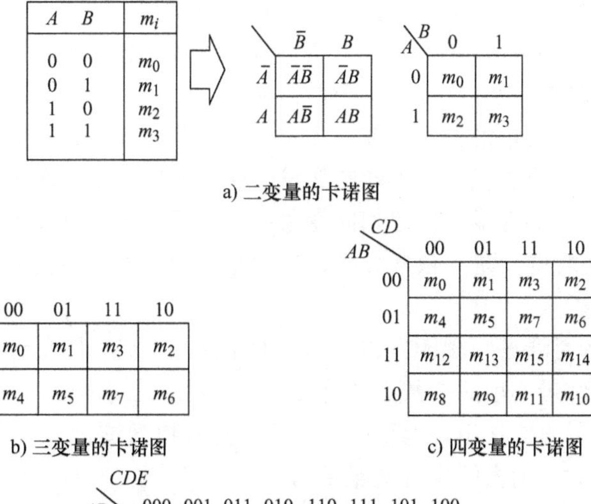

a) 二变量的卡诺图

b) 三变量的卡诺图

c) 四变量的卡诺图

AB \ CDE	000	001	011	010	110	111	101	100
00	m_0	m_1	m_3	m_2	m_6	m_7	m_5	m_4
01	m_8	m_9	m_{11}	m_{10}	m_{14}	m_{15}	m_{13}	m_{12}
11	m_{24}	m_{25}	m_{27}	m_{26}	m_{30}	m_{31}	m_{29}	m_{28}
10	m_{16}	m_{17}	m_{19}	m_{18}	m_{22}	m_{23}	m_{21}	m_{20}

d) 五变量的卡诺图

图1-14　二到五变量最小项的卡诺图

从以上分析可以看出，卡诺图具有如下特点：

1）n变量的卡诺图有2^n个方格，对应表示2^n个最小项。每当变量数增加一个，卡诺图的方格数就会扩大一倍。

2）卡诺图中任何相邻位置的两个最小项都是相邻项。变量取值的顺序按格雷码排列，以确保各相邻行（列）之间只有一个变量取值不同，从而保证了卡诺图具有这一重要特点。

3）卡诺图的主要缺点是随着输入变量的增加图形迅速复杂，相邻项不那么直观，因此它适于用来表示输入变量6个以下的逻辑函数。

（2）**用卡诺图表示逻辑函数**　用卡诺图表示逻辑函数时，将函数中出现的最小项，在对应方格中填1，没有的最小项填0（或不填），所得图形即为该函数的卡诺图。

【例 1-24】 把函数式 $F=ABC\overline{D}+B\overline{C}+AD$ 表示在卡诺图中。

【解】 首先，将 F 化为最小项之和的形式，具体过程如下：

$$\begin{aligned}F&=ABC\overline{D}+(A+\overline{A})B\overline{C}(D+\overline{D})+A(B+\overline{B})(C+\overline{C})D\\&=ABC\overline{D}+AB\overline{C}D+\overline{A}B\overline{C}D+AB\overline{C}\,\overline{D}+\overline{A}B\overline{C}\,\overline{D}+ABCD+A\overline{B}CD+AB\overline{C}D+A\overline{B}\,\overline{C}D\end{aligned}$$

然后，画出四变量的卡诺图，在对应于函数式中各最小项的位置填入 1，其余位置上填入 0，即得到该逻辑函数的卡诺图，如图 1-15 所示。

AB \ CD	00	01	11	10
00	0	0	0	0
01	1	1	0	0
11	1	1	1	1
10	0	1	1	0

图 1-15 卡诺图

（3）**用卡诺图化简逻辑函数** 利用卡诺图化简逻辑函数的方法称为卡诺图化简法或图形化简法。化简的基本原理就是具有相邻性的最小项可以合并，并消去不同的因子。由于在卡诺图上几何位置相邻与逻辑上的相邻性是一致的，因而在卡诺图上能直观地找出那些具有相邻性的最小项并将其合并化简。

合并相邻最小项，可以消去一个或者多个变量，从而使逻辑函数得到简化。两个相邻项可合并为一项，消去一个表现形式不同的变量，保留相同变量；四个相邻项可合并为一项，消去两个表现形式不同的变量，保留相同变量；八个相邻项可合并为一项，消去三个表现形式不同的变量，保留相同变量；依次类推，2^n 个相邻项合并可消去 n 个不同变量，保留相同变量。

合并相邻最小项是通过画圈的方式把相邻的 1 圈在一起，需要遵循以下原则。

1）每个圈中相邻最小项的个数必须是 2^n（n=0,1,2,3,…）个。

2）圈中的 1 可以重复使用，但至少有一个 1 没有被圈过。

3）圈要尽可能大（消去的变量就越多）。

4）圈要尽可能少（与项就少）。

5）一般都是先圈孤立的 1，再画只有一种圈法的 1，最后画大圈。

圈卡诺圈时应注意，根据重叠律（$A+A=A$），任何一个 1 可以多次被圈用，但如果在某个卡诺圈中所有的 1 均已被别的卡诺圈圈过，则该圈是多余圈。为了避免出现多余圈，应保证每个卡诺圈至少有一个 1 没有被圈过。

用卡诺图化简逻辑函数时可按如下步骤进行：

1）将函数化为最小项之和的形式。

2）画出表示该逻辑函数的卡诺图。

3）合并相邻最小项。

4）每一个圈就是一个与项，然后将各与项相或，即可写出最简与或表达式。

【例 1-25】 用卡诺图将以下函数式化简为最简与或式。

$$F=\overline{B}CD+\overline{A}B\overline{D}+\overline{B}C\overline{D}+AB\overline{C}+ABCD$$

【解】 ① 画出逻辑函数 F 的卡诺图。给出 F 的一般与或式，将每个与项所覆盖的最小项都填 1，卡诺图如图 1-16 所示。

② 画卡诺圈化简函数。

③ 写出最简与或式。本例有两种圈法，都可以得到最简式。

按图 1-16a 圈法：

$$F=\overline{B}C+\overline{A}B\overline{D}+AB\overline{C}+ABD$$

按图 1-16b 圈法：

$$F=\overline{B}C+\overline{A}C\overline{D}+B\overline{C}\,\overline{D}+ABD$$

该例说明，逻辑函数的最简式不是唯一的。

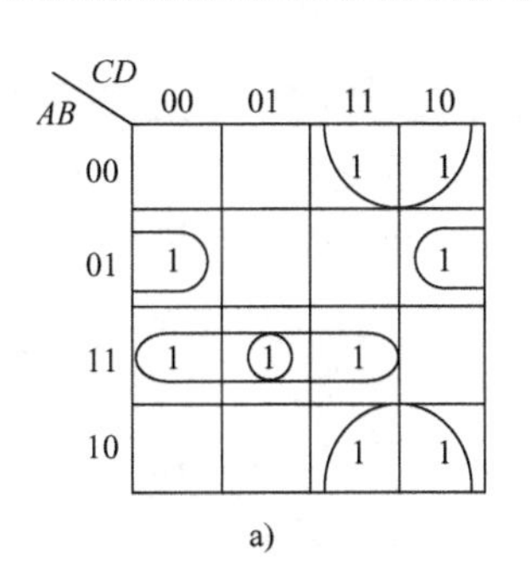

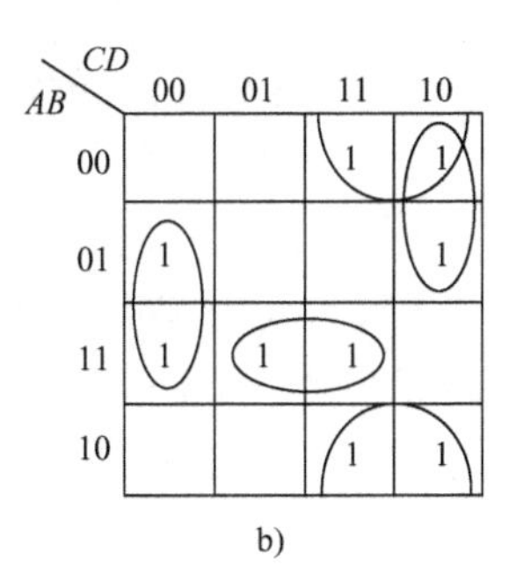

图 1-16　例 1-25 卡诺图

（4）**具有无关项的逻辑函数的化简**　逻辑函数的无关项是指那些与所讨论的逻辑问题没有关系的变量取值组合所对应的最小项。化简时，无关项变量取值组合视为 1 或视为 0 都可以。在卡诺图中，无关项对应的方格中常用“×”或者“*d*”来标识，表示根据需要，可以看作 1 或 0。

【例 1-26】 用卡诺图将以下函数式化简为最简与或式。

$$F=\sum m(4,5,13,15)+\sum d(2,3,7,9,14)$$

【解】 卡诺图如图 1-17 所示，可得到化简后的与或表达式为 $F=\overline{A}B\overline{C}+BD$。

AB \ CD	00	01	11	10
00			×	×
01	1	1	×	
11		1	1	×
10		×		

图 1-17　例 1-26 卡诺图

六、逻辑函数的几种表示方法间的相互转换

逻辑函数中用字母 *A*、*B*、*C* 等表示输入变量，用 *Y* 表示输出变量，逻辑函数的表示方法主要有：逻辑函数表达式、真值表、卡诺图及逻辑图等。

（一）逻辑函数的表示方法

1．逻辑函数表达式

用与、或、非等逻辑运算表示逻辑变量之间关系的代数式，叫逻辑函数表达式，例如，$F=A+B$，$G=AB+C+D$ 等。

2．真值表

每一个输入变量有 0 和 1 两个取值，*n* 个变量就有 2^n 个不同的取值组合，如果将输入变量的全部取值组合和对应的输出函数值一一对应地列举出来即可得到真值表。表 1-15 分别列出了两个变量与、或、与非及异或运算的真值表。

表 1-15　两变量真值表

变量		函数			
A	*B*	*AB*	*A*+*B*	$\overline{AB}$	$A\oplus B$
0	0	0	0	1	0
0	1	0	1	1	1
1	0	0	1	1	1
1	1	1	1	0	0

列真值表的方法为：

1）按 n 位二进制数递增的方式列出输入变量的各种取值组合。

2）分别求出各种组合对应的输出逻辑值填入表格。

【例 1-27】 列出函数 $F=\overline{A}B+B\overline{C}$ 的真值表。

【解】 该函数有三个输入变量，共有 $2^3=8$ 种输入取值组合，分别将它们代入逻辑函数表达式，并进行求解，可得到相应的输出函数值。将输入、输出值一一对应列出，即可得到如表 1-16 所示的真值表。

表 1-16 函数 $F=\overline{A}B+B\overline{C}$ 的真值表

A	B	C	F
0	0	0	0
0	0	1	0
0	1	0	1
0	1	1	1
1	0	0	0
1	0	1	0
1	1	0	1
1	1	1	0

3．卡诺图

卡诺图是图形化的真值表。如果把各种输入变量取值组合下的输出函数值填入一种特殊的方格图中，即可得到逻辑函数的卡诺图。例如，逻辑函数 $F=\overline{A}B+B\overline{C}$ 的卡诺图如图 1-18 所示。

4．逻辑图

由逻辑符号表示的逻辑函数的图形叫作逻辑电路图，简称逻辑图。例如，$F=\overline{A}B+B\overline{C}$ 的逻辑图如图 1-19 所示。

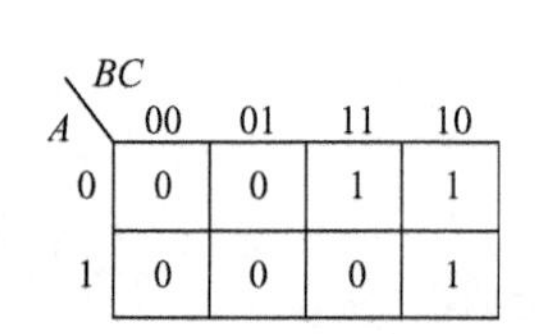

图 1-18 $F=\overline{A}B+B\overline{C}$ 的卡诺图

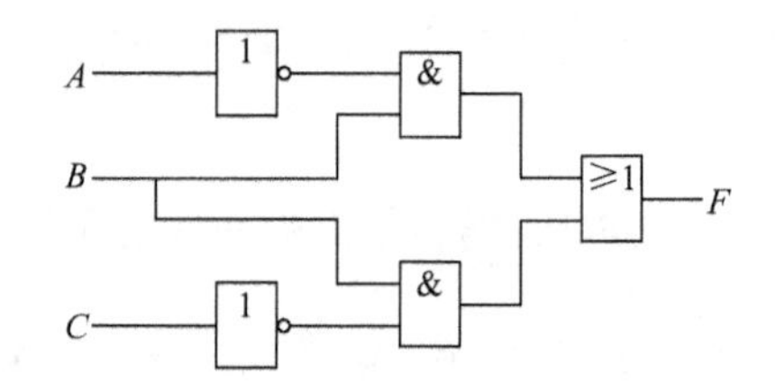

图 1-19 $F=\overline{A}B+B\overline{C}$ 的逻辑图

（二）逻辑函数各种表示方法之间的相互转换

1．逻辑函数各种表示方法的特点

1）真值表通常用于分析逻辑函数的功能，根据逻辑功能要求建立逻辑函数和证明逻辑等式等。

2）逻辑函数表达式便于进行运算和变换。在分析电路逻辑功能时，通常首先要根据逻辑图写出逻辑函数表达式；而设计逻辑电路时需要先写出逻辑函数表达式，然后才能画出逻辑图。

3）卡诺图主要用于化简逻辑函数表达式。

4）逻辑图是分析和安装实际电路的依据。

2．逻辑函数各种表示方法的相互转化

（1）根据逻辑函数表达式列真值表

1）按 n 位二进制数递增的方式列出输入变量的各种取值组合。

2）分别求出各种组合对应的输出逻辑值填入表格。

【例 1-28】 已知逻辑函数式 $Y=BC+A\overline{B}\,\overline{C}$，列出其真值表。

【解】 将 A、B、C 的各种取值逐一代入式中计算，将计算结果列表即可，见表 1-17。为避免计算出错，可先计算各个单项。

（2）**根据真值表写逻辑函数表达式**

1）找出真值表中逻辑函数 Y=1 的那些输入变量的取值组合。

2）每组组合变量作为一个逻辑与乘积项，其中取值为 1 的写入原变量，取值为 0 的写入反变量。

3）将这些乘积项相加，就可以得到真值表的逻辑函数表达式。

【例 1-29】 已知函数的真值表见表 1-18，根据真值表写出逻辑函数表达式。

表 1-17　例 1-28 真值表

A	B	C	BC	$A\overline{BC}$	Y
0	0	0	0	0	0
0	0	1	0	0	0
0	1	0	0	0	0
0	1	1	1	0	1
1	0	0	0	1	1
1	0	1	0	0	0
1	1	0	0	0	0
1	1	1	1	0	1

表 1-18　例 1-29 真值表

A	B	C	Y
0	0	0	0
0	0	1	0
0	1	0	1
0	1	1	0
1	0	0	1
1	0	1	0
1	1	0	0
1	1	1	0

【解】 A、B、C 有两种取值组合使 Y 为 1，按照变量取值为 1 的写成原变量、变量取值为 0 的写成反变量的原则，可得 2 个乘积项：$\overline{A}B\overline{C}$、$A\overline{B}\,\overline{C}$。将这两项相加就是逻辑函数 Y 的表达式，即　　$Y=\overline{A}B\overline{C}+A\overline{B}\,\overline{C}$

（3）**根据逻辑函数表达式画逻辑图**　只要用相应的逻辑电路符号将逻辑表达式的运算关系按先后顺序表示出来，就可以完成逻辑函数表达式到逻辑图的转换。

【例 1-30】 画出逻辑函数 $Y=\overline{A}\,\overline{B}\,\overline{C}+ABC$ 的逻辑图。

【解】 反变量用非门实现，与项用与门实现，相加项用或门实现，运算次序为先非后与再或，因此用三级电路可以实现函数的逻辑图，如图 1-20 所示。

（4）**根据逻辑图写逻辑函数表达式**　只要从逻辑图的输入端到输出端逐级写出每个图形符号的输出逻辑式，就可以在输出端得到所求的逻辑函数表达式。

【例 1-31】 已知函数的逻辑图如图 1-21 所示，试求其逻辑函数表达式。

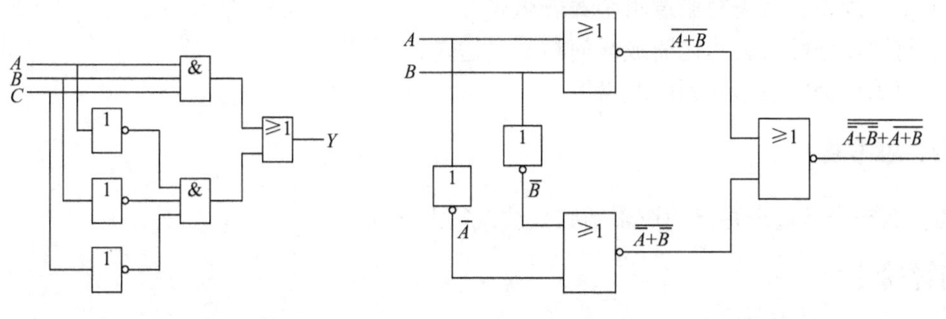

图 1-20　例 1-30 逻辑图　　　　图 1-21　例 1-31 逻辑图

【解】 从输入端 A、B 开始依次写出每个图形符号输出端的逻辑表达式，最后得到整个逻辑图的逻辑函数表达式为　　$Y=\overline{\overline{\overline{A}+\overline{B}}+\overline{A+B}}$

【任务实施】

一、任务目的

1）理解基本的逻辑关系。
2）熟悉如何采用表达式描述逻辑关系。
3）理解逻辑图的概念和绘制方法。
4）掌握逻辑函数表达式的化简方法。

二、仪器及元器件

1）直流稳压电源 1 台、数字万用电表 1 块。
2）本任务所需元器件见表 1-19。

表 1-19　元器件清单

序号	名称	型号与规格	封装	数量	单位
1	TTL 集成门电路	74LS04	直插	1	个
2	TTL 集成门电路	74LS32	直插	1	个
3	TTL 集成门电路	74LS37	直插	1	个

三、内容及步骤

1. 逻辑函数的应用

你想看电影，但不愿意一个人去，如果小张或小王去，你就去，如果小李去，你就不去（不管小张或小王去不去），将“你去看电影了”这件事情写出逻辑表达式，并画出其逻辑图。

2. 实施步骤

1）查阅资料，写出基本的逻辑运算和对应的逻辑符号。
2）根据任务描述，定义逻辑变量，规定逻辑值。
3）根据任务描述列出真值表。
4）根据逻辑真值表写成逻辑函数表达式。
5）将逻辑函数表达式化简成最简与或表达式。
6）根据化简的表达式画出逻辑图。

四、思考题

为什么根据真值表写出的逻辑函数表达式需要化简？

【任务评价】

1）分组汇报基本逻辑门电路和逻辑代数相关知识的学习情况，通电演示电路功能，并回答相关问题。

2）填写任务评价表，见表 1-20。

表 1-20　任务评价表

评价标准		学生自评	小组互评	教师评价	分值
知识目标	掌握数字逻辑函数的表示方法				
	掌握与、或、非基本逻辑运算与功能				
	掌握其他逻辑运算与功能				
	熟悉公式法化简逻辑函数的方法				
	掌握卡诺图法化简逻辑函数的方法				
技能目标	掌握与、或、非逻辑门电路的功能与测试方法				
	安全用电、遵守规章制度				
	按企业要求进行现场管理				

【任务总结】

数字电路中最基本的逻辑关系有三种：与逻辑、或逻辑和非逻辑，它们可由相应的与门、或门和非门来实现。与、或、非三种基本逻辑门电路是数字电路的基本单元，任何复杂的逻辑电路系统都可以用与、或、非三种基本逻辑门电路组合构成，并以此为基础，产生了与非、或非、与或非等复合逻辑门电路。

任务三　集成门电路的功能测试

【任务导入】

基本逻辑门电路都是由二极管、晶体管组成的，它们称为分立元器件门电路。目前广泛应用的是集成逻辑门。集成逻辑门电路包含有若干个晶体管和电阻，简称集成门电路，在一个集成门电路中又可以包含若干门电路。本任务主要介绍集成门电路的基本概念、识别和检测方法。

【知识链接】

一、门电路基本知识

（一）门电路

逻辑门电路是指能够实现各种基本逻辑运算和复合逻辑运算的单元电路，简称门电路或逻辑元件。各种门电路均可用半导体器件（如二极管、晶体管和场效应晶体管等）来实现。最基本的门电路是与门、或门和非门。

在电子电路中，逻辑事件的是与否可以用电平的高、低来表示。高电平是一种状态，而低电平是另一种状态，分别用 1 和 0 表示。若用 1 代表高电平、0 代表低电平，称为正逻辑；若用 1 代表低电平、0 代表高电平，则称为负逻辑。若无特殊说明，一般使用正逻辑。

在数字电路中，只要能明确区分高电平和低电平两个状态即可。所以，高电平和低电平都允许有一定的范围，如图 1-22 所示，一般将 2.4～5V 范围内的电压，称为高电平，用 U_H 表示；而 0～0.8V 范围内的电压，称为低电平，用 U_L 表示。因此，数字电路对元器件参数的精度要求比模拟电路要低一些。

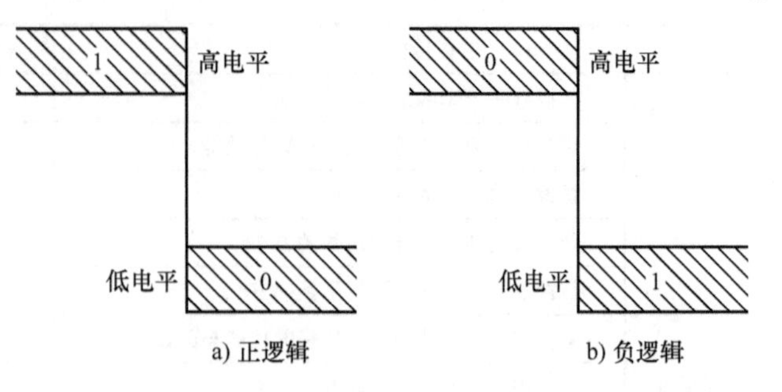

图 1-22　正逻辑与负逻辑表示法

（二）集成门电路

采用半导体制作工艺，在一块较小的单晶硅片上制作上许多晶体管及电阻器、电容器等元器件，并按照多层布线或隧道布线的方法将元器件组合成完整的电子电路，这种特殊的工艺称为集成。集成门电路与分立元器件门电路相比，具有体积小、重量轻、功耗小、速度快、可靠性高等优势，且成本较低、价格便宜，十分便于安装和调试。

集成门电路按其内部有源器件的不同可以分为两大类：双极型晶体管集成电路，可分为晶体管-晶体管逻辑（Transistor Transistor Logic，TTL）、射极耦合逻辑（Emitter Coupled Logic，ECL）和集成注入逻辑（Integrated Injection Logic，I^2L）等几种类型；MOS（Metal Oxide Semiconductor）集成电路，其有源器件采用金属-氧化物-半导体场效应晶体管，可分为 NMOS、PMOS 和 CMOS 等几种类型。

目前使用最多的集成门电路是 TTL 集成门电路和 CMOS 集成门电路。

二、TTL 集成门电路

TTL 集成门电路是应用最早、技术比较成熟的集成电路，其特点是工作速度快，驱动能力强，但功耗大，集成度低，目前广泛应用于中、小规模集成电路。下面以 TTL 与非门为例介绍 TTL 集成门电路逻辑功能与电气特性，TTL 与非门电路图及逻辑符号如图 1-23 所示，电路主要由输入级、中间级和输出级三部分组成。

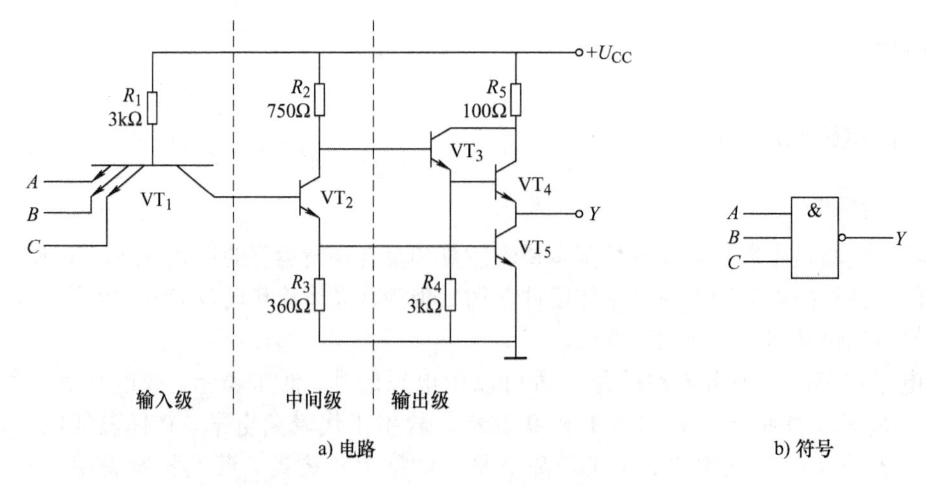

图 1-23　TTL 与非门电路图及逻辑符号

（一）电路结构

1. 输入级

输入级由多发射极晶体管 VT_1 和电阻 R_1 组成。其作用是对输入变量 A、B、C 实现逻辑与，所以它相当于一个与门。VT_1 的发射极为“与”门的输入端，集电极为“与”门的输出端。从逻辑功能上看，图 1-24a 所示的多发射极晶体管可以等效为图 1-24b 所示的形式。

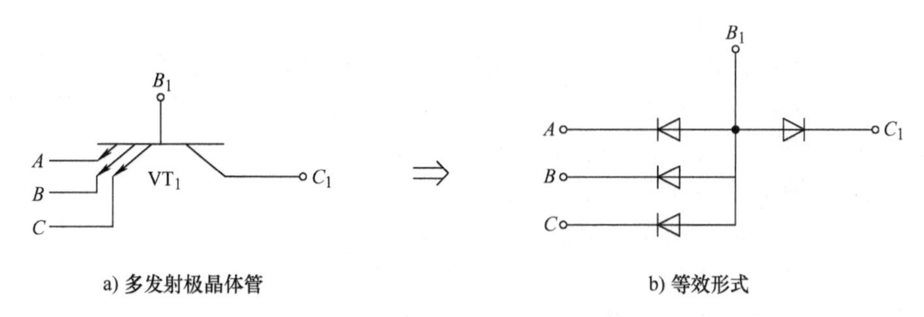

图 1-24　多发射极晶体管及其等效形式

2. 中间级

中间级由电阻 R_2、R_3 和晶体管 VT_2 组成。中间级又称为倒相级，其作用是从 VT_2 的集电极和发射极同时输出两个相位相反的信号，作为输出级的晶体管 VT_3 和 VT_5 的驱动信号，同时控制输出级的 VT_4、VT_5 管工作在截然相反的两个状态，以满足输出级互补工作的要求。晶体管 VT_2 还可将前级电流放大以供给 VT_5 足够的基极电流。

3. 输出级

输出级由晶体管 VT_3、VT_4 和 VT_5，电阻 R_4 和 R_5 组成推拉式的互补输出电路。VT_5 导通时 VT_4 截止，VT_5 截止时 VT_4 导通。由于采用了推挽输出（又称图腾输出），该电路不仅增强了带负载能力，还提高了工作速度。

（二）工作原理

1. 输入全部为高电平（3.6V）

当输入端全部为高电平 3.6V 时，VT_1 基极电位升高。从图 1-23 可知，VT_1 的基极电位足以使 VT_1 的集电结和 VT_2、VT_5 的发射结导通，而 VT_2 的集电极电压降可以使 VT_3 导通，但它不能使 VT_4 导通。VT_5 由 VT_2 提供足够的基极电流而处于饱和状态。因此输出为低电平，输出电压为 $U_O=U_{OL}=U_{CE5}\approx0.3V$。

2. 输入至少有一个为低电平（0.3V）

当输入至少有一个（如 A 端）为低电位时，VT_1 与 A 端连接的发射结正向导通，从图中可知，VT_1 集电极电位 U_{C1} 使 VT_2、VT_5 均截止，而 VT_2 的集电极电位足以使 VT_3、VT_4 导通。因此输出为高电平，输出电压为 $U_O=U_{OH}\approx U_{CC}-U_{BE3}-U_{BE4}=5V-0.7V-0.7V=3.6V$。

综上所述，当输入端全部为高电平（3.6V）时，输出为低电平（0.3V），这时 VT_5 饱和，电路处于开门状态；当输入端至少有一个为低电平（0.3V）时，输出为高电平（3.6V），这时 VT_5 截止，电路处于关门状态。由此可见电路的输出和输入之间满足与非逻辑关系，即 $F=\overline{A\cdot B\cdot C}$。

（三）TTL 与非门的特性与参数

1. 电压传输特性

电压传输特性是指输出电压跟随输入电压变化的关系曲线，即 $U_O=f(U_i)$ 函数关系，它可以用图 1-25 所示的曲线表示。由图可见，曲线大致分为四段：

1）*AB* 段（截止区）：当 $U_i<0.6V$ 时，VT_1 工作在深度饱和状态，$U_{CES1}<0.1V$，$U_{BE2}<0.7V$，故 VT_2、VT_5 截止，VT_3、VT_4 均导通，输出高电平 $U_{OH}=3.6V$。

2）*BC* 段（线性区）：当 $0.6V\leqslant U_i<1.3V$ 时，$0.7V\leqslant U_{BE2}<1.4V$，$VT_2$ 开始导通，VT_5 尚未导通。此时 VT_2 处于放大状态，其集电极电位随着 U_i 的增加而下降，并通过 VT_3、VT_4 射极跟随器使输出电压 U_O 也下降，因为 U_O 基本上随 U_i 的增加而线性减小，故把 *BC* 段称线性区。

3）*CD* 段（转折区）：输入电压 $1.3V\leqslant U_i<1.4V$ 时，VT_5 开始导通，并随 U_i 的增加趋于饱和，使输出 U_O 为低电平，所以把 *CD* 段称为转折区或过渡区。

4）*DE* 段（饱和区）：当 $U_i\geqslant 1.4V$ 时，随着 U_i 增加，VT_1 进入倒置工作状态，VT_3 导通，VT_4 截止，VT_2、VT_5 饱和，因而输出低电平 $U_{OL}=0.3V$。

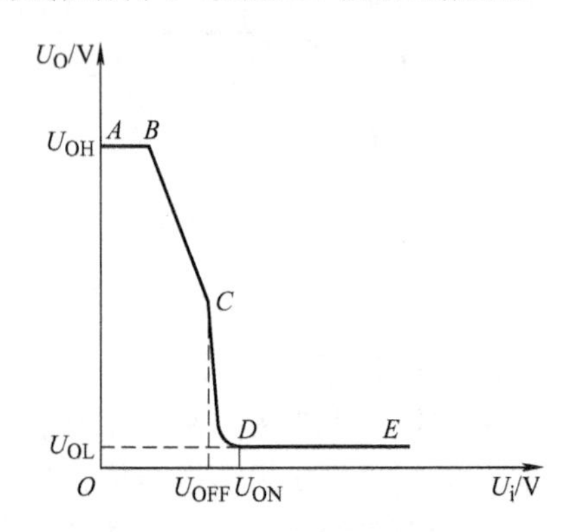

图 1-25　TTL 电压传输特性

2. 主要参数

（1）输出高电平 U_{OH} 和输出低电平 U_{OL}　电压传输特性曲线截止区的输出电压为 U_{OH}，饱和区的输出电压为 U_{OL}。一般产品规定 $U_{OH}\geqslant 2.4V$，$U_{OL}<0.4V$。

（2）阈值电压 U_{th}　阈值电压也称门槛电压，U_{th} 是决定电路截止和导通的分界线，也是决定输出高、低电压的分界线。从电压传输特性曲线上看，U_{th} 的值界于 U_{OFF} 和 U_{ON} 之间。一般 TTL 与非门的 $U_{th}\approx 1.4V$。在分析逻辑电路时，通常将 U_{th} 作为门电路导通与截止的分水岭。

（3）关门电平 U_{OFF} 和开门电平 U_{ON}　保持输出电平为低电平时所允许输入高电平的最小值，称为开门电平 U_{ON}，即只有当 $U_i>U_{ON}$ 时，输出才为低电平；保持输出电平为高电平时所允许输入低电平的最大值，称为关门电平 U_{OFF}，即只有当 $U_i\leqslant U_{OFF}$ 时，输出才是高电平。

一般产品手册给出输入高电平的最小值 $U_{iHmin}=2V$，输入低电平的最大值 $U_{iLmax}=0.8V$。因此 U_{ON} 的典型值为 $U_{iHmin}=2V$，U_{OFF} 的典型值为 $U_{iLmax}=0.8V$。

（四）TTL 集成门电路的主要系列

根据工作温度的不同，TTL 集成门电路分为 54 系列（−55～125℃）和 74 系列（0～70℃）两大类。每一系列按工作速度、功耗的不同，又分为标准系列、H 系列、S 系列、LS 系列和 ALS 系列等。几种常见的 TTL 集成门电路如图 1-26～图 1-28 所示。

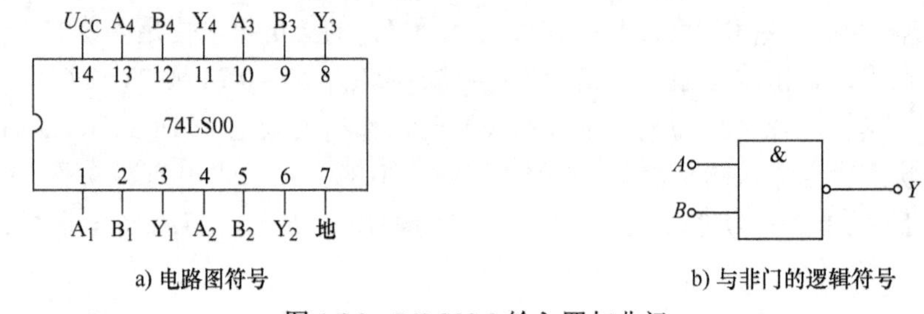

a) 电路图符号　　b) 与非门的逻辑符号

图 1-26　74LS00 2 输入四与非门

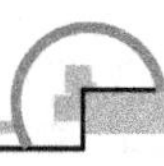

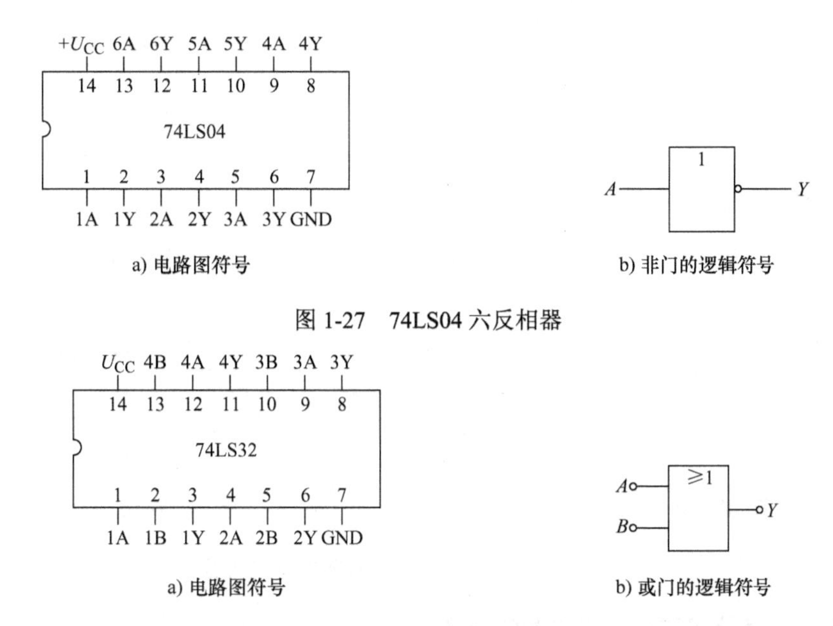

a) 电路图符号　　b) 非门的逻辑符号

图 1-27　74LS04 六反相器

a) 电路图符号　　b) 或门的逻辑符号

图 1-28　74LS32 2 输入四或门

（五）TTL 集成门电路的使用注意事项

（1）**电源电压及电源干扰的消除**　对于 54 系列，电源电压的变化应满足 5×（1±10%）V 的要求；对 74 系列，应满足 5×（1±5%）V 的要求，电源的正极和地线不可接错。为了防止外来干扰通过电源串入电路，都要对电源进行滤波，通常在印制电路板的电源输入端接 10～100μF 的电容进行滤波，在印制电路板上每隔 6～8 个门加接一个 0.01～0.1μF 的电容对高频进行滤波。

TTL 集成门电路的电源正端通常标以“U_{CC}”，负端标以“GND”。电源正常是集成电路门电路正常工作的必要条件。

（2）**输出端的连接**　具有推拉输出结构的 TTL 集成门电路的输出端不允许直接并联使用。输出端不允许直接接电源 U_{CC} 或直接接地。使用时，输出电流应小于产品手册上规定的最大值。三态输出门的输出端可并联使用，但在同一时刻只能有一个门工作，其他门输出处于高阻状态。集电极开路门输出端可并联使用，但公共输出端和电源 U_{CC} 之间应接负载电阻 R_L。

（3）**闲置输入端的处理**　使用 TTL 集成门电路时，对于闲置输入端（不用的输入端）一般不悬空，主要用于防止干扰信号从悬空输入端上引入电路。对于闲置输入端的处理，以不改变电路逻辑状态及工作稳定性为原则。常用的方法有以下几种。

1）对于与非门的闲置输入端，可直接接电源电压 U_{CC}，或通过 1～10kΩ 的电阻接电源 U_{CC}，如图 1-29a、b 所示。

2）如前级驱动能力允许，则可将闲置输入端与有用输入端并联使用，如图 1-29c 所示。

3）在外界干扰很小时，与非门的闲置输入端可以剪断或悬空，如图 1-29d 所示，但不允许接开路长线，以免引入干扰而产生逻辑错误。

4）或非门不使用的闲置输入端应接地，对与或非门中不使用的与门至少有一个输入端接地，如图 1-29e、f 所示。

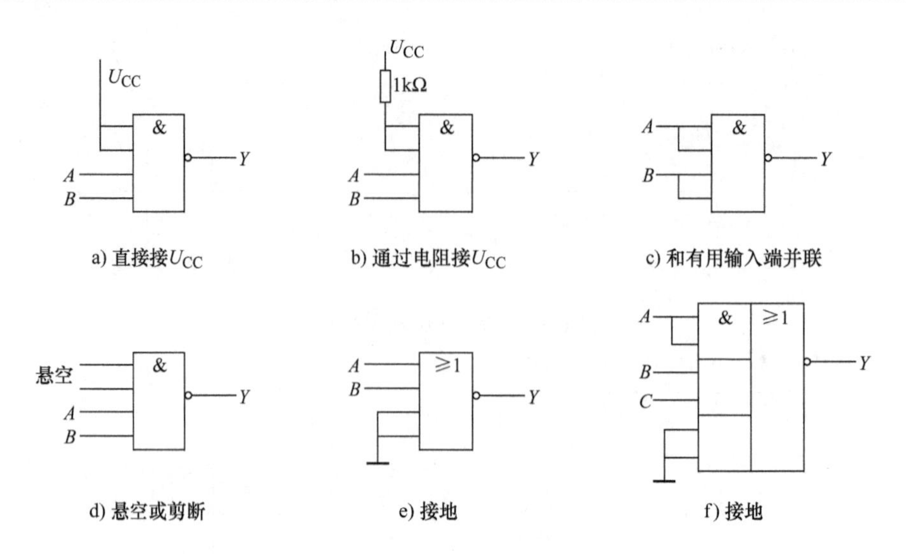

图 1-29　与非门和或非门闲置输入端的处理

（六）电路安装接线和焊接应注意的问题

1）连线要尽量短，最好用绞合线。

2）整体接地要好，地线要粗、短。

3）焊接用的电烙铁功率不大于 25W，使用中性焊剂，如松香酒精溶液，不可使用焊油。

4）由于集成电路外引线间距离很近，因此焊接时焊点要小，不得将相邻引线短路，焊接时间要短。

5）印制电路板焊接完毕后，不得浸泡在有机溶液中清洗，只能用少量酒精擦去外引线上的助焊剂和污垢。

（七）调试中应注意的问题

1）对 CT54/CT74 和 CT54H/CT74H 系列的 TTL 集成门电路，输出的高电平不小于 2.4V，输出的低电平不大于 0.4V；对 CT54S/CT74S 和 CT54LS/CT74LS 系列的 TTL 集成门电路，输出的高电平不小于 2.7V，输出的低电平不大于 0.5V。上述 4 个系列输入的高电平不小于 2.4V，低电平不大于 0.8V。

2）当输出高电平时，输出端不能碰地，否则会使 VT_4 因电流过大而烧坏；当输出低电平时，输出端不能碰电源 U_{CC}，否则 VT_5 会烧坏。

三、CMOS 集成门电路

CMOS 集成门电路是互补金属-氧化物-半导体场效应晶体管门电路的简称。该电路是由增强型 PMOS 管和增强型 NMOS 管组成的互补对称 MOS 门电路。国产 CMOS 集成门电路主要有 4000 系列和高速系列。高速 CMOS 集成门电路主要有 CC54HC/CC74HC 和 54HCT/CC74HCT 两个子系列。CMOS 集成门电路的突出优点是功耗小，抗干扰能力强。因此，CMOS 集成门电路在中、大规模数字集成电路中有着广泛的应用。

（一）电路结构

图 1-30 所示为 CMOS 非门电路，其中 VF_1 是 P 沟道增强型 MOS 管，VF_2 是 N 沟道增强

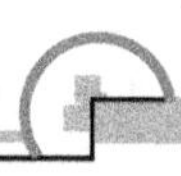

型 MOS 管，VF_1 的开启电压为 U_{TH}，VF_2 的开启电压为 U_{TP}。CMOS 非门电路总是一个场效应晶体管截止，而另一个场效应晶体管导通，在此状态下电源几乎不提供电流，只是在从一个状态转换到另一个状态的瞬间，两个场效应晶体管同时处于微弱导通状态，电压源才供给很小的电流，所以 CMOS 非门电路的功耗极小。

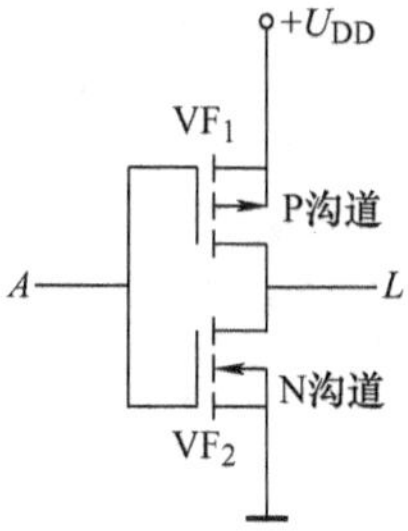

图 1-30　CMOS 非门电路

（二）CMOS 非门的电压传输特性

CMOS 非门（也称为 CMOS 反相器）的电压传输特性如图 1-31 所示。该特性曲线大致分为 *AB*、*BC*、*CD* 三个阶段。

1）*AB* 段：$U_i<U_{TN}$，输入为低电平，此时 $U_{GS1}<U_{TN}$，$U_{GS2}>U_{TP}$，VF_1 截止，VF_2 导通，所以 $U_O=U_{OH}\approx U_{DD}$，输出为高电平。

2）*CD* 段：$U_i>(U_{DD}-|U_{TP}|)>U_{TN}$，输入为高电平，此时 VF_1 导通，VF_2 截止，所以 $U_O=U_{OL}\approx 0$，输出为低电平。

3）*BC* 段：$U_{TN}<U_i<(U_{DD}-|U_{TP}|)$，此时由于 $U_{GS1}>U_{TN}$，$U_{GS2}>|U_{TP}|$，故 VF_1、VF_2 均导通。若 VF_1、VF_2 的参数对称，则 $U_i=U_{DD}/2$ 时两管导通内阻相等，$U_O=U_{DD}/2$。因此，CMOS 非门的阈值电压为 $U_T\approx U_{DD}/2$。*BC* 段特性曲线很陡，可见 CMOS 反相器的传输特性接近理想开关特性，因而其噪声容限大，抗干扰能力强。

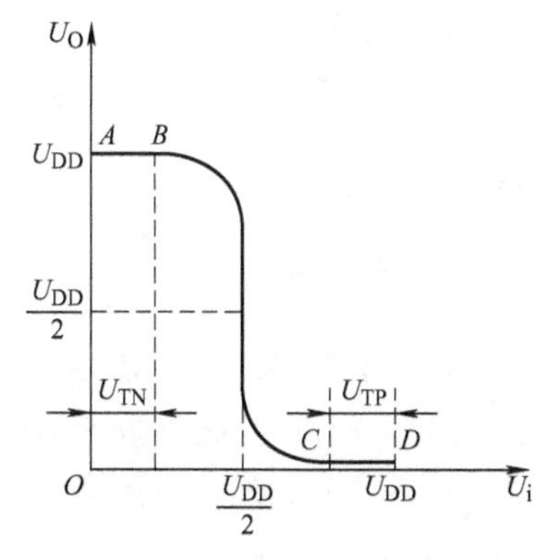

图 1-31　CMOS 非门的电压传输特性

（三）COMS 集成门电路的主要系列

CMOS 集成门电路有三大系列：4000 系列、74C××系列和硅-氧化铝系列。前两个系列应用很广，而硅-氧化铝系列因价格昂贵目前尚未普及。

（四）CMOS 集成门电路使用注意事项

1．电源电压

1）CMOS 集成门电路的电源电压极性不可接反，否则可能会造成电路永久性失效。

2）CMOS 4000 系列的电源电压可在 3～15V 的范围内选择，但最大不允许超过极限值 18V，电源电压选择得越高，抗干扰能力也越强。

3）高速 CMOS 集成门电路的 HC 系列的电源电压可在 2～6V 的范围内选用，HCT 系列的电源电压在 4.5～5.5V 的范围内选用，但最大不允许超过极限值 7V。

4）在进行 CMOS 集成门电路实验或对 CMOS 数字系统进行调试、测量时，应先接入直流电源，后接信号源；使用结束时，应先关信号源，后关直流电源。

5）CMOS 集成门电路的电源正端标以 U_{DD}，负端标以 U_{SS}。使用时一般将 U_{SS} 接地。

2．闲置输入端的处理

1）闲置输入端不允许悬空。

2）对于与门和与非门，闲置输入端应接正电源或高电平；对于或门和或非门，闲置输入端接地或低电平。

3）闲置输入端不宜与使用输入端并联使用，因为这样会增大输入电容，从而使电路的工作速度下降。但在工作速度很低的情况下，允许输入端并联使用。

3．输出端的连接

1）输出端不允许直接与电源 U_{DD} 或地 U_{SS} 相连。因为电路的输出级通常为 CMOS 反相器结构，这会使输出级的 NMOS 管或 PMOS 管可能因电流过大而损坏。

2）为提高电路的驱动能力，可将同一集成芯片上相同门电路的输入端、输出端并联使用。

3）当 CMOS 集成门电路输出端接大容量的负载电容时，流过管子的电流很大，有可能使管子损坏。因此，在输出端和电容之间串接一个限流电阻，以保证流过管子的电流不超过允许值。

4．其他注意事项

1）焊接时，电烙铁必须接地良好，必要时可将电烙铁的电源插头拔下，利用余热焊接。

2）集成电路在存放和运输时，应放在导电容器或金属容器中。

3）组装、调试时，应使所有的仪表、工作台等有良好的接地。

【任务实施】

一、任务目的

1）掌握 TTL 系列、CMOS 系列集成门电路的外形及逻辑功能。

2）熟悉各种门电路参数的测试方法。

3）熟悉集成电路的引脚排列及引脚功能。

二、仪器及元器件

1）数字万用电表 1 块、直流稳压电源 1 台。

2）本任务所需元器件见表 1-21。

表 1-21　元器件清单

序号	名称	型号与规格	封装	数量	单位
1	CMOS 集成门电路	CD4011	直插	1	个
2	TTL 集成门电路	74LS00	直插	1	个
3	TTL 集成门电路	74LS02	直插	1	个
4	TTL 集成门电路	74LS04	直插	1	个
5	TTL 集成门电路	74LS86	直插	1	个

三、内容及步骤

1．基本门电路逻辑功能测试方法

采用逻辑开关模拟给入高、低电平，具体对应关系为：逻辑开关拨向“高”方向，为给入高电平，即二值数“1”；逻辑开关拨向“低”方向，为给入低电平，即二值数“0”。用发光二极管的发光与否检验输出为高电平或低电平，具体对应关系为：发光二极管发光，为输出高电平，即输出二值数“1”，发光二极管不发光，为输出低电平，即输出二值数“0”。另外，每块集成芯片工作都需接上工作电压和地，实训接线原理框图如图 1-32 所示。

2．TTL 集成门电路及 CMOS 集成门电路的功能测试

1）准备芯片：CMOS 器件 CD4011，TTL 器件 74LS00、74LS02、74LS04、74LS86。

2）测试电路搭建。

3）工作电源接入。

4）按照表 1-22 给定的输入情况，改变输入状态的高低电平，观察发光二极管的亮灭，并将输出状态 0 或 1 结果填入表 1-22 中。

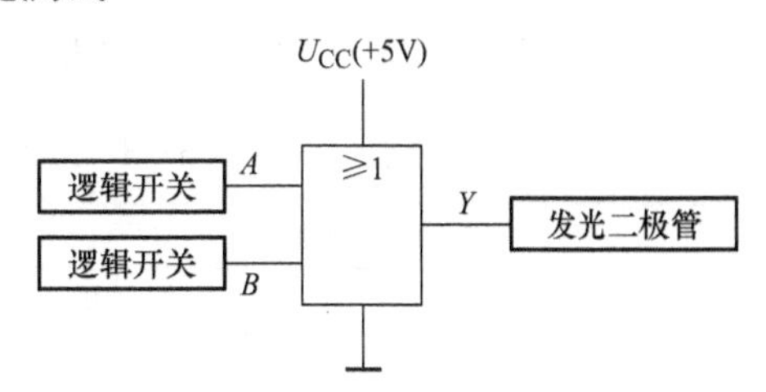

图 1-32　基本门电路逻辑功能的测试原理框图

表 1-22　TTL 集成门电路及 CMOS 集成门电路的功能测试

输　入 A　B	输　出 Y_1 CD4011	输　出 Y_2 74LS00	输　出 Y_3 74LS02	输　出 Y_4 74LS04	输　出 Y_5 74LS86
0　0					
0　1					
1　0					
1　1					
逻辑函数表达式					
逻辑功能					

3．逻辑电路的逻辑关系测试

用 74LS00 芯片按图 1-33a、b 接线，按要求完成该部分测试。

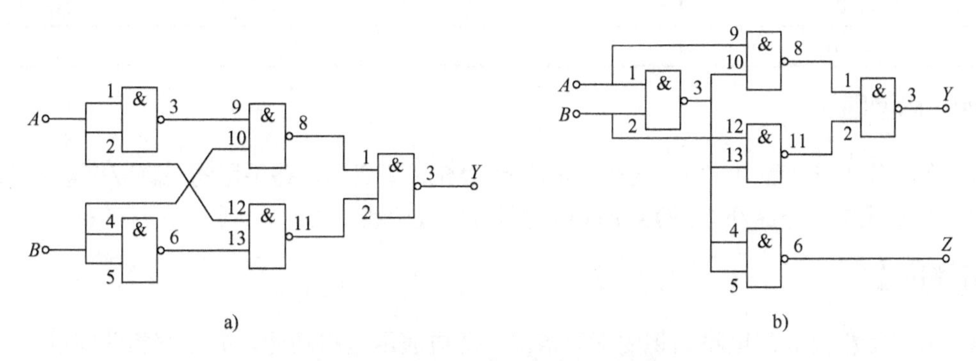

图 1-33　采用 74LS00 组成的逻辑电路

1）集成芯片选择。根据电路图中的逻辑门符号，每个逻辑门符号为二输入与非门，选用集成芯片 74LS00，每个逻辑门符号对应 74LS00 中一个独立的门电路。74LS00 共有_______个与非门，搭建图 1-33a 需要______片 74LS00，搭建图 1-33b 需要_______片 74LS00。

2）电路搭建。逻辑图中每个逻辑门符号需要 74LS00 中的一个独立的与非门实现，将芯片中每个与非门电路的输入输出引脚标号对应地在逻辑符号的输入输出引脚上标出，即对应芯片实物的逻辑功能引脚序号在逻辑图中进行标号，这样可以快速有序地完成电路的搭建。标记好引脚编号的电路图如图 1-33a、b 所示。

3）电路功能测试。数字电路的逻辑功能测试即将输入信号的每组高低电平取值情况在电路中输入，测试所有取值组合对应的输出结果。输入组合用逻辑开关的高、低情况模拟，输出结果用发光二极管的发光和不发光模拟，对应情况参照门电路的功能测试部分。电路测试之前，可将输入取值用表格一一描述出，即列出真值表的输入组合，完成真值表输出结果测试。将图 1-33a、b 电路的测试结果填入表 1-23 及表 1-24 中。

表 1-23　图 1-33a 所示逻辑电路的测试结果

输入		输出
A	*B*	*Y*
0	0	
0	1	
1	0	
1	1	
逻辑表达式		
逻辑功能		

表 1-24　图 1-33b 所示逻辑电路的测试结果

输入		输出	输出
A	*B*	*Y*	*Z*
0	0		
0	1		
1	0		
1	1		
逻辑表达式			
逻辑功能			

四、思考题

1）在任务实施过程中，TTL 集成门电路和 CMOS 集成门电路不用的引脚应该怎么处理？

2）TTL 集成门电路和 CMOS 集成门电路可以直接连接吗？

【任务评价】

1）分组汇报集成门电路知识的学习情况，通电演示电路功能，并回答相关问题。

2）填写任务评价表，见表 1-25。

表 1-25　任务评价表

评价标准		学生自评	小组互评	教师评价	分值
知识目标	掌握基本逻辑运算及其门电路功能				
	掌握逻辑函数不同表现形式的特点				
	掌握集成门电路的功能与特点				
技能目标	掌握集成门电路的应用				
	掌握电路检测方法，具备故障排除能力				
	安全用电、遵守规章制度				
	按企业要求进行现场管理				

【任务总结】

1）把用半导体器件组成的分立元器件门电路经过一定的工艺集成在一块硅片上，即可制成集成门电路。TTL 集成门电路的产品品种比较多，与门、或门、非门、或非门、与或非门、异或门、同或门等集成门电路是中、小规模数字集成电路的标准器件。

2）MOS 集成门电路是由 MOS 场效应晶体管组成的数字集成电路。CMOS 集成门电路制成工艺简单、成本低、输入阻抗极高、功耗低、集成度高、允许工作电源的范围大、抗干扰性能好，能与大多数的逻辑电路兼容，发展很快。特别是近十多年来，在 LSI 及 VLSI 的制作上 CMOS 集成门电路已占据了绝对的优势。

任务四　电源欠电压过电压报警器的制作与调试

【任务导入】

某些用电设备对输入电压有一定的要求，电网电压工作正常时，用电设备接通电源正常运行。当电网波动、输入电压过低或过高时，要求设备自动切断电源，并进行声光报警。本任务采用逻辑门电路构成一个电源欠电压过电压报警保护电路，当电压低于 9.6V 或高于 14.4V 时，可进行声光报警，保护用电设备的核心元器件是 74LS00 与非门集成芯片。

【知识链接】

一、电源欠电压过电压报警保护电路的工作原理

（一）工作原理

某企业承接了一批电源欠电压过电压报警保护电路的安装与调试任务，请按照相应的企业生产标准完成该产品的组装与调试，实现该产品的基本功能，并正确填写相关测试数据。电路原理图如 1-34 所示。

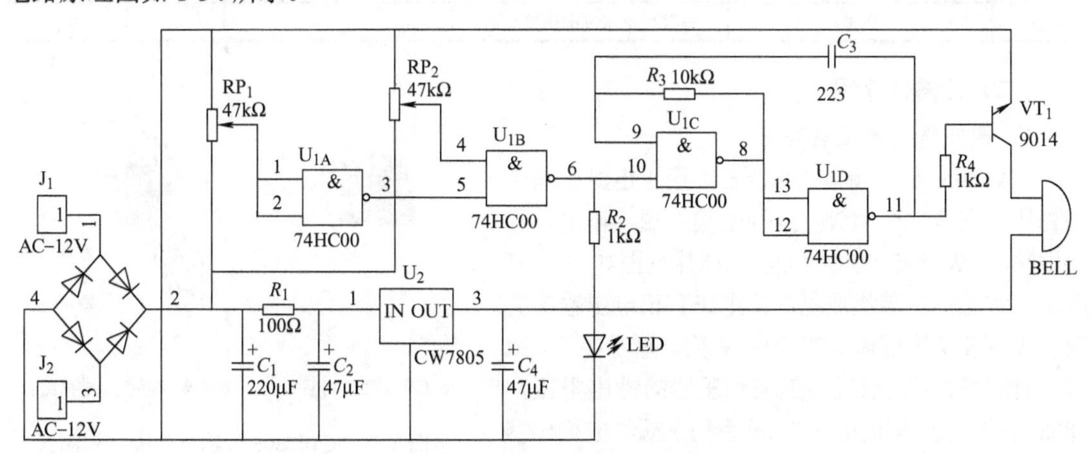

图 1-34　电源欠电压过电压报警保护电路原理图

（二）电路分析

输入电源电压正常时，U_{1A}输出高电平，U_{1B}输出低电平，发光二极管 LED 及振荡发声电路 U_{1C}、U_{1D}和蜂鸣器不工作。当输入电压高于 14.4V 或低于 9.6V 时，U_{1B}输出高电平，发光二极管亮，振荡发声电路工作，发出鸣叫声，启动声光报警。

调试方法：第一步，当输入电源电压为 14.4V 时，调节 RP_1使得 U_{1A}输出刚好由低电平转为高电平。第二步，当输入电压为 9.6V 时调节 RP_2使得 U_{1B}的输出由高电平转为低电平。

二、电路元器件参数及功能

（一）电路元器件清单

元器件清单见表 1-26。

表 1-26　元器件清单

序号	名称	型号与规格	封装	数量	单位
1	电阻	1kΩ　1/4W	色环直插	2	只
2	电阻	10kΩ　1/4W	色环直插	1	只
3	电阻	100Ω　1/4W	色环直插	1	只
4	蓝白电位器	47kΩ/50kΩ	蓝白	2	只
5	电容	220μF /50V	直插 8mm×12mm	1	只
6	电容	47μF /25V	直插 6mm×11mm	2	只
7	电容	223	直插	1	只
8	晶体管	9014	直插 TO-92	1	只
9	桥堆	2W10	WOM	1	只
10	发光二极管	红 3	直插 3mm	1	只
11	三端集成稳压	CW7805	TO-220	1	只
12	集成芯片	74HC00	TO-92	1	只
13	无源蜂鸣器	5V	—	1	只
14	排针	直针间距 2.54mm	直插、单排、圆头	8	针
15	PCB	电源欠电压过电压报警器	—	1	块

（二）元器件介绍

1. 集成稳压器 CW7805

CW7805 是三端集成稳压器，用于电源电路中的稳压，它有三个引脚，分别是输入端、输出端和接地端，CW7805 的实物图和引脚排列图如图 1-35 所示。常见的三端集成稳压器电路有正电压输出的 78××系列和负电压输出的 79××系列。型号中 78 或 79 后面的数字表示三端集成稳压器的输出电压，7805 表示输出电压为+5V。该系列三端集成稳压器组成的稳压电源外围元器件极少，电路内部还有过电流、过热和调整管的保护电路，使用起来方便、可靠，而且价格低廉，在电子制作中经常使用。

a) CW7805实物图

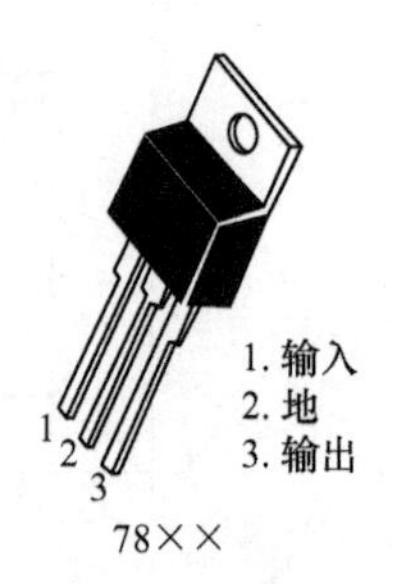

b) CW7805引脚排列图

图 1-35　CW7805 实物与引脚排列图

2．桥堆 2W10

2W10 是用于全波整流的全桥堆，是将整流管封装在一个壳内，共有四个引脚，其中标有“～”符号的两个引脚为交流电源输入端，另外两个引脚为整流输出端，标有“+”的引脚为正输出，标有“-”的引脚为负输出，实物图如图 1-36 所示。2W10 的正向电流为 2A，反向耐压为 1000V，反向漏电流为 10μA，正向压降为 1.1V，封装窗体顶端为圆形。

3．无源蜂鸣器

无源蜂鸣器利用电磁感应现象，为音圈接入交变电流后形成的电磁铁与永磁铁相吸或相斥而推动振膜发生。无源蜂鸣器内部不带振动源，接入直流电只能持续推动振膜而无法产生声音，只有接通电源或者断开电源时才有声音，因此，需要有外部振荡电路产生正弦波或者方波才能使蜂鸣器发声。与有源蜂鸣器相比，具有价格低、声音频率可控等特点。图 1-37 为无源蜂鸣器的实物图。

图 1-36　全桥堆 2W10 实物图

图 1-37　无源蜂鸣器实物图

【任务实施】

一、任务目的

1）熟悉数字电路结构及电源欠电压过电压报警保护电路的工作原理。
2）了解集成门电路的外形及引脚排列。
3）熟练使用常用电子仪器仪表。
4）会对集成门电路进行识别和检测。
5）能正确安装电路，并能完成电路的调试与技术指标的测试。
6）提高实践技能，培养良好的职业道德和职业习惯。

二、仪器及无器件

1）焊接工具 1 套。
2）实训电路板 1 块。
3）自耦变压器 1 台。
4）万用表 1 块。
5）电路元器件 1 套（按元器件清单表配齐）。

三、内容及步骤

1）清点下发的焊接工具数目，检查焊接工具的好坏。

2）清点下发的仪器仪表数目，检查仪器仪表好坏。

3）填好设备使用情况登记表。

4）清点下发的元器件。

5）核对元器件数量和规格，检查元器件的好坏。

6）根据元器件布局与接线图，在万能板上进行电路接线、焊接。

7）通电前电路正确检查。

8）通电调试。

调试前，请在图 1-38 中绘制电路与仪器仪表的接线示意图。

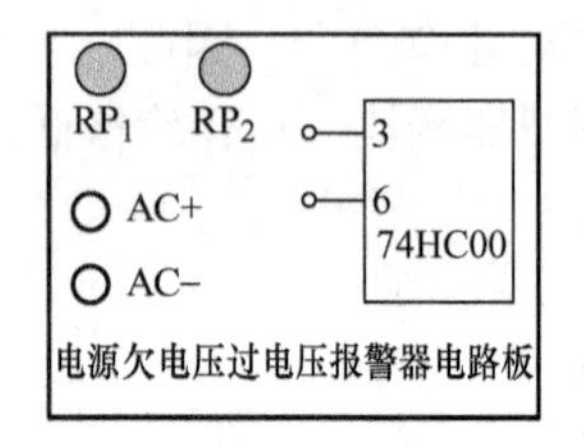

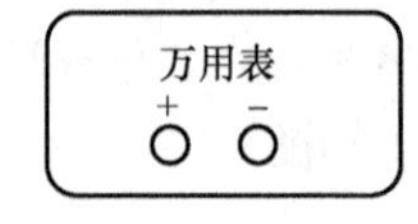

图 1-38　测试接线示意图

电路连接完成后，按照以下步骤，调试电路。第一步当输入电源电压为 14.4V 时，调节 RP_1 使得 U_{1A} 输出刚好由低电平转为高电平；第二步当输入电压为 9.6V 时调节 RP_2 使 U_{1B} 的输出由高电平转为低电平。并在表 1-27 中记录下输入高低电平及输出高低电平的电压值。

表 1-27　74LS00 四二与非门电压参数

主要参数	参数范围/V
V_{IH}	
V_{IL}	
V_{OH}	
V_{OL}	

9）通电测试。

改变输入电压大小，测试当电压过低或过高时电路能否实现报警保护功能。

四、思考题

1）本任务中晶体管 VT_1 的主要作用是什么？它的工作过程是怎样的？

2）常见的低压蜂鸣器有哪几类？本任务中采用的是哪种蜂鸣器？

【任务评价】

1）分组汇报电源欠电压过电压报警保护电路元器件识别与检测、电路工作原理、安装与调试等内容的学习情况，通电演示电路功能，并回答相关问题。

2）填写任务评价表，见表 1-28。

表 1-28　任务评价表

评价标准		学生自评	小组互评	教师评价	分值
知识目标	掌握元器件识别与检测的方法				
	掌握电源欠电压过电压报警保护电路的工作原理				
	掌握与非门电路的逻辑功能与应用				

（续）

评价标准		学生自评	小组互评	教师评价	分值
技能目标	掌握集成门电路的应用				
	掌握电路检测方法，具备故障排除能力				
	安全用电、遵守规章制度				
	按企业要求进行现场管理				

【任务总结】

1）电源欠电压过电压报警保护电路由电源电路、稳压电路、控制电路和声光报警电路四个部分组成。

2）本任务通过分析与制作一个电源欠电压过电压报警保护电路，熟悉基本数字电路的装调过程。电源欠电压过电压报警保护电路的制作过程包括元器件的检测、电路组装、电路调试、故障排除等步骤，通过任务实施环节熟悉常见集成门电路的逻辑功能与应用，掌握电路的检测方法，并具备故障排除能力。

习题训练一

一、填空题

1．数字信号是指在时间和数值上都是________的信号。

2．二进制数只有________和________数码，它的进位规则是________。

3．逻辑代数又称为________代数。最基本的逻辑关系有________、________、________三种。

4．逻辑函数的常用表示方法有________、________、________。

5．逻辑代数中与普通代数相似的定律有________、________、________。摩根定律又称为________。

6．逻辑代数的三个重要规则是________、________、________。

7．逻辑函数 $F=A+\overline{B}+C\overline{D}$ 的反函数 $\overline{F}=$________。

8．逻辑函数 $F=A(B+C)\cdot 1$ 的对偶函数是________。

9．已知函数的对偶式为 $\overline{A\overline{B}}+\overline{\overline{C}D+BC}$，则它的原函数为________。

10．函数 $F=A\overline{B}+C$ 的最小项表达式为________。

二、选择题

1．同一个数值可以采用不同的数制表示，以下四个数值中哪个数值的大小不一样（　　）。

A．$(15)_{10}$　　B．$(1111)_2$　　C．$(12)_8$　　D．$(F)_{16}$

2．以下表达式中符合逻辑运算法则的是（　　）。

A．$C \cdot C = C^2$　　B．$1+1=10$　　C．$0<1$　　D．$A+1=1$

3．逻辑变量的取值 1 和 0 不可以表示（　　）。

A．开关的闭合、断开　　B．电位的高、低

C．数值的大小　　D．电流的有、无

4．当逻辑函数有 n 个变量时，共有（　　）个变量取值组合。

A．n　　B．2^n　　C．n^2　　D．$2n$

5．逻辑函数 $F = A\overline{B} + BD + CDE + \overline{A}D$ 的最简与或式是（　　）。

A．$A\overline{B} + D$　　B．$(A+\overline{B})D$　　C．$(A+D)(\overline{B}+D)$　　D．$(A+D)(B+\overline{D})$

6．逻辑函数 $F = A \oplus (A \oplus B) =$（　　）。

A．B　　B．A　　C．$A \oplus B$　　D．$\overline{\overline{A} \oplus B}$

7．逻辑函数 $F = A + BC =$（　　）。

A．$A+B$　　B．$A+C$　　C．$(A+B)(A+C)$　　D．$B+C$

8．在何种输入情况下，“与非”运算的结果是逻辑 0（　　）。

A．全部输入是 0　　B．任一输入是 0　　C．仅一输入是 0　　D．全部输入是 1

9．在何种输入情况下，“或非”运算的结果是逻辑 1（　　）。

A．全部输入是 0　　B．全部输入是 1

C．任一输入为 0，其他输入为 1　　D．任一输入为 1

10．能够实现有 0 出 0，全 1 出 1 的逻辑运算是（　　）。

A．与逻辑　　B．或逻辑　　C．非逻辑　　D．与非逻辑

三、综合分析题

1．将下列二进制数转为等值的十六进制数和等值的十进制数。

（1）$(10010111)_2$　（2）$(1101101)_2$　（3）$(0.01011111)_2$　（4）$(11.001)_2$

2．将下列十六进制数化为等值的二进制数和等值的十进制数。

（1）$(8C)_{16}$　（2）$(3D.BE)_{16}$　（3）$(8F.FF)_{16}$　（4）$(10.00)_{16}$

3．将下列十进制数转换成等值的二进制数和等值的十六进制数。要求二进制数保留小数点以后 4 位有效数字。

（1）$(17)_{10}$　（2）$(127)_{10}$　（3）$(0.39)_{10}$　（4）$(25.7)_{10}$

4．将下列各函数式化为最小项之和的形式。

（1）$Y = \overline{A}BC + AC + \overline{B}C$

（2）$Y = A\overline{B}\overline{C}D + BCD + \overline{A}D$

（3）$Y = A + B + CD$

（4）$Y = AB + \overline{BC}(\overline{C} + \overline{D})$

（5）$Y=A\bar{B}+B\bar{C}+C\bar{D}$

5．用逻辑代数的基本公式和常用公式将下列逻辑函数化为最简与或形式。

（1）$Y=A\bar{B}+B+\bar{A}B$

（2）$Y=A\bar{B}C+\bar{A}+B+\bar{C}$

（3）$Y=\overline{\bar{A}BC}+\overline{A\bar{B}}$

（4）$Y=A\bar{B}CD+ABD+A\bar{C}D$

（5）$Y=A\bar{B}(\bar{A}CD+\overline{AD+\bar{B}\,\bar{C}})(\bar{A}+B)$

（6）$Y=AC(\bar{C}D+\bar{A}B)+BC(\overline{\bar{B}+AD}+CE)$

6．用卡诺图化简法将下列函数化为最简与或形式。

（1）$Y=ABC+ABD+\bar{C}\,\bar{D}+A\bar{B}C+\bar{A}C\bar{D}+A\bar{C}D$

（2）$Y=A\bar{B}+\bar{A}C+BC+\bar{C}D$

（3）$Y=\bar{A}\,\bar{B}+B\bar{C}+\bar{A}+\bar{B}+ABC$

（4）$Y=\bar{A}\,\bar{B}+AC+\bar{B}C$

（5）$Y=A\bar{B}\,\bar{C}+\bar{A}\,\bar{B}+\bar{A}D+C+BD$

（6）$Y(A,B,C)=\sum(m_0,m_1,m_2,m_5,m_6,m_7)$

（7）$Y(A,B,C)=\sum(m_1,m_3,m_5,m_7)$

（8）$Y(A,B,C,D)=\sum(m_0,m_1,m_2,m_4,m_6,m_8,m_9,m_{10},m_{11},m_{14})$

（9）$Y(A,B,C,D)=\sum(m_0,m_1,m_2,m_5,m_8,m_9,m_{10},m_{12},m_{14})$

7．试用或非门和反相器画出下列函数的逻辑图。

（1）$Y=A\bar{B}C+B\bar{C}$

（2）$Y=(A+C)(\bar{A}+B+\bar{C})(\bar{A}+\bar{B}+C)$

（3）$Y=(\overline{AB\bar{C}+\bar{B}C})\bar{D}+\bar{A}\,\bar{B}D$

（4）$Y=\overline{\overline{C\bar{D}}\;\overline{BC}\;\overline{ABC}\;\bar{D}}$

8．某逻辑函数的真值表见表1-29，试写出对应的逻辑函数式。

表 1-29　逻辑函数的真值表

A	B	C	F
0	0	0	0
0	0	1	0
0	1	0	1
0	1	1	1
1	0	0	0
1	0	1	0
1	1	0	1
1	1	1	0

9．试用列真值表的方法证明下列异或运算公式。

（1）$A\oplus 0=A$　　（2）$A\oplus 1=\overline{A}$　　（3）$A\oplus A=0$　　（4）$A\oplus \overline{A}=1$

10．写出图 1-39 中各逻辑图的逻辑函数式，并化简为最简与或式。

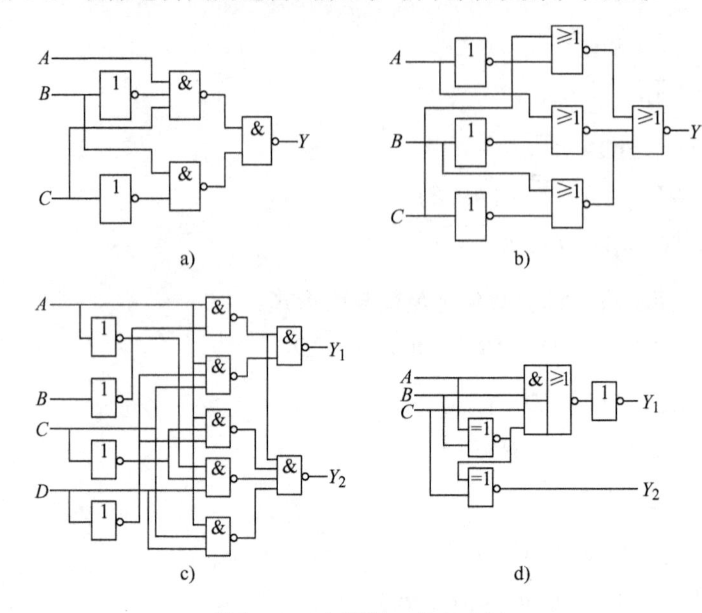

图 1-39　各逻辑函数电路图

项目二　数显逻辑笔的分析与制作

项目描述

在电子设备的检测与维修时，经常需要对电路板逻辑电路的输出状态进行判断，以便了解电路的工作情况和故障所在，一般用万用电表来测量，但这种方法在电路引脚较多时非常不方便。逻辑笔则可快速测量出电路中有故障的芯片，本项目将设计和制作一个数显逻辑笔。数显逻辑笔的系统框图如图 2-1 所示，系统主要由三部分构成，由晶体管构成电路的输入控制部分；七段译码显示器构成二进制输入信息的译码控制部分；七段数码管构成高低电平的显示部分。

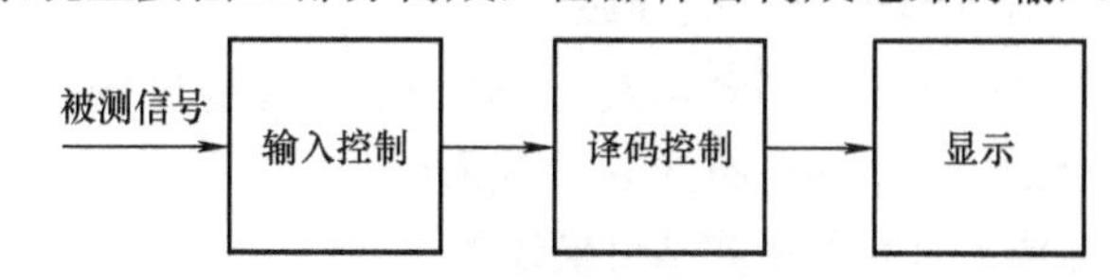

图 2-1　数显逻辑笔系统框图

围绕数显逻辑笔分析与制作的知识点与技能点，本项目可分解为五个子任务，即组合逻辑电路的分析与设计、加法器的功能测试、编码器与译码器的功能测试、数据选择器的功能测试以及数显逻辑笔的制作与调试。

学习目标

【知识目标】

1）掌握组合逻辑电路的分析方法。

2）掌握组合逻辑电路的设计方法。

3）了解半加器、全加器、编码器、译码器、数据选择器等常用中规模集成组合逻辑电路的逻辑功能和应用。

【技能目标】

1）能对组合逻辑电路进行安装、测试与调试。

2）能查阅资料，了解数字集成芯片的功能和测试方法。

3）能根据查到的资料正确地选取和使用数字集成芯片。

4）能正确地使用显示译码器和数码显示器。

任务一　组合逻辑电路的分析与设计

【任务导入】

组合逻辑电路由逻辑门电路组成，不包含任何记忆元器件，没有记忆能力。组合逻辑电路的应用十分广泛，如编码器、译码器、全加器、数据选择器等都是常用的组合逻辑电路。

本任务的主要学习内容是组合逻辑电路的概念、分析和设计方法。

【知识链接】

一、组合逻辑电路概述

（一）组合逻辑电路的特点

一个数字系统通常包含许多的数字逻辑电路。根据逻辑功能的特点不同，通常分为组合逻辑电路（简称组合电路）和时序逻辑电路（简称时序电路）。

在组合逻辑电路中，任意时刻的输出仅仅取决于该时刻的输入，与电路原来的状态无关，这就是组合逻辑电路在逻辑功能上的共同特点。

（二）逻辑功能的描述

对于任何一个多输入、多输出的组合逻辑电路，都可以用图 2-2 所示的框图表示。图中，$A_1, A_2, \cdots, A_m$ 是电路的 m 个输入信号；$L_1, L_2, \cdots, L_n$ 是电路的 n 个输出信号。输出信号与输入信号之间的逻辑关系可描述为

$$L_i = f(A_1, A_2, \cdots, A_m) \quad i = 1, 2, \cdots, n \tag{2-1}$$

描述一个组合逻辑电路功能的方法有很多，通常有逻辑函数表达式、真值表、逻辑电路图、卡诺图、波形图五种。它们各有特点，既相互联系，也可以相互转换。

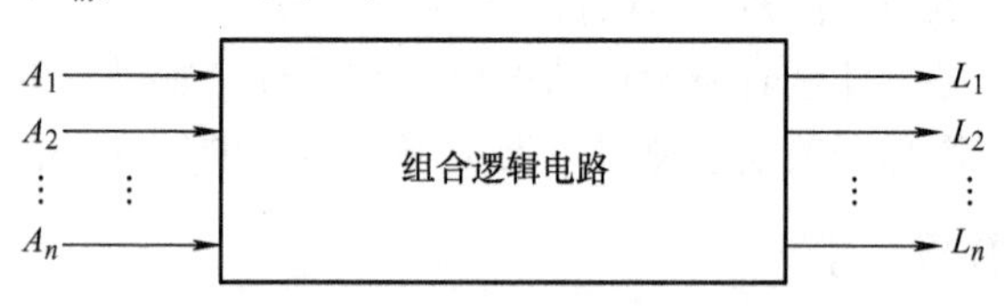

图 2-2　组合逻辑电路框图

（三）组合逻辑电路的分类

组合逻辑电路按照逻辑功能特点不同，可分为加法器、比较器、编码器、译码器、数据选择器和数据分配器等；按照使用的基本开关器件不同，可分为 CMOS 电路、TTL 电路等；按照集成度不同，可分为 SSI 电路、MSI 电路、LSI 电路、VLSI 电路等。

对组合逻辑电路的研究分为组合逻辑电路的分析和组合逻辑电路的设计。实现各种逻辑功能的组合电路五花八门，不胜枚举，重要的是通过一些典型电路的分析和设计，弄清基本概念，掌握基本方法。

二、组合逻辑电路的分析

所谓分析一个给定的组合逻辑电路，就是要通过分析找出电路的逻辑功能来。

通常采用的方法是根据给定的组合逻辑电路，写出逻辑函数表达式，并以此来描述它的逻辑功能，确定输入与输出的关系，必要时对其设计的合理性进行评定。分析步骤如图 2-3 所示。

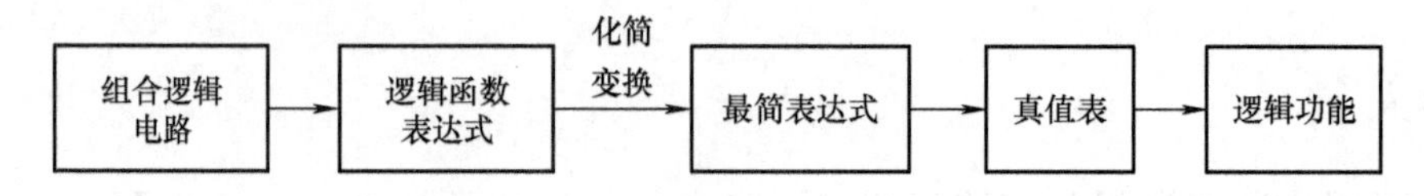

图 2-3　组合逻辑电路的分析步骤

1）根据给定的逻辑电路，从输入端开始，逐级推导出输出端的逻辑函数表达式。

2）化简和变换逻辑函数表达式。

3）根据表达式列真值表。

4）根据真值表对电路进行功能描述和评价。

对于典型的组合逻辑电路进行功能描述时可以直接说出其功能；对于非典型的组合逻辑电路，应根据真值表中逻辑变量和逻辑函数的取值规律指出输入为哪种状态时，输出为1或0。

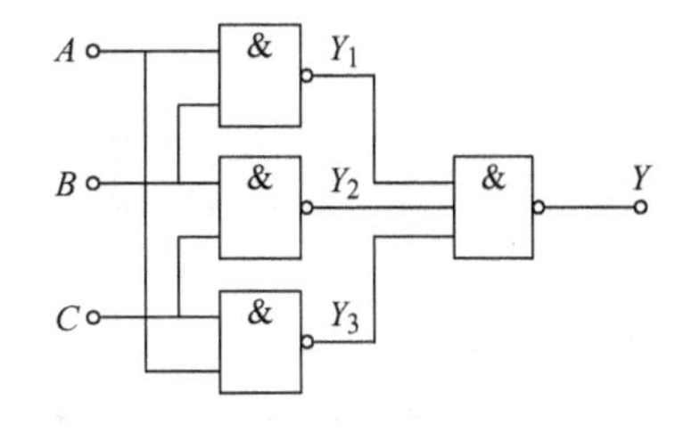

图2-4　例2-1逻辑电路图

【例2-1】 分析图2-4所示电路的逻辑功能。

【解】 1）根据逻辑电路图逐级写出逻辑函数表达式。为了写表达式方便，借助中间变量Y_1、Y_2、Y_3：

$$Y_1=\overline{AB}\ ,\ \ Y_2=\overline{BC}\ ,\ \ Y_3=\overline{AC}\ ,\ \ Y=\overline{Y_1Y_2Y_3}=\overline{\overline{AB}\cdot\overline{BC}\cdot\overline{AC}}$$

2）化简表达式。利用摩根公式得到$Y=AB+BC+AC$

3）列出真值表，见表2-1。

4）根据真值表描述电路功能。当输入A、B、C中有2个或3个为1时，输出Y为1，否则输出Y为0。所以这个电路实际上是一种3人表决用的组合电路：只要有2票或3票同意，表决就通过。

【例2-2】 分析图2-5电路的逻辑功能，已知此电路用于数据分类，试指出该电路的用途。

表2-1　例2-1真值表

A	B	C	Y
0	0	0	0
0	0	1	0
0	1	0	0
0	1	1	1
1	0	0	0
1	0	1	1
1	1	0	1
1	1	1	1

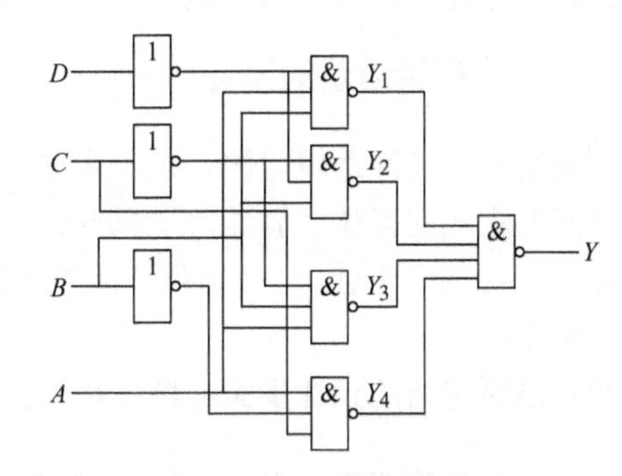

图2-5　例2-2逻辑电路图

【解】 1）由逻辑电路图写出逻辑函数表达式并化简为最简形式：

$$Y=\overline{Y_1Y_2Y_3Y_4}=\overline{\overline{AB\overline{D}}\cdot\overline{B\overline{C}\,\overline{D}}\cdot\overline{AB\overline{C}}\cdot\overline{\overline{A}BC}}=AB\overline{D}+B\overline{C}\,\overline{D}+AB\overline{C}+\overline{A}BC$$

2）根据表达式列真值表，见表2-2。

按照ABCD变量排列顺序的真值表难以分析出电路的功能，改变变量的排列顺序，按照DCBA的排列顺序调整真值表，见表2-3。

3）功能描述。分析调整后的真值表，输出为1的项所对应的变量值分别为2、3、5、7、11、13，因此，该逻辑电路的功能为分类出4位二进制数中的素数2、3、5、7、11、13。

表 2-2 例 2-2 真值表

A	B	C	D	Y
0	0	0	0	0
0	0	0	1	0
0	0	1	0	0
0	0	1	1	0
0	1	0	0	1
0	1	0	1	0
0	1	1	0	0
0	1	1	1	0
1	0	0	0	0
1	0	0	1	0
1	0	1	0	1
1	0	1	1	1
1	1	0	0	1
1	1	0	1	1
1	1	1	0	1
1	1	1	1	0

表 2-3 调整后的真值表

D	C	B	A	Y
0	0	0	0	0
0	0	0	1	0
0	0	1	0	1
0	0	1	1	1
0	1	0	0	0
0	1	0	1	1
0	1	1	0	0
0	1	1	1	1
1	0	0	0	0
1	0	0	1	0
1	0	1	0	0
1	0	1	1	1
1	1	0	0	0
1	1	0	1	1
1	1	1	0	0
1	1	1	1	0

在数字电路中，变量常常按照 D、C、B、A 的顺序排列表示二进制数的高位到低位。

三、组合逻辑电路的设计

根据给出的实际逻辑问题，求出实现这一逻辑功能的最佳逻辑电路，这就是组合逻辑电路设计时要完成的工作。显然，逻辑设计是逻辑分析的逆过程。

这里所说的“最佳”，是指电路所用的器件数最少，器件的种类最少，而且器件之间的连线也最少。

组合逻辑电路的设计步骤如图 2-6 所示。

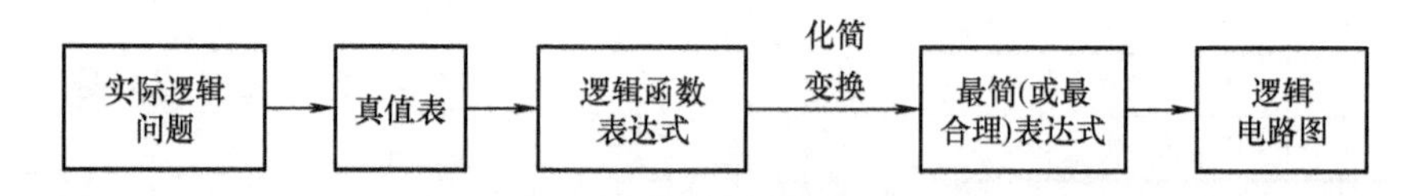

图 2-6 组合逻辑电路的设计步骤

（一）进行逻辑抽象

逻辑抽象是能否正确实现逻辑功能的关键步骤。在许多情况下，提出的设计要求是用文字描述的一个具有一定因果关系的事件。这时就需要通过逻辑抽象的方法，用一个逻辑函数来描述这一因果关系。

逻辑抽象的工作通常是这样进行的：

1）分析事件的因果关系，确定输入变量和输出变量。

2）定义逻辑状态的含义，用二值逻辑的 0 和 1 分别表示输入变量和输出变量的两种不同状态（逻辑赋值）。

3）根据给定的因果关系列出逻辑真值表，列真值表时不能漏掉各种输入组合。

（二）写出逻辑函数表达式

为了便于对逻辑函数进行化简和变换，需要根据真值表写出逻辑函数的最小项之和表达式，并进行化简。

基于小规模集成电路的组合逻辑电路设计是以最简方案为目标的，即要求逻辑电路中包含的逻辑门最少，且连线最少。因此，应对逻辑表达式进行化简，求出描述设计问题的最简表达式。

（三）选定器件的类型

应该根据对电路的具体要求和器件的性能情况决定采用哪一种类型的器件，可以选择小规模集成电路、中规模集成电路或可编程逻辑器件。

（四）将逻辑函数表达式化简或变换成适当的形式

这一步骤需要根据实现的器件不同，将逻辑函数表达式变换成相应的形式，如与或、与非、或非等。为了能用选定或指定的集成门电路实现逻辑功能，常常要将逻辑函数表达式进行变形，有可能还会得到较为复杂的表达式，显然“最佳化”电路并不一定是最简电路。

（五）画出逻辑电路图

根据化简或变换后的逻辑函数表达式，画出逻辑电路图。至此，理论设计部分完成，为了从原理图得到实物还要进行工艺设计，对于初学者来说，这点不做要求。

【例 2-3】 设计一个 3 人表决电路。每人一个按键，如果同意则按下，不同意则不按。结果用指示灯表示，多数同意时指示灯亮，否则不亮。

【解】 1）首先进行逻辑抽象。设 A、B、C 分别表示参加表决的 3 个按键，按键按下用“1”表示，不按用“0”表示；输出结果用变量 F 表示，多数赞成时是“1”，否则是“0”。

2）列真值表。根据题意可列出表 2-4 所示的逻辑真值表。

表 2-4　例 2-3 真值表

A	B	C	F
0	0	0	0
0	0	1	0
0	1	0	0
0	1	1	1
1	0	0	0
1	0	1	1
1	1	0	1
1	1	1	1

3）写出逻辑函数表达式。由表 2-4 可得逻辑函数表达式为

$$F=\overline{A}BC+A\overline{B}C+AB\overline{C}+ABC$$

4）化简逻辑函数表达式：　　$F=AB+BC+AC$

5）根据逻辑函数表达式画出逻辑电路图。若用与门、或门实现，则 $F=AB+BC+AC$，逻辑电路图如图 2-7 所示。

若用与非门实现，则 $F=AB+BC+AC=\overline{\overline{AB+BC+AC}}=\overline{\overline{AB}\cdot\overline{BC}\cdot\overline{AC}}$，逻辑电路图如图 2-8 所示。

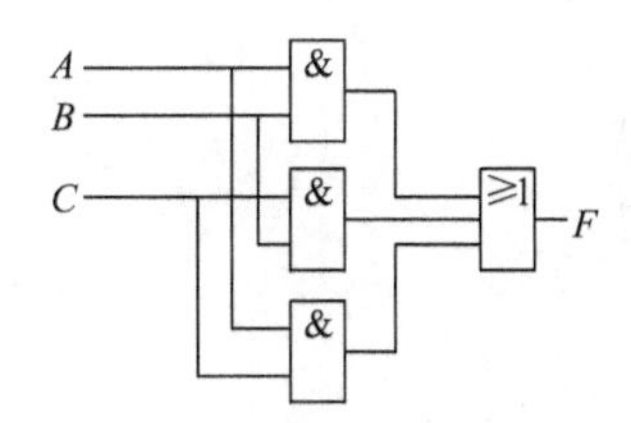

图 2-7　与门、或门实现的逻辑电路图

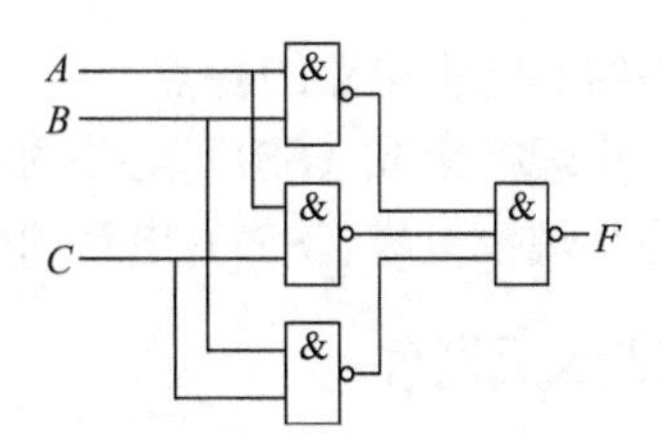

图 2-8　与非门实现的逻辑图

【例 2-4】 用与非门设计一个交通报警控制电路。交通信号灯有黄、绿、红 3 种，3 种灯分别单独工作或黄、绿灯同时工作均属正常情况，其他情况均为故障，出现故障时输出报警信号。

【解】 1）首先进行逻辑抽象。设黄、绿、红 3 种灯分别用输入变量 A、B、C 表示，灯亮时为工作，其值为“1”，灯灭时为不工作，其值为“0”；输出报警信号用 F 表示，正常工作时 F 值为“0”，出现故障时 F 值为“1”。

2）列真值表。根据题意可列出表 2-5 所示的逻辑真值表。

3）写出逻辑函数表达式。由表 2-5 可得逻辑函数表达式为

$$F=\overline{A}\,\overline{B}\,\overline{C}+\overline{A}BC+A\overline{B}C+ABC$$

4）化简逻辑函数表达式：　$F=\overline{A}\,\overline{B}\,\overline{C}+AC+BC$

5）逻辑函数表达式变换。对逻辑函数表达式进行变换，得到输出与输入的与非形式的表达式：

$$F=\overline{\overline{\overline{A}\overline{B}\overline{C}+AC+BC}}=\overline{\overline{\overline{A}\,\overline{B}\,\overline{C}}\cdot\overline{AC}\cdot\overline{BC}}$$

6）根据逻辑函数表达式画出逻辑电路图。根据变换后的逻辑函数表达式，得到逻辑电路图如图 2-9 所示。

表 2-5　例 2-4 真值表

A	B	C	F
0	0	0	1
0	0	1	0
0	1	0	0
0	1	1	1
1	0	0	0
1	0	1	1
1	1	0	0
1	1	1	1

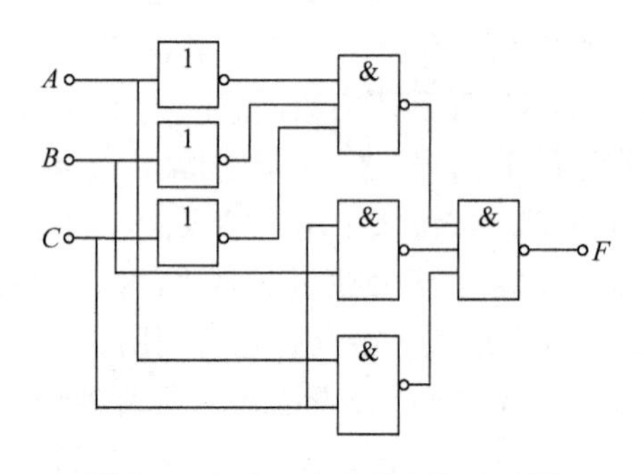

图 2-9　与非门实现的逻辑电路图

【任务实施】

一、任务目的

1）熟悉组合逻辑电路的特点。
2）掌握小规模集成（SSI）电路的功能与测试方法。
3）掌握小规模集成（SSI）电路的分析与设计方法。

二、仪器及元器件

1）数字万用电表 1 块、直流稳压电源 1 台。
2）本任务所需元器件见表 2-6。

表 2-6　元器件清单

序号	名称	型号与规格	封装	数量	单位
1	TTL 集成门电路	74LS00	直插	1	个
2	TTL 集成门电路	74LS04	直插	1	个
3	TTL 集成门电路	74LS08	直插	1	个
4	TTL 集成门电路	74LS32	直插	1	个

三、内容及步骤

1. 组合逻辑电路的设计

设计一个 3 人表决器，其中主裁判 A 具有绝对否决权。

1）列出真值表。设 A、B、C 分别代表参加表决的逻辑变量，F 为表决结果。对于变量我们做如下规定：A、B、C 为 1 表示赞成，为 0 表示反对；F=1 表示通过，F=0 表示否决。真值表见表 2-7，请补充完整。

表 2-7　3 人表决器真值表

输入			输出
A	B	C	F
0	0	0	
0	0	1	
0	1	0	
0	1	1	
1	0	0	
1	0	1	
1	1	0	
1	1	1	

2）函数化简。我们选用与非门电路芯片 74LS00 来实现。画出卡诺图，并进行化简，得出逻辑函数表达式，并将卡诺图和逻辑函数表达式补充到表 2-8 中。

3）依据逻辑函数表达式，画出逻辑电路图。请将逻辑电路图绘制到表 2-8 中。

表 2-8　3 人表决器电路卡诺图、逻辑函数表达式与逻辑电路图

卡诺图	逻辑电路图
逻辑函数表达式	

4）用逻辑门器件构成实际电路，最后测试验证其逻辑功能。

2. 组合逻辑电路的分析

现有一个电话机信号控制电路。电路有 I_0（火警）、I_1（盗警）和 I_2（日常业务）3 种输入信号，通过排队电路分别从 L_0、L_1、L_2 输出，在同一时间只能有 1 个信号通过。如果同时有 2 个以上信号出现时，应首先接通火警信号，其次为盗警信号，最后是日常业务信号。根据图 2-10 分析 I_0、I_1、I_2 在哪种状态下，输出信号为 1。采用与非门电路芯片 74LS00，连接电路，验证以上理论分析结果，并将所得结果记入表 2-9 中。

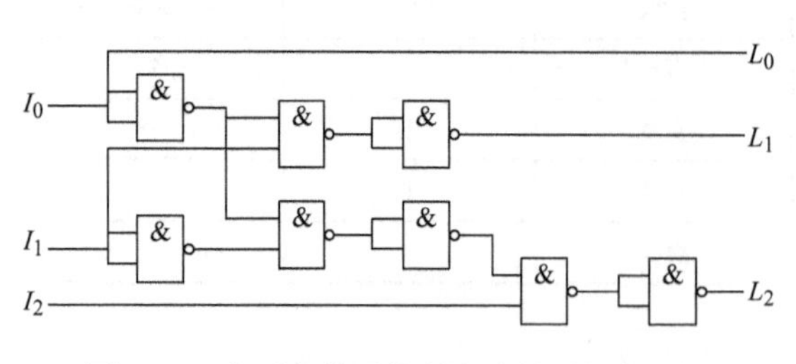

图 2-10　电话机信号控制电路的逻辑电路图

表 2-9　电话机信号控制电路真值表

输入			输出		
I_0	I_1	I_2	L_0	L_1	L_2
0	0	0			
0	0	1			
0	1	0			
0	1	1			
1	0	0			
1	0	1			
1	1	0			
1	1	1			

四、思考题

TTL 与非门多余的输入端应该如何处理？接地、接高电平还是悬空？为什么？

【任务评价】

1）分组汇报组合逻辑电路分析与设计的方法，通电演示电路功能，并回答相关问题。

2）填写任务评价表，见表 2-10。

表 2-10　任务评价表

评价标准		学生自评	小组互评	教师评价	分值
知识目标	掌握组合逻辑电路分析的方法和步骤				
	掌握组合逻辑电路设计的方法和步骤				
技能目标	掌握表决器电路的设计与制作方法				
	掌握常用集成电路的功能与应用				
	安全用电、遵守规章制度				
	按企业要求进行现场管理				

【任务总结】

1）组合逻辑电路应用极为广泛，其特点是接收二进制代码输入并产生新的二进制代码输出，任意时刻的逻辑输出仅由当前的逻辑输入状态决定。输入、输出逻辑关系遵循逻辑函数的运算法则。

2）组合逻辑电路的分析是根据已知的组合逻辑电路图，写出输出函数的最简逻辑表达式，列出真值表，分析逻辑功能。组合逻辑电路的设计则是分析的逆过程。

任务二　加法器的功能测试

【任务导入】

两个二进制数的算术运算无论是加、减、乘、除，目前在数字计算机中都是化作若干步的加法运算进行的，因此，加法器是构成算术运算器的基本单元。

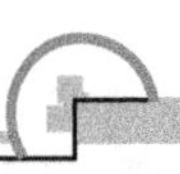

法国著名的数学家、物理学家帕斯卡（1623—1662）发明了加法器。在数字电子电路中，常见的加法器有半加器和全加器。本任务的主要学习目标是掌握半加器与全加器的逻辑功能及应用。

【知识链接】

一、常用MSI组合逻辑器件概述

在做逻辑电路设计时，有些逻辑电路经常出现在各种数字系统中，将这些逻辑电路制成中规模集成（MSI）、小规模集成（SSI）的标准化集成产品。在设计大规模集成电路时，也经常调用这些模块电路已有的、经常使用验证的设计结果，作为设计电路的组成部分。

所谓中规模集成（MSI）电路是在一块半导体芯片上同时制作10～100个等效门，并在内部把这些门互相连接起来，形成具有一定功能的逻辑电路。

用MSI电路构成数字系统，具有体积小、耗电低、工作稳定、成本低、设计简便等优点。常用的MSI组合逻辑电路（器件）有：加法器、编码器、译码器、数据选择器、数值比较器、多路分配器等。

MSI组合逻辑电路（器件）的特点有：

1）通用性。电路既能用于数字计算机又能用于控制系统、数字仪表等，其功能往往超过本身名称所表示的功能。

2）能自扩展。电路通常设置一些控制端（使能端）、功能端和级联端等，在不用或少用附加电路的情况下，能将若干功能部件扩展成位数更多、功能更复杂的电路。

3）电路内部一般设置有缓冲门，需要用到的互补信号均能在内部产生，这样减少了外围辅助电路和封装引脚，使电路更为简单。

二、半加器

不考虑低位的进位的加法，称为半加。半加器是只考虑两个加数本身，而不考虑来自低位进位的逻辑电路。半加器有两个输入端，分别为被加数 A 和加数 B；输出也有两个，分别为和数 S 和向高位的进位 C，根据半加器的定义，可得其真值表，见表2-11。

表2-11　半加器真值表

输入		输出	
A	B	S	C
0	0	0	0
0	1	1	0
1	0	1	0
1	1	0	1

根据半加器的真值表，可以得其输出的逻辑函数表达式为

$$\begin{cases} S = A\overline{B} + \overline{A}B = A \oplus B \\ C = AB \end{cases}$$

显然，半加器的和函数 S 是其输入 A、B 的异或函数，进位函数 C 是 A、B 的逻辑乘。用一个异或门和一个与门即可实现半加器的功能，其逻辑电路图和逻辑符号如图2-11所示。

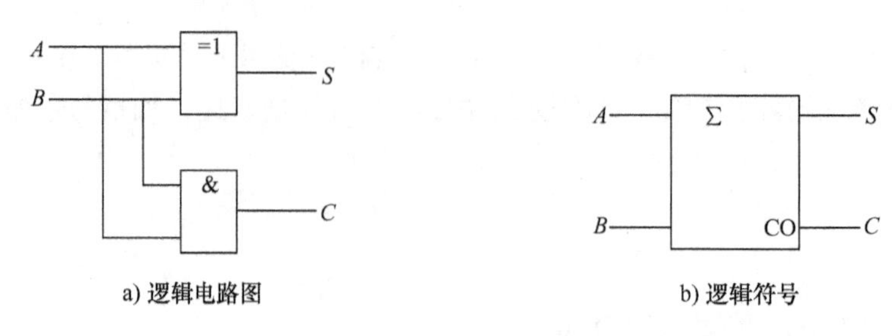

图 2-11　半加器

三、全加器

两个多位二进制数相加时，除考虑本位被加数和加数相加外，还应考虑低位来的进位，这三者相加称为全加。实现全加操作的电路称为全加器，根据全加器的定义，其真值表见表 2-12。

根据全加器的真值表，可以得其输出的逻辑函数表达式为

$$S_i = \overline{A_i}\,\overline{B_i}C_{i-1} + \overline{A_i}B_i\overline{C_{i-1}} + A_i\overline{B_i}\,\overline{C_{i-1}} + A_iB_iC_{i-1} = A_i \oplus B_i \oplus C_{i-1}$$

$$C_i = (A_i\overline{B_i} + \overline{A_i}B_i)C_{i-1} + A_iB_i = (A_i \oplus B_i)C_{i-1} + A_iB_i$$

式中，A_i、B_i 为二进制数的被加数和加数；C_{i-1} 为低位进位；S_i 为加法器的和；C_i 为本位进位。根据全加器的逻辑函数表达式，全加器的和函数 S_i 是其输入 A_i、B_i、C_{i-1} 三个变量的异或函数；进位函数 C_i 是 A_i、B_i 的异或与 C_{i-1} 的逻辑乘再与 A_i、B_i 的逻辑乘相或的结果，其逻辑电路图和逻辑符号如图 2-12 所示。

表 2-12　全加器真值表

输入			输出	
A_i	B_i	C_{i-1}	S_i	C_i
0	0	0	0	0
0	0	1	1	0
0	1	0	1	0
0	1	1	0	1
1	0	0	1	0
1	0	1	0	1
1	1	0	0	1
1	1	1	1	1

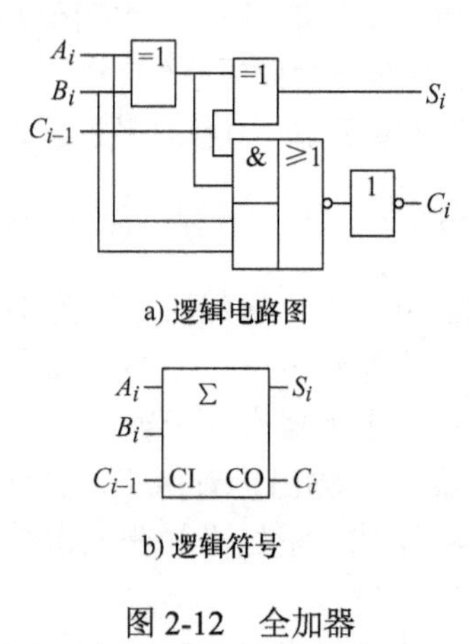

图 2-12　全加器

四、集成加法器

在一位全加器的基础上，通过多级级联可以构成多位全加器，称为集成全加器，进位方式分串行进位和并行进位两种。以并行进位加法器为例，如集成加法器 74LS283，同时它也是一种超前进位加法器。集成加法器 74LS283 的逻辑符号和引脚如图 2-13 所示，其中，A_0～A_3、B_0～B_3 为 4 位二进制数的被加数和加数，CO 为低位进位，S_0～S_3 为加法器的和，CI 为本位进位。

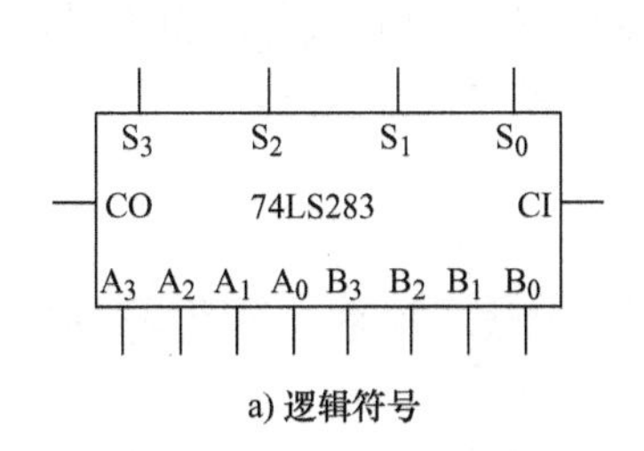

a) 逻辑符号

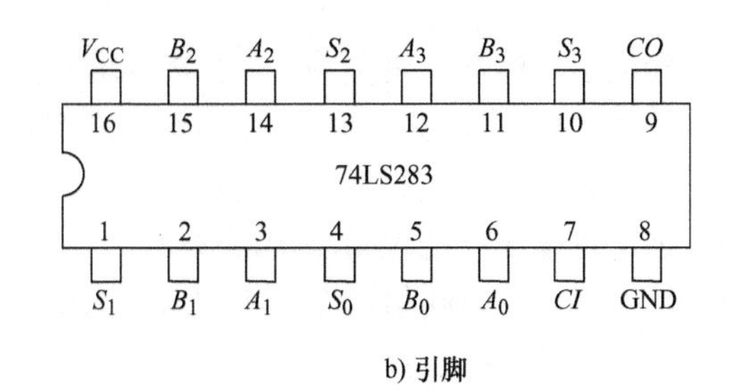

b) 引脚

图 2-13　集成加法器 74LS283

【任务实施】

一、任务目的

1）掌握组合逻辑电路的功能测试。

2）验证半加器和全加器的逻辑功能。

3）学会二进制数的运算规律。

4）熟悉全加器的应用。

二、仪器及元器件

1）数字万用电表 1 块、双踪示波器 1 台。

2）本任务所需元器件见表 2-13。

表 2-13　元器件清单

序号	名称	型号与规格	封装	数量	单位
1	TTL 集成门电路	74LS00	直插	3	个
2	TTL 集成门电路	74LS10	直插	1	个
3	TTL 集成门电路	74LS86	直插	1	个
4	TTL 集成加法器	74LS283	直插	1	个

三、内容及步骤

1．组合逻辑电路的逻辑功能测试 1

1）用 74LS00 和 74LS86 组成图 2-14 所示逻辑电路。为便于接线和检查，在图中要注明芯片编号及各引脚对应的编号。

2）根据图 2-14 写出 Y、Z 的逻辑函数表达式并化简，填写真值表，见表 2-14。

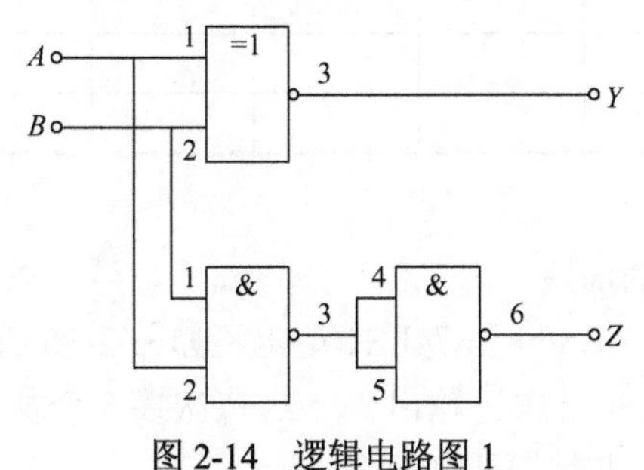

图 2-14　逻辑电路图 1

表 2-14　真值表

输入		输出	
A	B	Y	Z
0	0		
0	1		
1	0		
1	1		

3）验证运算结果，将图中 A、B 接逻辑开关，Y、Z 接发光二极管进行逻辑电平显示。

4）按表 2-14 的要求，改变 A、B 输入的状态，填写 Y、Z 的输出状态。

5）将运算结果与实验结果进行比较。

2．组合逻辑电路的逻辑功能测试 2

1）用 3 片 74LS00 组成图 2-15 所示逻辑电路。为便于接线和检查，在图中要注明芯片编号及各引脚对应的编号。

2）根据图 2-15 写出 Y、Z、X_1、X_2、X_3、S_i、C_i 的逻辑函数表达式并化简，填写真值表，见表 2-15。

3）验证运算结果，将图中 A_i、B_i、C_{i-1} 接逻辑开关，Y、Z、X_1、X_2、X_3、S_i、C_i 接发光二极管进行逻辑电平显示。

4）按表 2-15 要求，改变 A_i、B_i、C_{i-1} 输入的状态，填写 Y、Z、X_1、X_2、X_3、S_i、C_i 的输出状态。

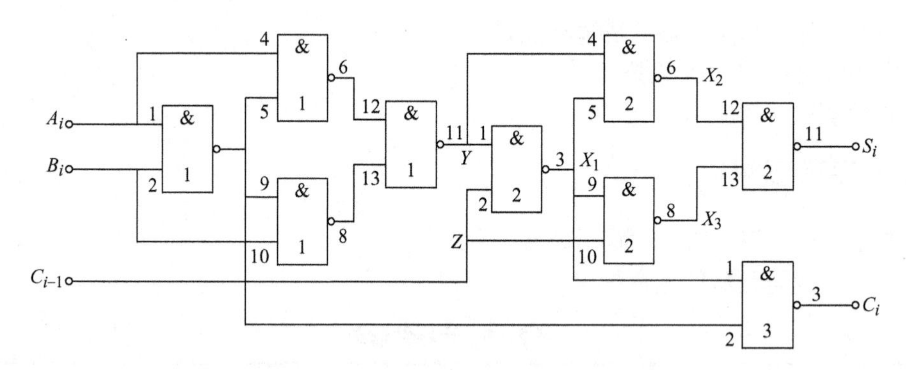

图 2-15　逻辑电路图 2

表 2-15　真值表

输入			输出						
A_i	B_i	C_{i-1}	Y	Z	X_1	X_2	X_3	S_i	C_i
0	0	0							
0	1	0							
1	0	0							
1	1	0							
0	0	1							
0	1	1							
1	0	1							
1	1	1							

5）将运算结果与实验结果进行比较。

3．采用四位全加器实现两个 1 位 8421BCD 码的加法

1）采用 74LS283 作为四位全加器，门电路采用 74LS00 和 74LS10，电路如图 2-16 所示。

2）输入 A_4～A_1、B_4～B_1、CI 依次接 9 个逻辑电平开关；输出 L_5～L_1 依次接 5 个发光二极管。改变开关状态，观察 5 个发光二极管的变化，并填写表 2-16。

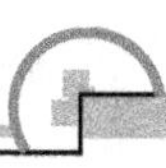

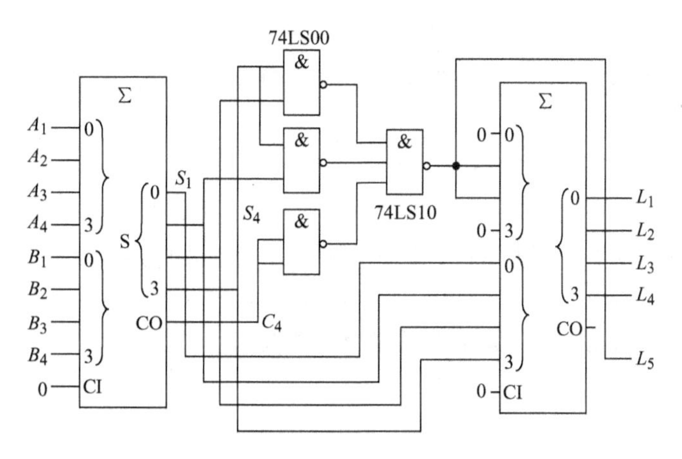

图 2-16　1 位 8421BCD 码加法电路

表 2-16　1 位 8421BCD 码加法电路真值表

输入									输出				
A_4	A_3	A_2	A_1	B_4	B_3	B_2	B_1	CI	L_5	L_4	L_3	L_2	L_1
0	1	0	1	0	0	1	0	0					
1	0	0	0	0	1	1	1	1					
0	1	1	0	0	1	0	1	1					
0	0	1	1	1	0	0	1	0					
0	0	1	0	1	0	0	1	0					

四、思考题

1）怎样用两块全加器构成 2 位二进制数的加法器？

2）怎样用两块 74LS283 构成 8 位二进制数的加法器？

【任务评价】

1）分组汇报加法器学习与设计制作情况，通电演示电路功能，并回答相关问题。

2）填写任务评价表，见表 2-17。

表 2-17　任务评价表

评价标准		学生自评	小组互评	教师评价	分值
知识目标	掌握加法器的功能、分类				
	掌握半加器功能、逻辑符号及应用方法				
	掌握全加器功能、逻辑符号及应用方法				
技能目标	掌握集成门电路的功能与应用				
	掌握电路检测方法，具备故障排除能力				
	安全用电、遵守规章制度				
	按企业要求进行现场管理				

【任务总结】

半加器是只进行两个同位的二进制数相加，而不考虑低位向该位进位的加法器；全加器是能够完成两个同位的二进制数相加并考虑低位进位的加法器。

任务三　编码器与译码器的功能测试

【任务导入】

很多电子知识竞赛中常出现编码、译码显示等组合逻辑电路的基础知识，实际电子设计中编码、译码是重要知识点之一，使用频率很高。本任务通过设计并组装一个简单的编码器电路，使学生掌握常见编码器与译码器的逻辑功能及应用。

【知识链接】

一、编码器

用二进制代码表示文字、符号或者数码等特定对象的过程，称为编码。实现编码功能的逻辑电路，称为编码器。编码器主要有二进制编码器、二-十进制编码器和优先编码器等。

（一）二进制编码器

1 位二进制代码叫作 1 个码元，它有 0、1 两种状态，n 个码元可以有 2^n 种不同的状态组合。每种组合称为 1 个码字，用不同码字表示各种各样的信息，就是二进制编码。

图 2-17 是编码器的原理框图。它有 m 个输入信号、n 位二进制代码输出。m 和 n 之间的关系为 $m \leqslant 2^n$。当 $m=2^n$ 时，称为二进制编码器。$m=10$，$n=4$ 时称为二-十进制（BCD）编码器。

普通二进制编码器的特点是：任何时刻只允许输入一个有效信号，不允许出现多个输入同时有效的情况，否则编码器将产生错误的输出。

若编码器输入为 4 个信号，输出为 2 位代码，则称为 4 线-2 线编码器（或 4/2 线编码器，即 2 位二进制编码器）。常见的编码器还有 8 线-3 线编码器（即 3 位二进制编码器），16 线-4 线编码器（即 4 位二进制编码器）等。8 线-3 线编码器原理框图如图 2-18 所示。

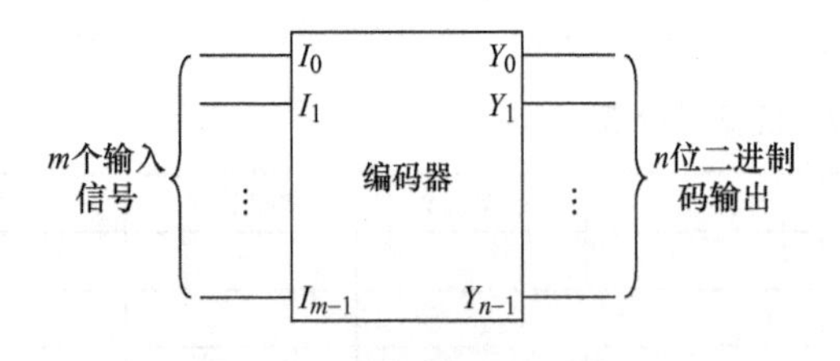

图 2-17　编码器的原理框图

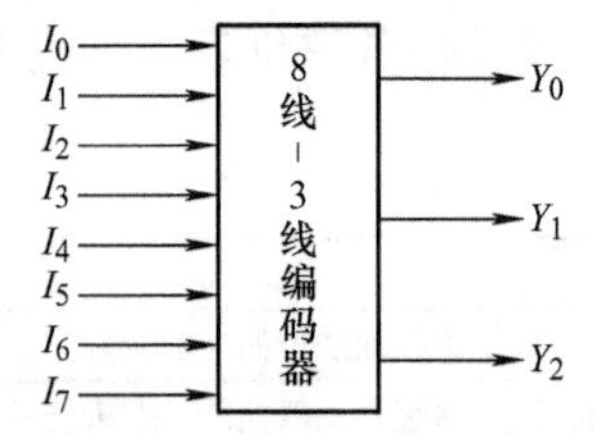

图 2-18　8 线-3 线编码器原理框图

用逻辑真值表来说明编码器的工作原理，8 线-3 线编码器的真值表，见表 2-18。

8 线-3 线编码器的逻辑函数表达式为

$$Y_2 = I_4 + I_5 + I_6 + I_7 = \overline{\overline{I_4}\,\overline{I_5}\,\overline{I_6}\,\overline{I_7}}$$

$$Y_1 = I_2 + I_3 + I_6 + I_7 = \overline{\overline{I_2}\,\overline{I_3}\,\overline{I_6}\,\overline{I_7}}$$

$$Y_0 = I_1 + I_3 + I_5 + I_7 = \overline{\overline{I_1}\,\overline{I_3}\,\overline{I_5}\,\overline{I_7}}$$

表 2-18　8 线-3 线编码器的真值表

I_0	I_1	I_2	I_3	I_4	I_5	I_6	I_7	Y_2	Y_1	Y_0
1	0	0	0	0	0	0	0	0	0	0
0	1	0	0	0	0	0	0	0	0	1
0	0	1	0	0	0	0	0	0	1	0
0	0	0	1	0	0	0	0	0	1	1
0	0	0	0	1	0	0	0	1	0	0
0	0	0	0	0	1	0	0	1	0	1
0	0	0	0	0	0	1	0	1	1	0
0	0	0	0	0	0	0	1	1	1	1

用门电路实现的逻辑电路图如图 2-19 所示。

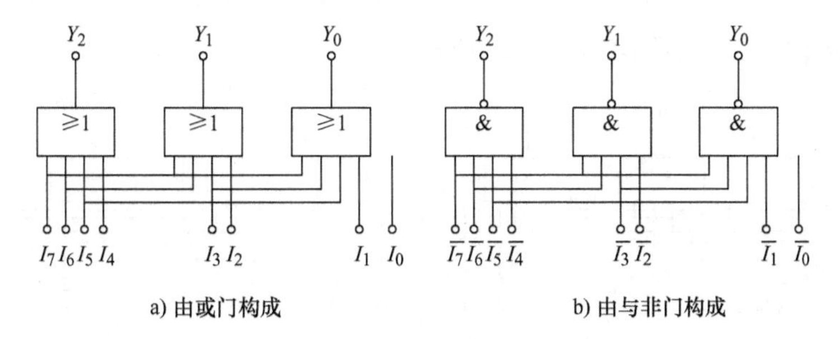

a) 由或门构成　　b) 由与非门构成

图 2-19　8 线-3 线编码器逻辑电路图

（二）二-十进制编码器

二-十进制编码器也称为 BCD 编码器，它是用 4 位二进制数来表示数字 0～9。根据编码方式的不同，有 8421BCD 编码器、2421BCD 编码器、5421BCD 编码器、余 3 码编码器等，最常见的是 8421BCD 编码器，它是指 4 位二进制数的权分别为 8、4、2、1。

根据 $2^n \geqslant 10$，一般取 $n=4$。4 位二进制代码共有 16 种组合，通常取其中可表示 0～9 共 10 个输入信号的 10 种取值，因此也称为 10 线-4 线编码器，它和普通二进制编码器一样，任何时刻只允许输入一个有效信号。

表 2-19 给出了 8421BCD 编码方式的二-十进制编码器的真值表。

表 2-19　二-十进制编码器真值表

输入										输出			
I_0	I_1	I_2	I_3	I_4	I_5	I_6	I_7	I_8	I_9	Y_3	Y_2	Y_1	Y_0
1	0	0	0	0	0	0	0	0	0	0	0	0	0
0	1	0	0	0	0	0	0	0	0	0	0	0	1
0	0	1	0	0	0	0	0	0	0	0	0	1	0
0	0	0	1	0	0	0	0	0	0	0	0	1	1
0	0	0	0	1	0	0	0	0	0	0	1	0	0
0	0	0	0	0	1	0	0	0	0	0	1	0	1
0	0	0	0	0	0	1	0	0	0	0	1	1	0
0	0	0	0	0	0	0	1	0	0	0	1	1	1
0	0	0	0	0	0	0	0	1	0	1	0	0	0
0	0	0	0	0	0	0	0	0	1	1	0	0	1

从表 2-19 可看出，当有 1 个输入端信号为高电平时，4 个输出端二进制代码的值为输入信号下角标的值。例如，I_5 有信号输入为“1”，而其他输入均为“0”时，输出编码为 $Y_3Y_2Y_1Y_0$=0101，对应十进制数为 5。

根据真值表得到二-十进制编码器的逻辑函数表达式为

$$Y_3 = I_8 + I_9 = \overline{\overline{I_8}\,\overline{I_9}}$$

$$Y_2 = I_4 + I_5 + I_6 + I_7 = \overline{\overline{I_4}\,\overline{I_5}\,\overline{I_6}\,\overline{I_7}}$$

$$Y_1 = I_2 + I_3 + I_6 + I_7 = \overline{\overline{I_2}\,\overline{I_3}\,\overline{I_6}\,\overline{I_7}}$$

$$Y_0 = I_1 + I_3 + I_5 + I_7 + I_9 = \overline{\overline{I_1}\,\overline{I_3}\,\overline{I_5}\,\overline{I_7}\,\overline{I_9}}$$

用门电路实现的逻辑电路图如图 2-20 所示。

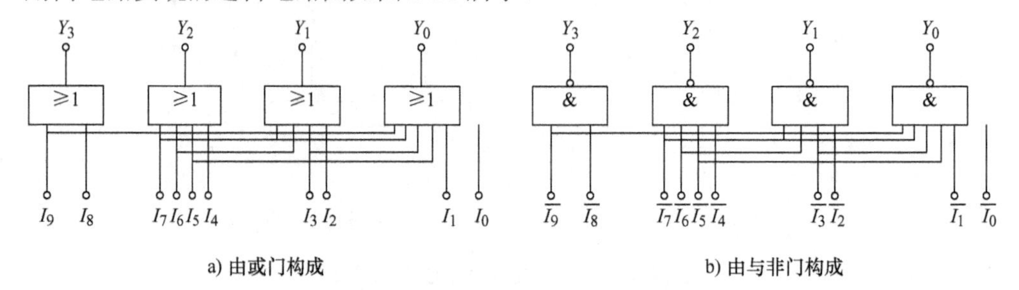

a) 由或门构成　　b) 由与非门构成

图 2-20　二-十进制编码器逻辑电路图

（三）优先编码器

一般编码器存在一个严重的问题，就是输入的编码信号是互相排斥的，即某一时刻只能其中的一个输入信号要求编码，否则输出的二进制代码将会发生混乱。

在数字系统中，特别是在计算机系统中，常常要控制多个对象，如打印机、磁盘驱动器、输入键盘等。当某个时刻有两个以上设备请求服务时，主机必须能按事先安排好的顺序予以响应，即对外部设备而言有一个优先级别的问题。能够对多个输入信号进行排队的编码器就是优先编码器。

优先编码器电路中，允许同时输入两个或两个以上的编码信号。优先编码器在设计时已经将所有的输入信号按优先顺序排了队，当几个输入信号同时出现时，优先编码器只对其中优先权最高的一个进行编码。

表 2-20 给出了 3 位二进制优先编码器的逻辑真值表，设 I_7 的优先级别最高，I_6 次之，依此类推，I_0 最低。

从表 2-20 可以看出，要求编码的输入信号是高电平，输出为原码输出，高低电平均为有效电平。要对 I_5 进行编码，除了 I_5 有高电平编码信号输入外，还要求优先级高的 I_7、I_6 必须无编码请求。当高优先级的有编码输入信号时，低优先级的无论有没有编码输入信号，都只对高优先级输入端进行编码，因此在真值表描述取值时用“×”来表示，这种表示法以后不再重复介绍。

常用中规模优先编码器有 74LS148（8 线-3 线优先编码器）、74LS147（10 线-4 线 BCD 优先编码器）。

表 2-20　3 位二进制优先编码器真值表

输入								输出		
I_7	I_6	I_5	I_4	I_3	I_2	I_1	I_0	Y_2	Y_1	Y_0
1	×	×	×	×	×	×	×	1	1	1
0	1	×	×	×	×	×	×	1	1	0
0	0	1	×	×	×	×	×	1	0	1
0	0	0	1	×	×	×	×	1	0	0
0	0	0	0	1	×	×	×	0	1	1
0	0	0	0	0	1	×	×	0	1	0
0	0	0	0	0	0	1	×	0	0	1
0	0	0	0	0	0	0	1	0	0	0

1．74LS148（8 线-3 线优先编码器）

74LS148 是一种带扩展功能的二进制优先编码器，常用于优先中断系统和键盘编码。它有 8 个输入信号、3 位输出信号，其电路图符号和引脚图如图 2-21 所示。

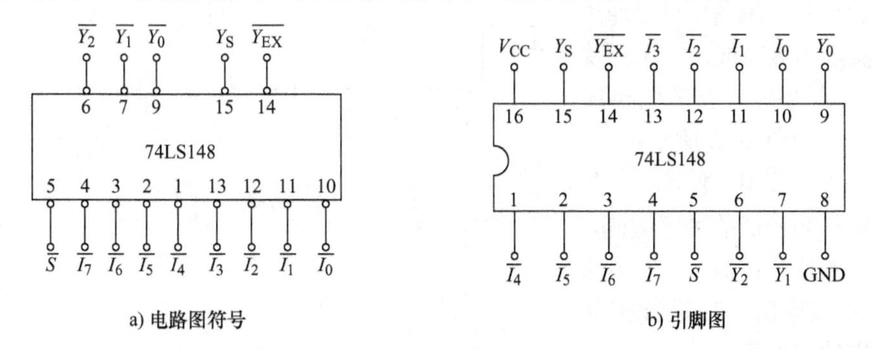

a) 电路图符号　　b) 引脚图

图 2-21　74LS148 电路图符号和引脚图

由于是优先编码器，故允许多个输入信号同时有效，但只对其中优先级别最高的有效输入信号编码，而对级别较低的不响应，其功能表见表 2-21。

表 2-21　74LS148 功能表

输入使能端	输入								输出			扩展输出	使能输出
$\overline{S}$	$\overline{I_7}$	$\overline{I_6}$	$\overline{I_5}$	$\overline{I_4}$	$\overline{I_3}$	$\overline{I_2}$	$\overline{I_1}$	$\overline{I_0}$	$\overline{Y_2}$	$\overline{Y_1}$	$\overline{Y_0}$	$\overline{Y_{EX}}$	$\overline{Y_S}$
1	×	×	×	×	×	×	×	×	1	1	1	1	1
0	1	1	1	1	1	1	1	1	1	1	1	1	0
0	0	×	×	×	×	×	×	×	0	0	0	0	1
0	1	0	×	×	×	×	×	×	0	0	1	0	1
0	1	1	0	×	×	×	×	×	0	1	0	0	1
0	1	1	1	0	×	×	×	×	0	1	1	0	1
0	1	1	1	1	0	×	×	×	1	0	0	0	1
0	1	1	1	1	1	0	×	×	1	0	1	0	1
0	1	1	1	1	1	1	0	×	1	1	0	0	1
0	1	1	1	1	1	1	1	0	1	1	1	0	1

表中“1”表示高电平，“0”表示低电平，“×”表示任意电平。

根据 74LS148 的功能表对其逻辑功能说明如下。

1）$\overline{I_7}\sim\overline{I_0}$ 为编码器的 8 个输入端，低电平有效，$\overline{I_7}$ 优先级别最高，优先级别依次降低，$\overline{I_0}$ 优先级别最低。

2）$\overline{Y_2}\sim\overline{Y_0}$ 为编码器的 3 个二进制输出端，低电平有效（即反码输出）。3 位二进制代码从高到低的排列为 $\overline{Y_2}\,\overline{Y_1}\,\overline{Y_0}$，且输出代码为二进制码的反码。

3）$\overline{S}$ 为输入使能端，低电平有效。当 $\overline{S}$=1 时，电路禁止编码，无论有没有编码信号，输出均被封锁在高电平。只有当 $\overline{S}$=0 时，编码器被选中，允许编码。

4）$\overline{Y_S}$ 为使能输出端，$\overline{Y_S}$ 输出低电平即 $\overline{Y_S}$=0 时，表示电路工作（芯片被选中），但无编码信号输入；当电路不工作（芯片没有被选中）或有编码信号输入时，$\overline{Y_S}$=1。

5）$\overline{Y_{EX}}$ 为工作状态输出端（扩展输出端），$\overline{Y_{EX}}$ 输出低电平即 $\overline{Y_{EX}}$=0 时，表示电路工作，且有编码信号输入。

74LS148 优先编码器可以通过多级连接实现扩展功能，如用两块 74LS148 可以扩展为一个 16 线-4 线优先编码器，如图 2-22 所示。

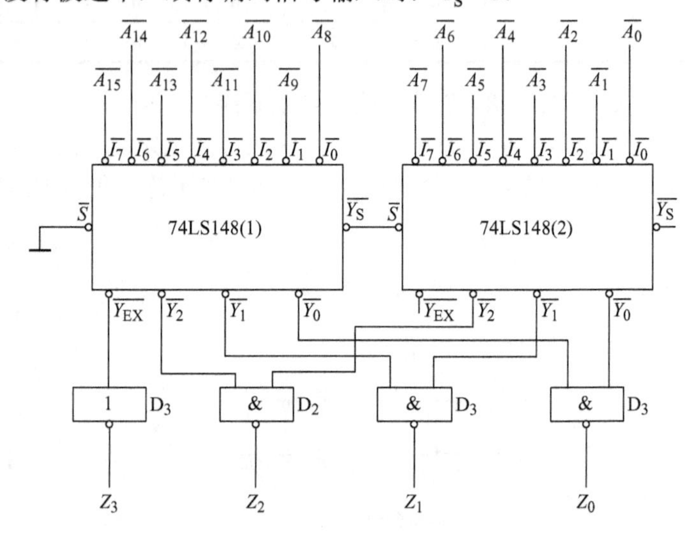

图 2-22　74LS148 扩展构成的 16 线-4 线优先编码器

从图中可以看出，对 $\overline{A_{15}}\sim\overline{A_0}$ 按照优先级从高到低的顺序编码，编码输出为 4 位二进制数，采用原码编码的方式输出。在进行扩展时，要考虑的问题有：

1）输入信号的连接、输入信号优先级的次序。

2）级联问题，即芯片优先级次序。在扩展时，根据被编码信号的数量选定芯片的个数，依次定义芯片从高位到低位的次序。芯片连接时，由于是优先级高的芯片编码时，低级芯片不编码（没有被选中），可将优先级高的芯片的使能输出端 $\overline{Y_S}$ 与优先级次之芯片的输入使能端 $\overline{S}$ 相连，即当前一级芯片工作单没有输入信号时，$\overline{Y_S}$=0，即次级芯片 $\overline{S}$=0，被选中开始编码。

3）输出信号的连接。根据被编码信号的个数，选定输出端的数目不够时，可用输出扩展端 $\overline{Y_{EX}}$ 代替。

74LS148 编码器的应用是非常广泛的。例如，常用的计算机键盘，其内部就是一个字符编码器。它将键盘上的大、小写英文字母、数字、符号及一些功能键（如回车、空格）等编码成一系列的 7 位二进制数码，送到计算机的中央处理单元（CPU），然后再进行处理、存储、输出到显示器或打印机上。

2．74LS147（10 线-4 线 BCD 优先编码器）

74LS147 是二-十进制优先编码器，按照优先级从高到低的顺序对 $\overline{I_9}\sim\overline{I_1}$ 编码，其电路图符号及引脚图如图 2-23 所示，功能表见表 2-22。

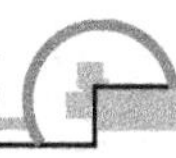

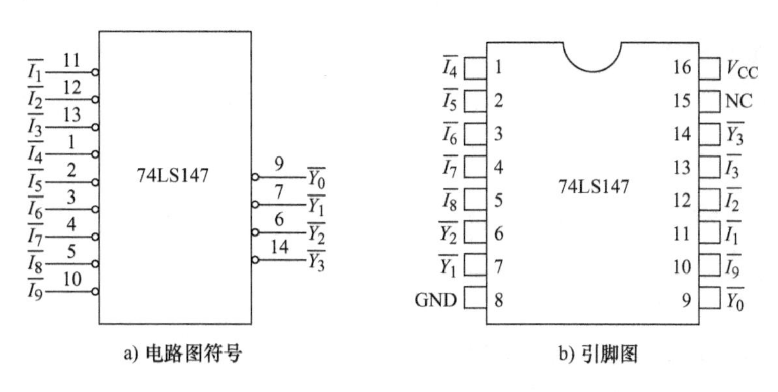

图 2-23　74LS147 电路图符号和引脚图

表 2-22　74LS147 功能表

输入									输出			
$\overline{I_9}$	$\overline{I_8}$	$\overline{I_7}$	$\overline{I_6}$	$\overline{I_5}$	$\overline{I_4}$	$\overline{I_3}$	$\overline{I_2}$	$\overline{I_1}$	$\overline{Y_3}$	$\overline{Y_2}$	$\overline{Y_1}$	$\overline{Y_0}$
1	1	1	1	1	1	1	1	1	1	1	1	1
0	×	×	×	×	×	×	×	×	0	1	1	0
1	0	×	×	×	×	×	×	×	0	1	1	1
1	1	0	×	×	×	×	×	×	1	0	0	0
1	1	1	0	×	×	×	×	×	1	0	0	1
1	1	1	1	0	×	×	×	×	1	0	1	0
1	1	1	1	1	0	×	×	×	1	0	1	1
1	1	1	1	1	1	0	×	×	1	1	0	0
1	1	1	1	1	1	1	0	×	1	1	0	1
1	1	1	1	1	1	1	1	0	1	1	1	0

根据 74LS147 的功能表对其逻辑功能说明如下：

1）$\overline{I_9} \sim \overline{I_1}$ 为编码器的 9 个输入端，低电平有效，$\overline{I_9}$ 优先级别最高，优先级别依次降低，$\overline{I_1}$ 优先级别最低。

2）$\overline{Y_3} \sim \overline{Y_0}$ 为编码器的 4 个二进制输出端，低电平有效（即反码输出）。4 位二进制代码从高到低的排列为 $\overline{Y_3}\,\overline{Y_2}\,\overline{Y_1}\,\overline{Y_0}$，且输出代码为二进制码的反码。

3）应注意 74LS147 没有 I_0 输入端，实际上当 $\overline{I_9} \sim \overline{I_1}$ 均无效（高电平输入时）时，输出 $\overline{Y_3} \sim \overline{Y_0}$ 为 1111，为 0000 的反码，即为 BCD 码 0 的输出，因此表中的第 1 行默认为 I_0 输入。

二、译码器

译码是编码的逆过程，即将每一组输入二进制代码“翻译”成一个特定的输出信号。实现译码功能的数字电路称为译码器。译码器有两种类型：一类是变量译码器，也称唯一地址译码器，常用于计算机中将一个地址代码转换成一个有效信号；另一类是显示译码器，主要用于驱动数码管显示数字或字符。下面首先介绍变量译码器。

变量译码器的原理框图如图 2-24 所示，假设电路有 n 个输入端，m 个译码输出端，$m \leqslant 2^n$。译码器工作时，对于 n 变量的每一组输入代码，m 个输出中仅有一个为有效电平，其余输出均为无效电平。

（一）二进制译码器

译码器有 n 位输入、m 位输出，如果 $m=2^n$，就称为二进制译码器，也称为全译码。常用的二进制译码器有 74LS139（双 2 线-4 线译码器）、74LS138（3 线-8 线译码器）、74LS154（4 线-16 线译码器）等。

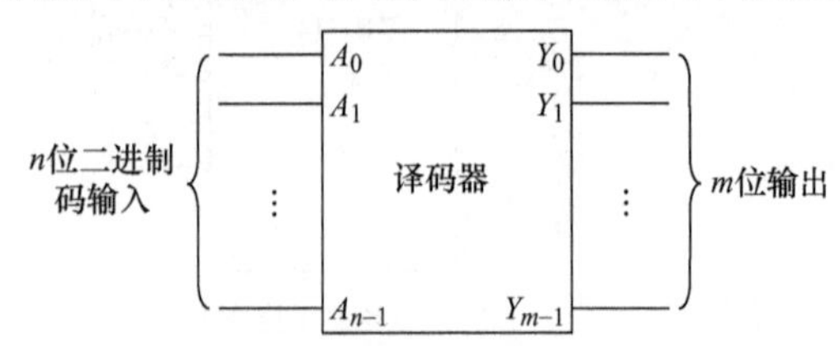

图 2-24 译码器的原理框图

图 2-25 是一个简单的 2 线-4 线译码器，其输入是一组两位二进制代码 A、B，输出是与代码状态相对应的 4 个信号 Y_3～Y_0。

将各种输入信号取值组合送入译码器，可得到相应的输出信号。功能表见表 2-23。

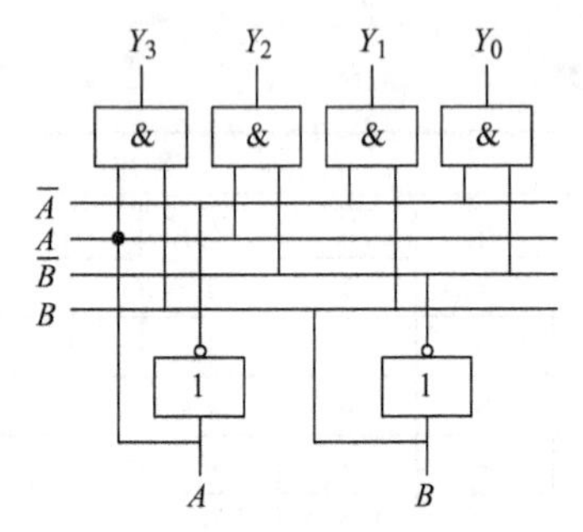

图 2-25 2 线-4 线译码器逻辑电路图

表 2-23 2 线-4 线译码器功能表

输入		输出			
A	B	Y_3	Y_2	Y_1	Y_0
0	0	0	0	0	1
0	1	0	0	1	0
1	0	0	1	0	0
1	1	1	0	0	0

1．74LS139

74LS139 是双 2 线-4 线译码器，每片芯片中包含两个独立的 2 线-4 线译码器。图 2-26 给出了 74LS139 的内部接线图和引脚排列图，表 2-24 为其功能表。

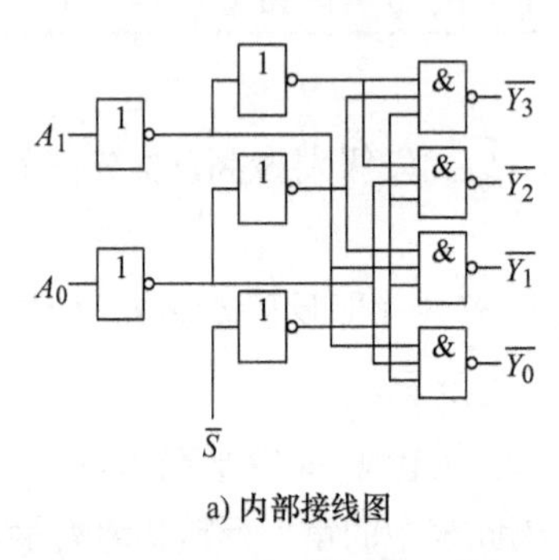

a) 内部接线图

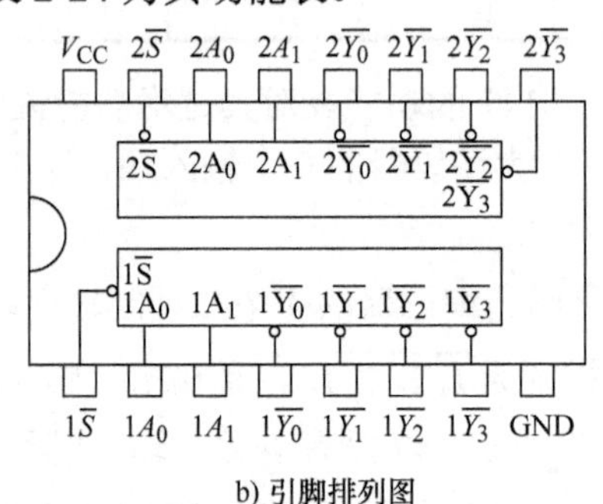

b) 引脚排列图

图 2-26 74LS139 内部接线图和引脚排列图

2．74LS138

74LS138 是双 3 线-8 线译码器，图 2-27 给出了 74LS138 的电路图符号和引脚排列图，功能表见表 2-25。

从表中可以看出：

1）输出端低电平有效，当有译码任务时，引脚下标与输入对应的十进制数相等的输出端有低电平信号输出，其余输出端为高电平输出，说明完成了译码。

2）有三个输入使能端 E_1、$\overline{E_{2A}}$、$\overline{E_{2B}}$，只有当 E_1=1、$\overline{E_{2A}}$=0、$\overline{E_{2B}}$=0 时，译码器才处于工作状态，输出取决于输入的二进制代码。

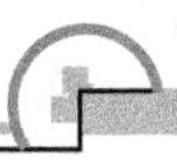

表 2-24　74LS139 功能表

$\overline{S}$	A_1	A_0	$\overline{Y_0}$	$\overline{Y_1}$	$\overline{Y_2}$	$\overline{Y_3}$
1	×	×	1	1	1	1
0	0	0	0	1	1	1
0	0	1	1	0	1	1
0	1	0	1	1	0	1
0	1	1	1	1	1	0

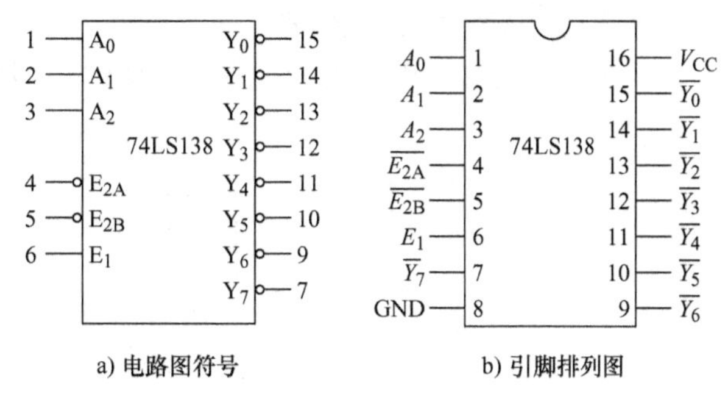

图 2-27　74LS138 电路图符号和引脚排列图

表 2-25　74LS138 功能表

输入					输出							
E_1	$\overline{E_{2A}}+\overline{E_{2B}}$	A_2	A_1	A_0	$\overline{Y_7}$	$\overline{Y_6}$	$\overline{Y_5}$	$\overline{Y_4}$	$\overline{Y_3}$	$\overline{Y_2}$	$\overline{Y_1}$	$\overline{Y_0}$
×	1	×	×	×	1	1	1	1	1	1	1	1
0	×	×	×	×	1	1	1	1	1	1	1	1
1	0	0	0	0	1	1	1	1	1	1	1	0
1	0	0	0	1	1	1	1	1	1	1	0	1
1	0	0	1	0	1	1	1	1	1	0	1	1
1	0	0	1	1	1	1	1	1	0	1	1	1
1	0	1	0	0	1	1	1	0	1	1	1	1
1	0	1	0	1	1	1	0	1	1	1	1	1
1	0	1	1	0	1	0	1	1	1	1	1	1
1	0	1	1	1	0	1	1	1	1	1	1	1

3）E_1=0 或 $\overline{E_{2A}}+\overline{E_{2B}}$=1 时，译码器处于禁止工作状态。

除了直接使用 74LS154 实现 4 线-16 线译码外，还可以用两片 74LS138 扩展来实现，如图 2-28 所示。

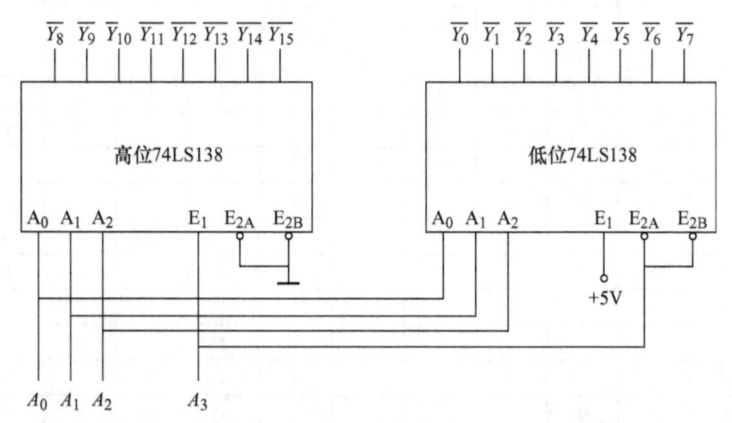

图 2-28　两片 74LS138 扩展实现 4 线-16 线译码器

（二）二-十进制译码器

二-十进制译码器也称为 BCD 译码器，它的功能是将 4 位 BCD 码翻译成 1 位十进制数字，因此也叫4线-10线译码器。

图2-29为集成4线-10线译码器74LS42的电路图符号和引脚排列图，功能表见表2-26。

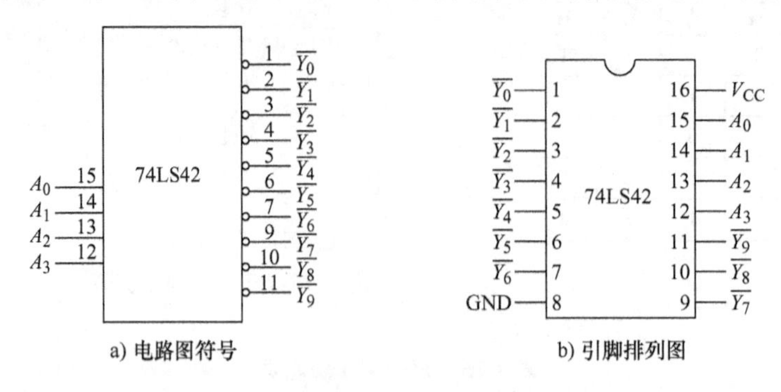

图2-29　74LS42的电路图符号和引脚排列图

由表2-26可见，74LS42有4个输入端A_3、A_2、A_1、A_0，按8421BCD编码输入数据。有10个输出端$\overline{Y_0}$～$\overline{Y_9}$，分别与十进制数0～9相对应，低电平有效。对于某个8421 BCD码的输入，相应的输出端为低电平，其他输出端为高电平。

（三）显示译码器

在数字测量仪表和各种数字系统中，都需要将数字量直观地显示出来，一方面供人们直接去读测量和运算结果，另一方面用于监视数字系统的工作情况，完成这项工作的电路为数字显示电路。数字显示电路是数字设备不可缺少的部分。常见的数字显示电路构成如图2-30所示。

表2-26　74LS42功能表

十进制数	输入				输出									
	A_3	A_2	A_1	A_0	$\overline{Y_0}$	$\overline{Y_1}$	$\overline{Y_2}$	$\overline{Y_3}$	$\overline{Y_4}$	$\overline{Y_5}$	$\overline{Y_6}$	$\overline{Y_7}$	$\overline{Y_8}$	$\overline{Y_9}$
0	0	0	0	0	0	1	1	1	1	1	1	1	1	1
1	0	0	0	1	1	0	1	1	1	1	1	1	1	1
2	0	0	1	0	1	1	0	1	1	1	1	1	1	1
3	0	0	1	1	1	1	1	0	1	1	1	1	1	1
4	0	1	0	0	1	1	1	1	0	1	1	1	1	1
5	0	1	0	1	1	1	1	1	1	0	1	1	1	1
6	0	1	1	0	1	1	1	1	1	1	0	1	1	1
7	0	1	1	1	1	1	1	1	1	1	1	0	1	1
8	1	0	0	0	1	1	1	1	1	1	1	1	0	1
9	1	0	0	1	1	1	1	1	1	1	1	1	1	0
无效	1	0	1	0	1	1	1	1	1	1	1	1	1	1
	1	0	1	1	1	1	1	1	1	1	1	1	1	1
	1	1	0	0	1	1	1	1	1	1	1	1	1	1
	1	1	0	1	1	1	1	1	1	1	1	1	1	1
	1	1	1	0	1	1	1	1	1	1	1	1	1	1
	1	1	1	1	1	1	1	1	1	1	1	1	1	1

数码显示器是用来显示数字、文字或者符号的器件，常见的有辉光数码管、荧光数码管、

液晶显示数码管（LCD）、发光二极管数码管（LED）和等离子显示板等。本任务主要讨论发光二极管数码管。

在本书中用到的数码显示器是发光二极管构成的七段 LED 数码管。显示译码器是用来驱动数码管显示数字或字符的组合逻辑部件，即七段译码驱动芯片。

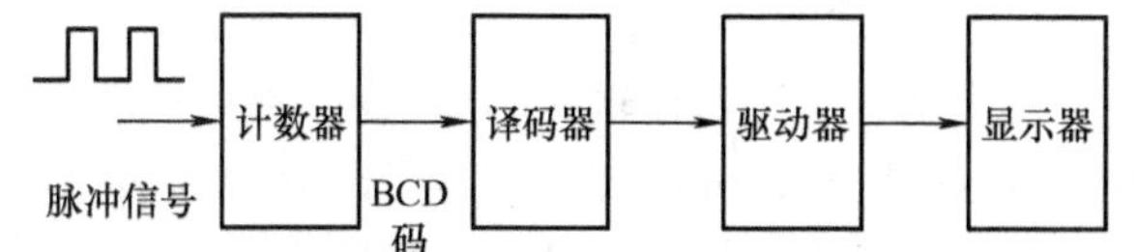

图 2-30　数字显示电路构成

1．七段 LED 数码管

发光二极管（LED）由特殊的半导体材料砷化镓、磷砷化镓等制成，它可以单独使用，也可以组成分段式或点阵式 LED 显示器件。七段 LED 数码管（以下简称数码管）由 7 个发光二极管（即 7 段）组成，分别标记为 *a*、*b*、*c*、*d*、*e*、*f*、*g*，外加正向电压时二极管导通，并发出一定波长的光，因而只要按照一定规律控制各发光二极管的亮、灭，就可以显示各种数字和符号。图 2-31 为数码管的外形图。

若想数码管显示数字 0，就需要 *a*、*b*、*c*、*d*、*e*、*f* 段亮，而其余段不亮；若要显示数字 5，就需要 *a*、*c*、*d*、*f*、*g* 段亮，而其余段不亮。数码管除了可以显示数字 0～9 外，还可以显示其他符号，只需要用对应段的亮灭来组合实现就行。

数码管按照其发光二极管的连接方式不同，可分为共阳极和共阴极两种。

共阴极是指数码管中所有发光二极管的阴极连在一起接低电平，而阳极分别由 *a*、*b*、*c*、*d*、*e*、*f*、*g* 输入信号驱动，当某个输入为高电平时，相应的发光二极管点亮。共阴极接线图如图 2-32a 所示。

共阳极数码管则相反，它的所有发光二极管的阳极连在一起接高电平，而阴极分别由 *a*、*b*、*c*、*d*、*e*、*f*、*g* 输入信号驱动，当某个输入为低电平时，相应的发光二极管点亮。共阳极接线图如图 2-32b 所示。

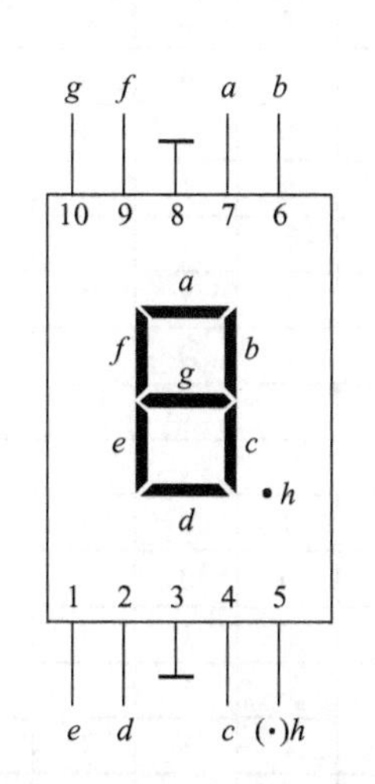

图 2-31　数码管外形图

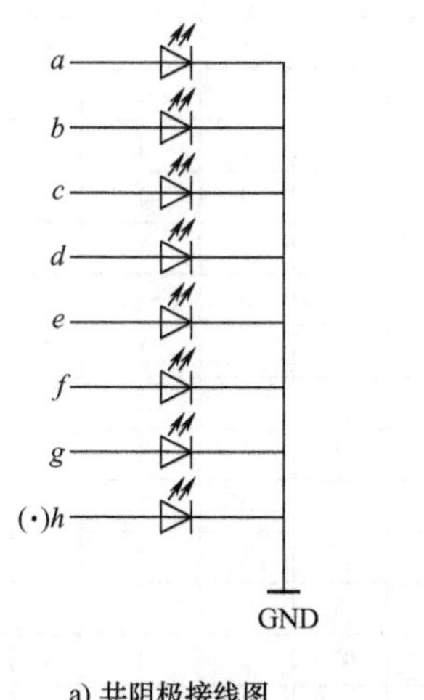

a) 共阴极接线图

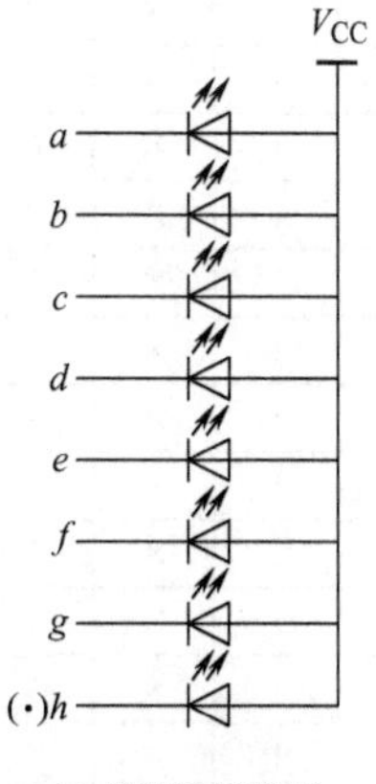

b) 共阳极接线图

图 2-32　数码管内部发光二极管的两种接法

图中 *h* 为小数点，也是一个发光二极管，但一般显示译码器没有驱动输出，使用时需另加驱动。需要说明的是，数码管的引脚排列并不一定如书中外形图所示，在使用时，要查找相关

资料确定引脚的功能，或用万用电表的二极管测试档直接检测各显示段所对应的输入引脚。

2．七段显示译码器

七段显示译码器把输入的 BCD 码翻译成驱动七段 LED 数码管各对应段所需的电平。常用的显示译码器也分两类：一类译码器的输出为低电平有效，如 74LS46、74LS47 等，可驱动共阳极数码管；另一类译码器的输出为高电平有效，如 74LS48、CC4511/CD4511 等，可驱动共阴极数码管。

图 2-33 为显示译码器 74LS48 的电路图符号和引脚排列图，表 2-27 为 74LS48 的功能表，它有四个输入端 A_0、A_1、A_2、A_3，七个输出端 Y_a、Y_b、Y_c、Y_d、Y_e、Y_f、Y_g 和三个辅助控制端 $\overline{LT}$、$\overline{I_B}/\overline{Y_{BR}}$、$\overline{I_{BR}}$。

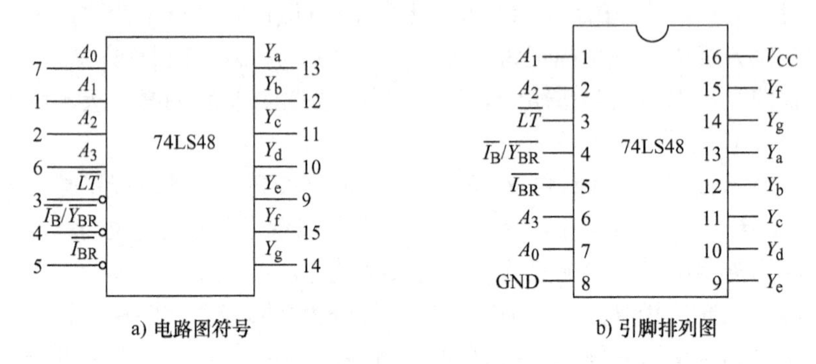

图 2-33　74LS48 的电路图符号和引脚排列图

表 2-27　74LS48 功能表

数字	输入							输出							字形
十进制	$\overline{LT}$	$\overline{I_{BR}}$	A_3	A_2	A_1	A_0	$\overline{I_B}/\overline{Y_{BR}}$	Y_a	Y_b	Y_c	Y_d	Y_e	Y_f	Y_g	
0	1	1	0	0	0	0	1	1	1	1	1	1	1	0	0
1	1	×	0	0	0	1	1	0	1	1	0	0	0	0	1
2	1	×	0	0	1	0	1	1	1	0	1	1	0	1	2
3	1	×	0	0	1	1	1	1	1	1	1	0	0	1	3
4	1	×	0	1	0	0	1	0	1	1	0	0	1	1	4
5	1	×	0	1	0	1	1	1	0	1	1	0	1	1	5
6	1	×	0	1	1	0	1	0	0	1	1	1	1	1	6
7	1	×	0	1	1	1	1	1	1	1	0	0	0	0	7
8	1	×	1	0	0	0	1	1	1	1	1	1	1	1	8
9	1	×	1	0	0	1	1	1	1	1	0	0	1	1	9
	1	×	1	0	1	0	1	0	0	0	1	1	0	1	⊏
	1	×	1	0	1	1	1	0	0	1	1	0	0	1	⊐
	1	×	1	1	0	0	1	0	1	0	0	0	1	1	⊔
	1	×	1	1	0	1	1	1	0	0	1	0	1	1	⊑
	1	×	1	1	1	0	1	0	0	0	1	1	1	1	⊢
	1	×	1	1	1	1	1	0	0	0	0	0	0	0	全暗
灭灯	×	×	×	×	×	×	0	0	0	0	0	0	0	0	全暗
灭零	1	0	0	0	0	0	0	0	0	0	0	0	0	0	全暗
试灯	0	×	×	×	×	×	1	1	1	1	1	1	1	1	8

由功能表可看出，辅助控制端的功能如下：

1）测试输入端$\overline{LT}$。该端用来检验芯片本身及七段数码管工作是否正常。当$\overline{LT}=0$时，$\overline{I_B}/\overline{Y_{BR}}$是输出端，且$\overline{I_B}/\overline{Y_{BR}}=1$，不论$A_3$～$A_0$是何种状态，$Y_a$～$Y_g$各段均点亮，显示字形“8”。74LS48正常工作时$\overline{LT}=1$。

2）动态灭零输入端$\overline{I_{BR}}$。低电平有效，当$\overline{LT}$=1、$\overline{I_{BR}}=0$，且译码输入A_3～A_0全为0时，该位输出不显示，即0字被熄灭，此时$\overline{I_B}/\overline{Y_{BR}}$是输出端，且$\overline{I_B}/\overline{Y_{BR}}=0$；当译码输入不全为0时，该位正常显示。本输入端根据需要来熄灭显示多位数字前后不必要的零，而在显示0～9时不受影响，以提高视读的清晰度，如数据0034.50可显示为34.5。

3）灭灯输入/动态灭零输出端$\overline{I_B}/\overline{Y_{BR}}$。这是一个特殊的端子，有时用作输入，有时用作输出。当$\overline{I_B}/\overline{Y_{BR}}$作为输入使用，且$\overline{I_B}/\overline{Y_{BR}}=0$时，七段数码管全灭，与译码输入无关；当$\overline{I_B}/\overline{Y_{BR}}$作为输出使用时，受控于$\overline{LT}$和$\overline{I_{BR}}$：当$\overline{LT}$=1且$\overline{I_{BR}}=0$时，$\overline{I_B}/\overline{Y_{BR}}=0$，其他情况下$\overline{I_B}/\overline{Y_{BR}}=1$。本端子主要用于显示多位数字时多个译码器之间的连接。

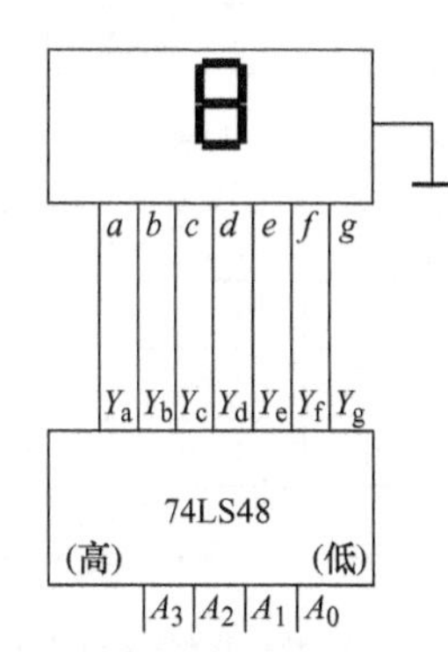

图2-34　显示译码电路接线图

另外，对于$A_3A_2A_1A_0=0000$，译码的条件是$\overline{LT}=1$且$\overline{I_{BR}}=1$，而对于其他输入代码译码时，则仅要求$\overline{LT}=1$，输入的BCD码决定了译码器各段Y_a～Y_g输出的电平高低，并显示出相应的字形。

图2-34为显示译码电路的接线图。

CD4511也是一个用于驱动共阴极LED（数码管）的BCD七段译码器，是具有BCD转换、消隐和锁存控制、七段译码和驱动功能的CMOS电路，内部有上拉电阻，能提供较大的电流，可直接驱动LED显示器，连接时可接限流电阻。CD4511的电路图符号和引脚排列图如图2-35所示。功能表见表2-28。

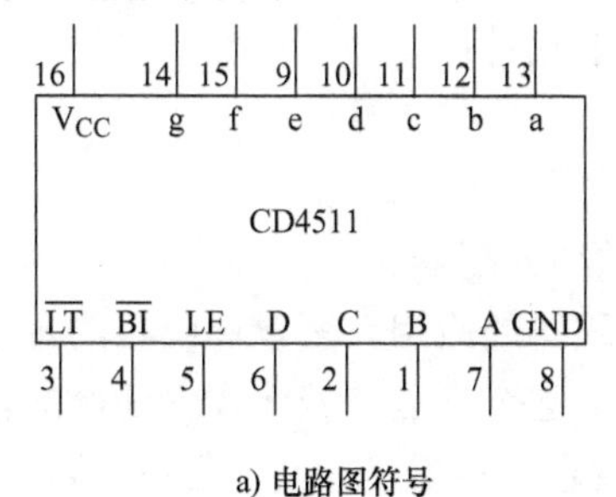

a) 电路图符号

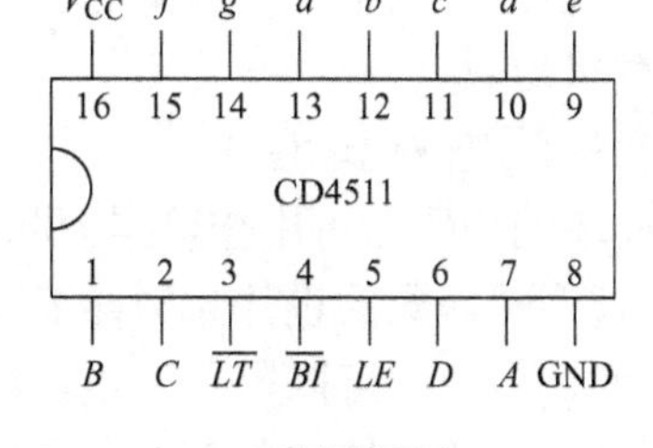

b) 引脚排列图

图2-35　CD4511电路图符号和引脚排列图

表2-28　CD4511功能表

输入							输出							
LE	$\overline{BI}$	$\overline{LT}$	D	C	B	A	a	b	c	d	e	f	g	显示
×	×	0	×	×	×	×	1	1	1	1	1	1	1	8
×	0	1	×	×	×	×	0	0	0	0	0	0	0	清除
0	1	1	0	0	0	0	1	1	1	1	1	1	0	0
0	1	1	0	0	0	1	0	1	1	0	0	0	0	1

（续）

输入							输出							
LE	$\overline{BI}$	$\overline{LT}$	*D*	*C*	*B*	*A*	*a*	*b*	*c*	*d*	*e*	*f*	*g*	显示
0	1	1	0	0	1	0	1	1	0	1	1	0	1	2
0	1	1	0	0	1	1	1	1	1	1	0	0	1	3
0	1	1	0	1	0	0	0	1	1	0	0	1	1	4
0	1	1	0	1	0	1	1	0	1	1	0	1	1	5
0	1	1	0	1	1	0	0	0	1	1	1	1	1	6
0	1	1	0	1	1	1	1	1	1	0	0	0	0	7
0	1	1	1	0	0	0	1	1	1	1	1	1	1	8
0	1	1	1	0	0	1	1	1	1	0	0	1	1	9
0	1	1	1	0	1	0	0	0	0	0	0	0	0	清除
0	1	1	1	0	1	1	0	0	0	0	0	0	0	清除
0	1	1	1	1	0	0	0	0	0	0	0	0	0	清除
0	1	1	1	1	0	1	0	0	0	0	0	0	0	清除
0	1	1	1	1	1	0	0	0	0	0	0	0	0	清除
0	1	1	1	1	1	1	0	0	0	0	0		0	清除
1	1	1	×	×	×	×	锁存							锁存

三、编码器与译码器的应用

（一）编码器的应用

编码器在我国拥有十分广阔的市场，应用在机床工具、航空航天、铁道交通、新能源及港口机械等领域。编码器将信号或数据编制并转换为可用于通信、传输和存储的形式。

（二）译码器的应用

二进制译码器的应用很广，典型的应用有以下几种：

1）实现逻辑函数。

2）实现存储系统的地址译码。

3）带使能端的译码器可用作数据分配器或脉冲分配器。

下面以实现逻辑函数的设计为例详细介绍译码器的应用。变量译码器的每个输出端表示一项最小项，而逻辑函数可以用最小项表示。利用这个特点，若将逻辑函数的输入变量与译码器的输入端做相应的连接，就可以用译码器实现逻辑函数的设计，而不需要经过化简过程。

1．采用 2 线-4 线译码器 74LS139 实现逻辑函数

根据 74LS139 的功能表可得

$$\overline{Y_0}=\overline{\overline{A_1}\,\overline{A_0}}=\overline{m_0}$$

$$\overline{Y_1}=\overline{\overline{A_1}A_0}=\overline{m_1}$$

$$\overline{Y_2}=\overline{A_1\overline{A_0}}=\overline{m_2}$$

$$\overline{Y_3}=\overline{A_1A_0}=\overline{m_3}$$

由此可知，每个输出端都对应一个最小项，因此变量译码器也称为最小项发生器。

2．采用 3 线-8 线译码器 74LS138 实现逻辑函数

根据 74LS138 的功能表可得

$$\overline{Y_0}=\overline{\overline{A_2}\,\overline{A_1}\,\overline{A_0}}=\overline{m_0}$$

$$\overline{Y_1}=\overline{\overline{A_2}\,\overline{A_1}A_0}=\overline{m_1}$$

$$\overline{Y_2}=\overline{\overline{A_2}A_1\overline{A_0}}=\overline{m_2}$$

$$\overline{Y_3}=\overline{\overline{A_2}A_1A_0}=\overline{m_3}$$

$$\overline{Y_4}=\overline{A_2\overline{A_1}\,\overline{A_0}}=\overline{m_4}$$

$$\overline{Y_5}=\overline{A_2\overline{A_1}A_0}=\overline{m_5}$$

$$\overline{Y_6}=\overline{A_2A_1\overline{A_0}}=\overline{m_6}$$

$$\overline{Y_7}=\overline{A_2A_1A_0}=\overline{m_7}$$

因此，用译码器可以很容易实现逻辑函数。

【例 2-5】 用一个 3 线-8 线译码器 74LS138 实现逻辑函数 $Y=\overline{A}\,\overline{B}\,\overline{C}+A\overline{B}\,\overline{C}+\overline{A}B\overline{C}$。

【解】 用变量 A、B、C 分别代替 74LS138 的输入变量 A_2、A_1、A_0，则可得到函数 Y：

$$\begin{aligned}Y&=\overline{A}\,\overline{B}\,\overline{C}+A\overline{B}\,\overline{C}+\overline{A}B\overline{C}\\&=\overline{\overline{\overline{A}\,\overline{B}\,\overline{C}}\cdot\overline{A\overline{B}\,\overline{C}}\cdot\overline{\overline{A}B\overline{C}}}\\&=\overline{\overline{m_0}\cdot\overline{m_2}\cdot\overline{m_4}}\\&=\overline{\overline{Y_0}\cdot\overline{Y_2}\cdot\overline{Y_4}}\end{aligned}$$

可见，用 3 线-8 线译码器 74LS138 再加一个与非门就可实现函数 Y，其逻辑电路图如图 2-36 所示。

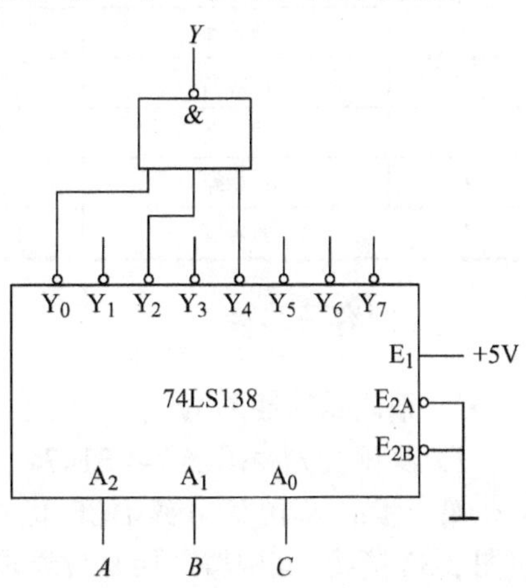

图 2-36　例 2-5 题逻辑电路图

【例 2-6】 利用 74LS138 设计一个一位的全加器。

【解】 用变量 A、B、C 分别代替 74LS138 的输入变量 A_2、A_1、A_0，由全加器功能表可得

$$\begin{aligned}S&=\overline{A}\,\overline{B}C+\overline{A}B\overline{C}+A\overline{B}\,\overline{C}+ABC\\&=\overline{\overline{\overline{A}\,\overline{B}C}\cdot\overline{\overline{A}B\overline{C}}\cdot\overline{A\overline{B}\,\overline{C}}\cdot\overline{ABC}}\\&=\overline{\overline{m_1}\cdot\overline{m_2}\cdot\overline{m_4}\cdot\overline{m_7}}\\&=\overline{\overline{Y_1}\cdot\overline{Y_2}\cdot\overline{Y_4}\cdot\overline{Y_7}}\end{aligned}$$

$$\begin{aligned}C_{i+1}&=\overline{A}BC+A\overline{B}C+AB\overline{C}+ABC\\&=\overline{\overline{\overline{A}BC}\cdot\overline{A\overline{B}C}\cdot\overline{AB\overline{C}}\cdot\overline{ABC}}\\&=\overline{\overline{m_3}\cdot\overline{m_5}\cdot\overline{m_6}\cdot\overline{m_7}}\\&=\overline{\overline{Y_3}\cdot\overline{Y_5}\cdot\overline{Y_6}\cdot\overline{Y_7}}\end{aligned}$$

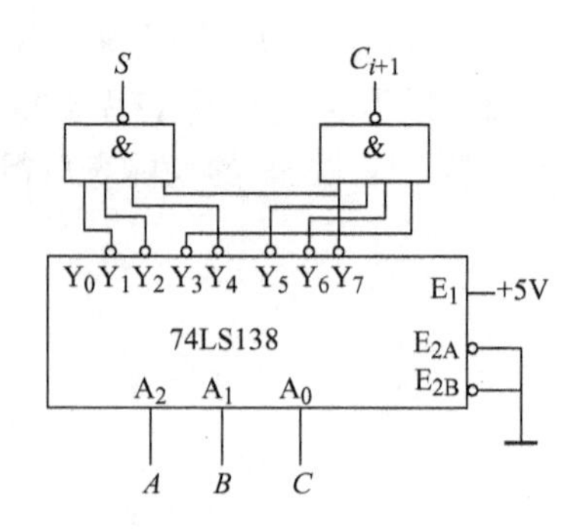

图 2-37　例 2-6 题逻辑电路图

可见，用 3 线-8 线译码器 74LS138 再加两个与非门就可实现函数 Y，其逻辑电路图如图 2-37 所示。

【任务实施】

一、任务目的

1）掌握编码器和译码器的逻辑功能。

2）掌握 LED 七段数码管的判别方法。

3）熟悉常用字段译码器的典型应用。

二、仪器及元器件

1）直流稳压电源 1 台、数字万用电表 1 块。

2）本任务所需元器件见表 2-29。

表 2-29　元器件清单

序号	名称	型号与规格	封装	数量	单位
1	编码器	74LS147	直插	1	个
2	编码器	74LS148	直插	1	个
3	译码器	74LS138	直插	1	个
4	译码器	74LS139	直插	1	个
5	译码器	74LS47	直插	1	个
6	反相器	74LS04	直插	1	个
7	数码管	1 位共阳极	直插	1	个

三、内容及步骤

1．编码器功能测试

1）测试优先编码器 74LS147。

第一步：将 10 线-4 线 BCD 优先编码器 74LS147 按照图 2-38 接线，其中输入接 9 位逻辑电平开关，输出 $\overline{Y_3}$、$\overline{Y_2}$、$\overline{Y_1}$、$\overline{Y_0}$ 接 4 个 LED。

第二步：接通电源，按表 2-30 输入各逻辑电平（开关闭合为“1”，断开为“0”），观察输出结果并填入表 2-30 中（亮为“1”，灭为“0”）。

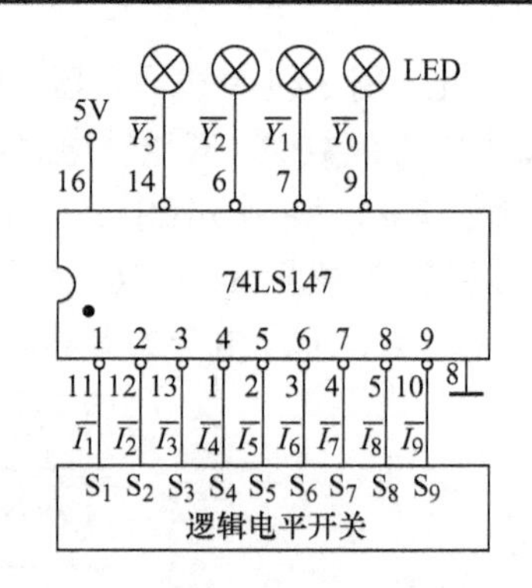

图 2-38　10 线-4 线编码器任务接线图

表 2-30　74LS147 功能测试表

输入									输出			
$\overline{I_1}$	$\overline{I_2}$	$\overline{I_3}$	$\overline{I_4}$	$\overline{I_5}$	$\overline{I_6}$	$\overline{I_7}$	$\overline{I_8}$	$\overline{I_9}$	$\overline{Y_3}$	$\overline{Y_2}$	$\overline{Y_1}$	$\overline{Y_0}$
1	1	1	1	1	1	1	1	1	1	1	1	1
×	×	×	×	×	×	×	×	1				

（续）

输入									输出			
$\overline{I_1}$	$\overline{I_2}$	$\overline{I_3}$	$\overline{I_4}$	$\overline{I_5}$	$\overline{I_6}$	$\overline{I_7}$	$\overline{I_8}$	$\overline{I_9}$	$\overline{Y_3}$	$\overline{Y_2}$	$\overline{Y_1}$	$\overline{Y_0}$
×	×	×	×	×	×	×	0	1				
×	×	×	×	×	×	0	1	1				
×	×	×	×	×	0	1	1	1				
×	×	×	×	0	1	1	1	1				
×	×	×	0	1	1	1	1	1				
×	×	0	1	1	1	1	1	1				
×	0	1	1	1	1	1	1	1				
0	1	1	1	1	1	1	1	1				

2）测试优先编码器74LS148。将8线-3线优先编码器74LS148按上述同样方法进行论证。其接线图如图2-39所示，功能测试表见表2-31。

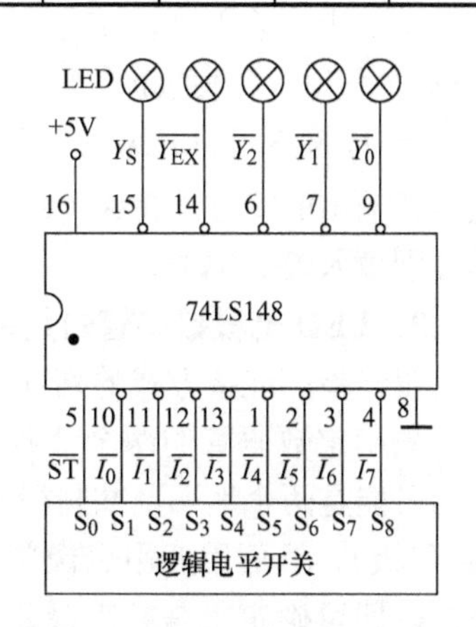

图2-39　8线-3线编码器任务接线图

2．译码器功能测试

1）测试译码器74LS139。

第一步：将2线-4线译码器74LS139按照按图2-40接线。

第二步：输入$\overline{S}$、A_0、A_1信号接逻辑电平开关（开关闭合为“1”，断开为“0”），输出$\overline{Y_0}$、$\overline{Y_1}$、$\overline{Y_2}$、$\overline{Y_3}$接4个LED，按表2-32接入各逻辑电平，观察输出的状态（亮为“1”，灭为“0”），并将结果填入表2-32中。

2）测试译码器74LS138。

第一步：将3线-8译码器74LS138按照按图2-41接线。

表2-31　74LS148功能测试表

输入									输出				
$\overline{ST}$	$\overline{I_0}$	$\overline{I_1}$	$\overline{I_2}$	$\overline{I_3}$	$\overline{I_4}$	$\overline{I_5}$	$\overline{I_6}$	$\overline{I_7}$	$\overline{Y_2}$	$\overline{Y_1}$	$\overline{Y_0}$	Y_S	$\overline{Y_{EX}}$
1	×	×	×	×	×	×	×	×	1	1	1	1	1
0	1	1	1	1	1	1	1	1					
0	×	×	×	×	×	×	×	0					
0	×	×	×	×	×	×	0	1					
0	×	×	×	×	×	0	1	1					
0	×	×	×	×	0	1	1	1					
0	×	×	×	0	1	1	1	1					
0	×	×	0	1	1	1	1	1					
0	×	0	1	1	1	1	1	1					
0	0	1	1	1	1	1	1	1					

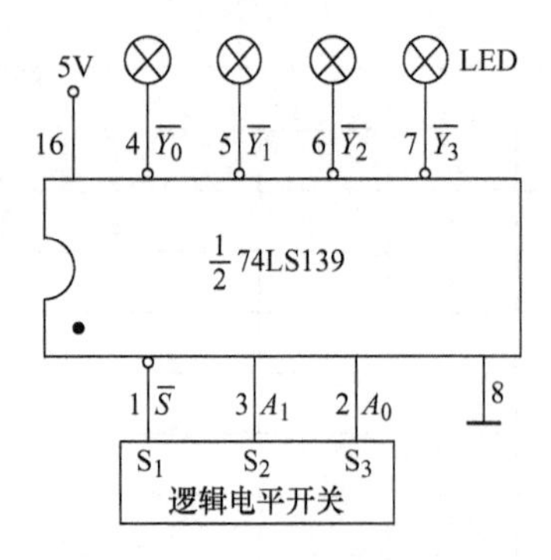

图 2-40　2 线-4 线译码器任务接线图

表 2-32　74LS139 功能测试表

输入			输出			
$\overline{S}$	A_1	A_0	$\overline{Y_0}$	$\overline{Y_1}$	$\overline{Y_2}$	$\overline{Y_3}$
1	×	×				
0	0	0				
0	0	1				
0	1	0				
0	1	1				

第二步：输入 E_1、E_{2A}、E_{2B}、A_0、A_1、A_2 信号接逻辑电平开关（开关闭合为“1”，断开为“0”），输出 $\overline{Y_0}\sim\overline{Y_7}$ 接 8 个 LED，按表 2-33 接入各逻辑电平，观察各输出的状态（亮为“1”，灭为“0”），并将结果分别填入表 2-33 中。

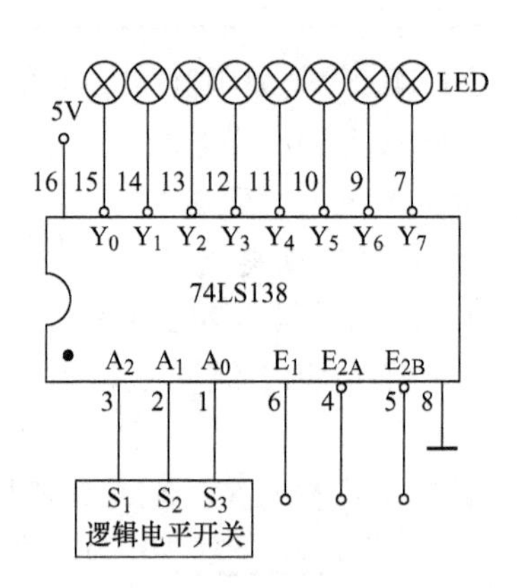

图 2-41　3 线-8 线译码任务线路

3．LED 七段数码管的判别

第一步：连接方式的判别及数码管好坏判别

先确定数码管的两个公共端，两者是相通的。这两端可能是两个地端（共阴极），也可能是两个 V_{CC} 端（共阳极）。然后用万用表像判别普通二极管正、负极那样，即可确定出是共阳极还是共阴极，好坏也随之确定。

表 2-33　74LS138 功能测试表

输入					输出							
E_1	E_2	A_2	A_1	A_0	$\overline{Y_0}$	$\overline{Y_1}$	$\overline{Y_2}$	$\overline{Y_3}$	$\overline{Y_4}$	$\overline{Y_5}$	$\overline{Y_6}$	$\overline{Y_7}$
×	1	×	×	×	1	1	1	1	1	1	1	1
1	×	×	×	×	1	1	1	1	1	1	1	1
1	0	0	0	0								
1	0	0	0	1								
1	0	0	1	0								
1	0	0	1	1								
1	0	1	0	0								
1	0	1	0	1								
1	0	1	1	0								
1	0	1	1	1								

注：$E_2=E_{2A}+E_{2B}$。

第二步：字段引脚的判别

将共阴极数码管接地端和万用表的黑表笔相接触，万用表的红表笔依次接触七段引脚，则根据发光情况可以判别出 a、b、c 等七段。对于共阳极数码管，先将它的 V_{CC} 端和万用表的红表笔相接触，万用表的黑表笔依次接触数码管七段引脚，则各段分别发光，从而判断之。

4．编码器与译码器应用测试

采用编码器 74LS147、译码器 74LS47、共阳极数码管设计一个 0～9 数码显示电路。

第一步：按照图 2-42 连接电路。

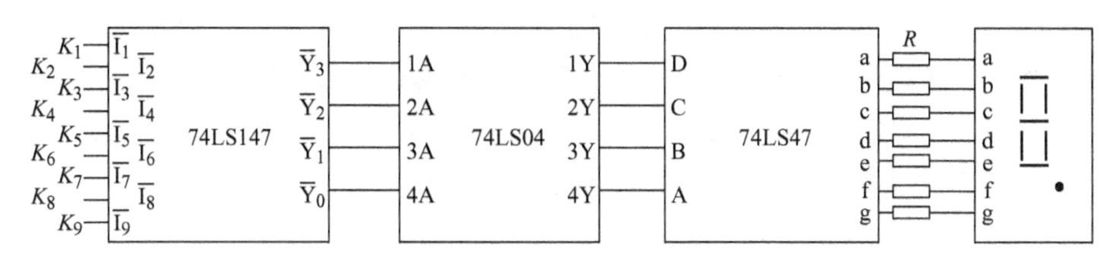

图 2-42　数码显示电路

第二步：输入端 K_1～K_9 接逻辑开关信号，结合电路图，观察数码管的显示值。

【任务评价】

1）分组汇报编码器、译码器的制作调试情况，通电演示电路功能，并回答相关问题。

2）填写任务评价表，见表 2-34。

表 2-34　任务评价表

评价标准		学生自评	小组互评	教师评价	分值
知识目标	掌握编码器功能与特点				
	掌握译码器功能与特点				
技能目标	掌握编码器电路的应用与调试方法				
	掌握译码器电路的应用与调试方法				
	掌握电路检测方法，具备故障排除能力				
	安全用电、遵守规章制度				
	按企业要求进行现场管理				

【任务总结】

1）编码器和译码器是常用的组合逻辑电路，熟悉它们的逻辑功能、功能特点及工作原理是十分必要的，这对于正确、合理使用这些集成电路是十分有用的。

2）所谓编码是指由二进制代码来表示某种信息的过程，常用的编码器有二进制编码器和二-十进制编码器等。

3）译码是编码的逆过程，是将输入的一组二进制代码译成与之对应的信号输出，译码器是完成这一功能的电路，有变量译码器和显示译码器。

任务四　数据选择器的功能测试

【任务导入】

组合逻辑电路的应用非常广泛，除了编码器、译码器还有数据选择器等，本任务主要学习数据选择器的逻辑功能与应用。

【知识链接】

数据选择器能按要求从多路输入数据中选择一路输出，是一种多输入、单输出的组合逻辑电路，又称作多路选择器、多路开关或多路调制器。它可以将输入并行数据变为串行数据输出，可以用一个单刀多掷开关来形象描述。常见的数据选择器有二选一、四选一、八选一、十六选一等。如输入数据更多，则可以由上述选择器扩大功能而得，如三十二选一、六十四选一等。图 2-43 给出了数据选择器原理框图和等效开关图。

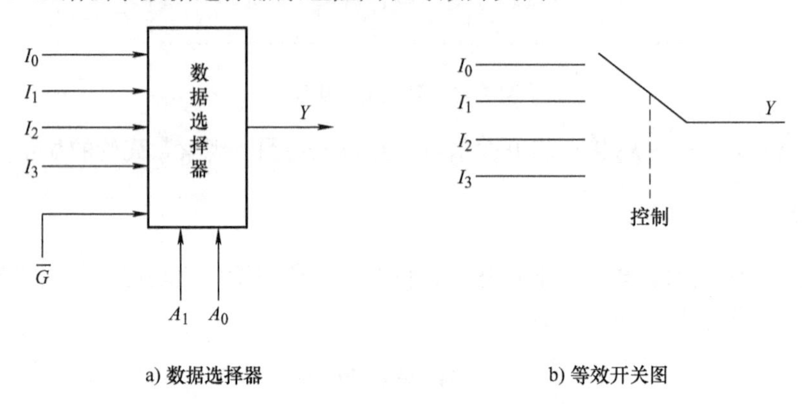

a) 数据选择器　　b) 等效开关图

图 2-43　数据选择器原理框图和等效开关图

一、数据选择器

（一）四选一数据选择器

图 2-44 是四选一数据选择器的逻辑电路图及符号。图中，D_0～D_3 是数据输入端，也称为数据通道；A_1、A_0 是地址输入端，或称选择输入端；W 是输出端；E 是使能端，它能控制数据选通是否有效，低电平有效。当 E=1 时，输出 W=0，输出与输入无关，即禁止数据输入；只有当 E=0 时，才能输出与地址码相应的那条数据。四选一数据选择器的功能表见表 2-35。

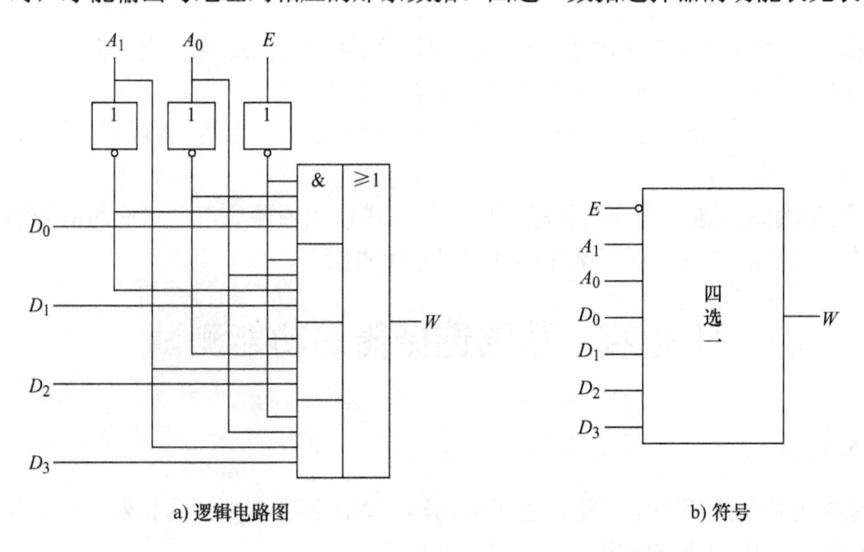

a) 逻辑电路图　　b) 符号

图 2-44　四选一数据选择器逻辑电路图及符号

从功能表中，我们可以得出，四选一数据选择器的逻辑函数表达式为

$$W=(\overline{A_1}\,\overline{A_0}D_0+\overline{A_1}A_0D_1+A_1\overline{A_0}D_2+A_1A_0D_3)\overline{E}$$

表 2-35　四选一数据选择器功能表

输入			输出
E	A_1	A_0	W
1	×	×	0
0	0	0	D_0
0	0	1	D_1
0	1	0	D_2
0	1	1	D_3

（二）集成数据选择器

常用的集成数据选择器有 74LS157（四二选一）、74LS153（双四选一）、74LS151（八选一）、74LS150（十六选一）等。

74LS151 是一种典型的集成数据选择器。图 2-45 所示是 74LS151 的电路图符号与引脚排列图。它有 3 个地址端 $A_2A_1A_0$，可选择 D_0～D_7 8 个数据，具有两个互补输出端 W 和 $\overline{W}$，其功能表见表 2-36。

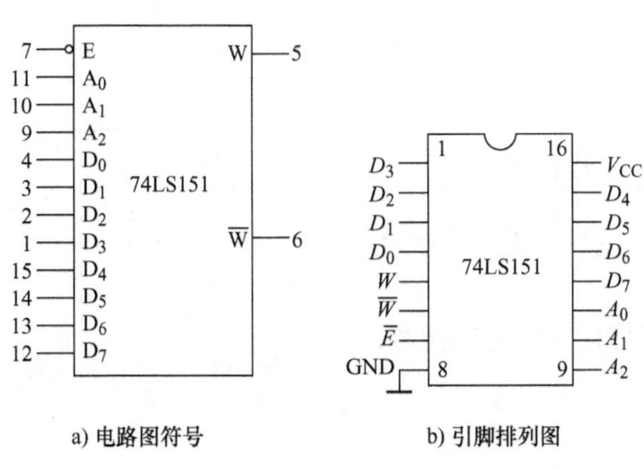

图 2-45　74LS151 电路图符号与引脚排列图

表 2-36　74LS151 功能表

输入				输出	
E	A_2	A_1	A_0	W	$\overline{W}$
1	×	×	×	0	1
0	0	0	0	D_0	$\overline{D_0}$
0	0	0	1	D_1	$\overline{D_1}$
0	0	1	0	D_2	$\overline{D_2}$
0	0	1	1	D_3	$\overline{D_3}$
0	1	0	0	D_4	$\overline{D_4}$
0	1	0	1	D_5	$\overline{D_5}$
0	1	1	0	D_6	$\overline{D_6}$
0	1	1	1	D_7	$\overline{D_7}$

从表中可以看出，该数据选择器的逻辑函数表达式为

$$W=\overline{A_2}\,\overline{A_1}\,\overline{A_0}D_0+\overline{A_2}\,\overline{A_1}A_0D_1+\overline{A_2}A_1\overline{A_0}D_2+\overline{A_2}A_1A_0D_3+A_2\overline{A_1}\,\overline{A_0}D_4+A_2\overline{A_1}A_0D_5$$
$$+A_2A_1\overline{A_0}D_6+A_2A_1A_0D_7$$

二、数据选择器的应用

由于数据选择器在输入数据全部为 1 时，输出为地址输入变量全体最小项的和，而任何一个逻辑函数都可表示成最小项表达式，因此用数据选择器可实现任何组合逻辑函数，故又称其为逻辑函数发生器。

当逻辑函数的变量个数和数据选择器的地址输入变量个数相同时，可直接将逻辑函数输入变量有序地接数据选择器的地址输入端。

（一）工作原理

根据四选一数据选择器的输出公式

$$Y=(\overline{A_1}\,\overline{A_0}D_0+\overline{A_1}A_0D_1+A_1\overline{A_0}D_2+A_1A_0D_3)\overline{E}$$

$$=\sum_{i=0}^{3}D_im_i\text{（}m_i\text{ 为 }A_1\text{、}A_0\text{ 组成的最小项）}$$

可以看出，对于 A_1A_0 的每一种组合都对应一个输入 D_i。如果使输入 D_i 的值与 A_1A_0 的每一种组合的取值（0 或 1）相等，则这个四选一数据选择器正好实现逻辑函数 $Y=f(A_1, A_0)$。

对于 n 个地址输入的数字选择器，其表达式为

$$Y=\sum_{i=0}^{2^n-1} D_i m_i$$

式中，m_i 是由地址变量 A_{n-1}、…、A_1、A_0 组成的地址最小项；D_i 为数据选择器的数据输入，称为 m_i 的系数。当 D_i=1 时，其对应的最小项 m_i 在表达式中出现；当 D_i=0 时，m_i 不出现。

（二）数据选择器的应用

【例 2-7】 利用四选一数据选择器实现逻辑函数：$Y=\overline{R}\,\overline{A}\,\overline{G}+\overline{R}A\overline{G}+R\overline{A}G+AG$。

【解】 将表达式变换为 $Y=\overline{R}(\overline{G}\,\overline{A})+\overline{R}(\overline{G}A)+R(G\overline{A})+1\cdot(GA)$

与四选一数据选择器输出公式比较：

$$W=D_0(\overline{A_1}\,\overline{A_0})+D_1(\overline{A_1}A_0)+D_2(A_1\overline{A_0})+D_3(A_1A_0)$$

可以令：$Y=W$，$G=A_1$，$A=A_0$，$D_2=R$，$D_3=1$，$D_0=D_1=\overline{R}$。

接线图如图 2-46 所示。

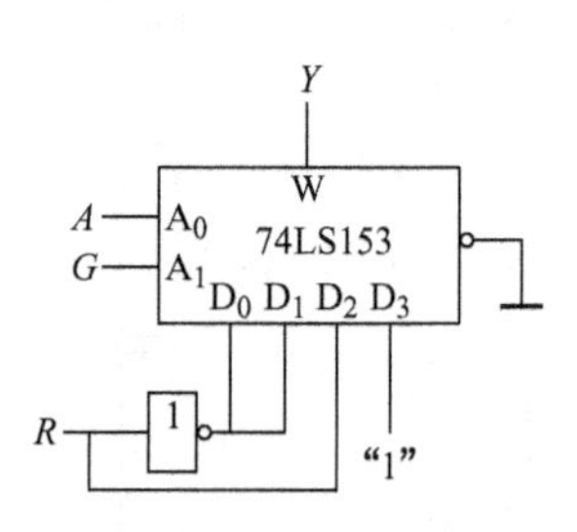

图 2-46　例 2-7 接线图

【例 2-8】 用八选一数据选择器 74LS151 实现逻辑函数：$Y=AB\overline{C}+\overline{A}BC+\overline{A}\,\overline{B}$。

【解】 把逻辑函数变换成最小项表达式：

$$\begin{aligned}Y&=AB\overline{C}+\overline{A}BC+\overline{A}\,\overline{B}\\&=AB\overline{C}+\overline{A}BC+\overline{A}\,\overline{B}C+\overline{A}\,\overline{B}\,\overline{C}\\&=m_0+m_1+m_3+m_6\end{aligned}$$

对比八选一的函数表达式，可以将式中 A_2、A_1、A_0 用 A、B、C 来替换，令 $D_0=D_1=D_3=D_6=1$，$D_2=D_4=D_5=D_7=0$，画出接线图，如图 2-47 所示。

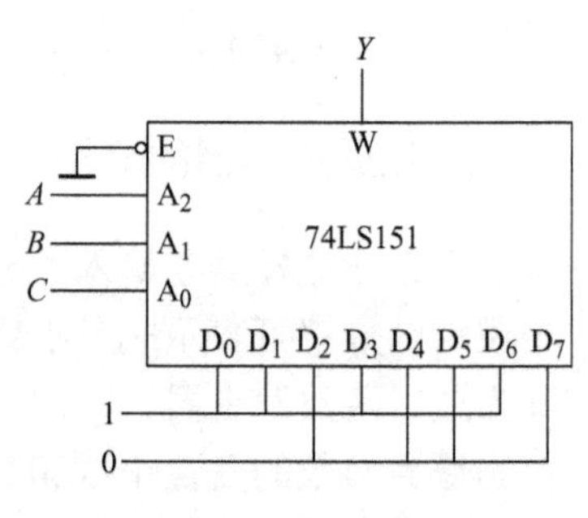

图 2-47　例 2-8 接线图

【任务实施】

一、任务目的

1）熟悉中规模集成（MSI）数据选择器的逻辑功能及测试方法。

2）学习用集成数据选择器进行逻辑设计。

二、仪器及元器件

1）直流稳压电源 1 台、数字万用电表 1 块。

2）本任务所需元器件见表 2-37。

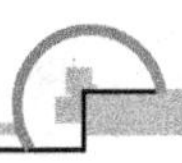

表 2-37　元器件清单

序号	名称	型号与规格	封装	数量	单位
1	数据选择器	74LS153	直插	1	个
2	反相器	74LS04	直插	1	个
3	或门	74LS32	直插	1	个

三、内容及步骤

1．验证 74LS153 的逻辑功能

双四选一多路数据选择器 74LS153 的逻辑功能验证电路如图 2-48 所示,将 A_1、A_0 接逻辑电平开关，数据输入端 D_0～D_3 接逻辑电平开关，输出端 Y 接发光二极管。观察输出状态并填表 2-38。

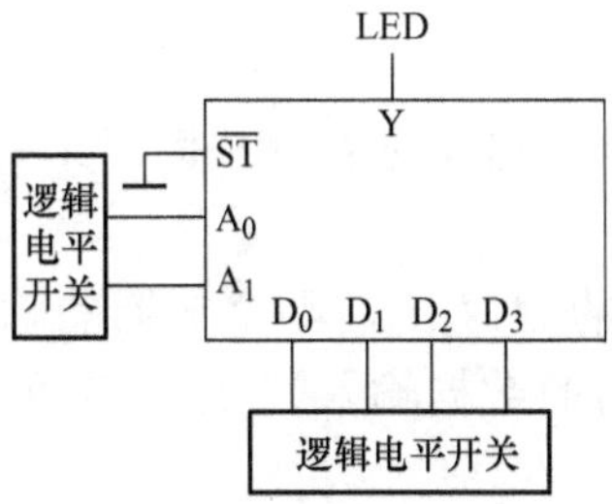

LED

Y

ST

A0

A1

逻辑电平开关

D0 D1 D2 D3

逻辑电平开关

图 2-48　74LS153 逻辑功能验证电路

表 2-38　74LS153 功能测试表

输入							输出
$\overline{ST}$	A_1	A_0	D_3	D_2	D_1	D_0	Y
1	×	×	×	×	×	×	
0	0	0	0	0	0	0	
0	0	0	0	0	0	1	
0	0	1	0	0	0	0	
0	0	1	0	0	1	0	
0	1	0	0	0	0	0	
0	1	0	0	1	0	0	
0	1	1	0	0	0	0	
0	1	1	1	0	0	0	

2．用四选一数据选择器 74LS153 设计 3 人多数表决电路

第一步：列真值表，见表 2-39。设计 3 人多数表决器，当 2 个或 2 个以上的人同意时，结果为通过。

第二步：将双四选一数据选择器连接成八选一数据选择器。电路连接图如图 2-49 所示。

表 2-39　3 人多数表决真值表

输入			输出
A	B	C	Y
0	0	0	
0	0	1	
0	1	0	
0	1	1	
1	0	0	
1	0	1	
1	1	0	
1	1	1	

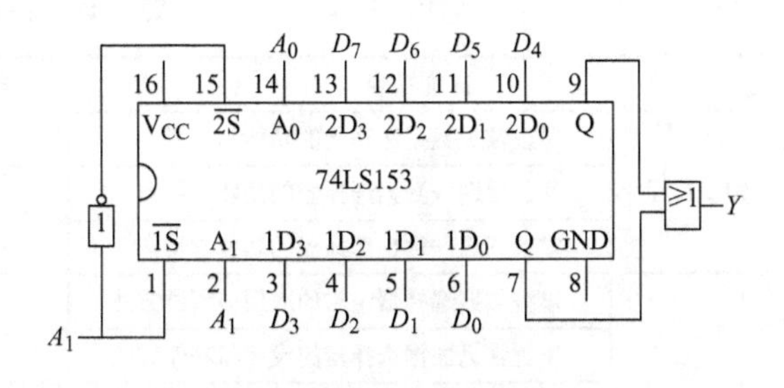

图 2-49　电路连接图

第三步：按图接线，其中非门选择 74LS04 芯片，或门选择 74LS32 芯片。将 A_2、A_1、A_0 接逻辑电平开关，D_0～D_7 接逻辑电平开关，输出端 Y 接发光二极管。完成表 2-40。

表 2-40　数据记录表

输入端			输出端
A_2	A_1	A_0	Y
0	0	0	
0	0	1	
0	1	0	
0	1	1	
1	0	0	
1	0	1	
1	1	0	
1	1	1	

第四步：令八选一数据选择器的输入端 $A_2A_1A_0$ 等于 3 人多数表决器的输入端 ABC，则八选一数据选择器输出端 Y 等于 3 人多数表决器真值表输出数据 Y，设置八选一数据选择器的数据输入端 D_7～D_0 的数据，并在图 2-49 中标出。

第五步：验证逻辑功能。

3．用双四选一数据选择器 74LS153 实现全加器

第一步：根据题目要求写出全加器的真值表。

第二步：将双四选一数据选择器 74LS153 连接成八选一数据选择器，画出接线图。其中非门选择 74LS04 芯片，或门选择 74LS32 芯片。

第三步：令全加器的输入端 ABC 等于八选一数据选择器的 $A_2A_1A_0$，则全加器的输出 Y 等于八选一数据选择器的输出 Y，设置八选一数据选择器的数据输入端 D_7～D_0 的数据。

第四步：验证逻辑功能。

四、思考题

1）用双四选一数据选择器 74LS153 怎样连接成八选一数据选择器？

2）数据选择器 74LS153 的使能端有什么作用？

【任务评价】

1）分组汇报数据选择器学习与设计制作情况，通电演示电路功能，并回答相关问题。

2）填写任务评价表，见表 2-41。

表 2-41　任务评价表

评价标准		学生自评	小组互评	教师评价	分值
知识目标	掌握常见数据选择器的功能与分类				
	掌握四选一数据选择器的功能与特点				
	掌握八选一数据选择器的功能与特点				
技能目标	掌握数据选择器电路的应用与调试方法				
	掌握常见数据选择器的设计与制作方法				
	掌握电路检测方法，具备故障排除能力				
	安全用电、遵守规章制度				
	按企业要求进行现场管理				

【任务总结】

1）对比数据选择器的表达式，四选一可以看成 3 变量的逻辑函数表达式，八选一看成 4 变量的逻辑函数表达式。

2）由于任何一个逻辑函数都可以写成最小项表达式，数据选择器的输出表达式与其相似，所以可以利用数据选择器实现组合逻辑函数。

任务五　数显逻辑笔的制作与调试

【任务导入】

逻辑笔是采用不同颜色的指示灯或者数码管来表征数字电平高低的仪器，使用逻辑笔可快速测量出数字电路中有故障的芯片。本任务采用晶体管构成输入控制电路、七段译码显示电路构成数码显示部分，当被测电压为高电平时，数码管显示“H”；当被测电压为低电平时，数码管显示“L”；当无测试电压时，数码管无显示。

【知识链接】

一、数显逻辑笔电路的工作原理

（一）工作原理

某企业承接了一批数显逻辑笔电路的安装与调试任务，请按照相应的企业生产标准完成该产品的组装与调试，实现该产品的基本功能，并正确填写相关测试数据。原理图如 2-50 所示。

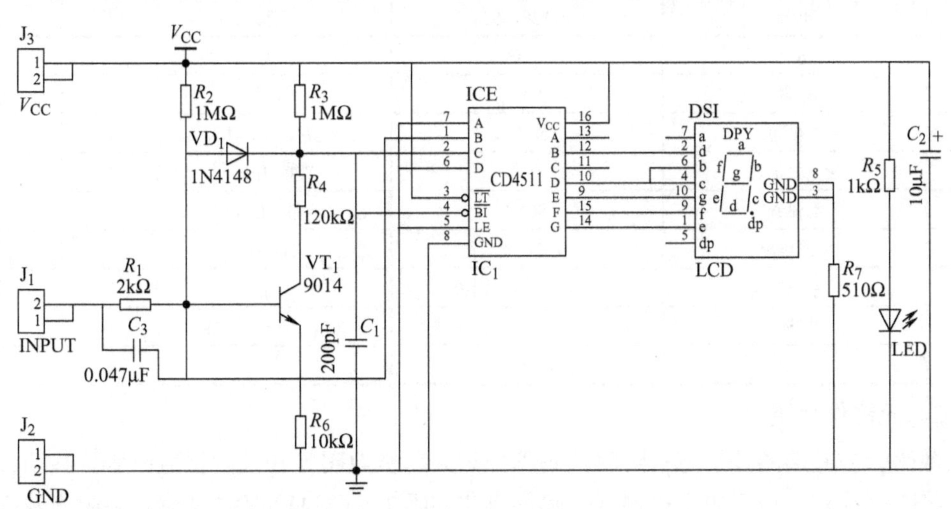

图 2-50　数显逻辑笔电路原理图

（二）电路分析

1）当输入低于 0.4V 时，晶体管 VT_1 截止，VD_1 截止，IC_1 输入端 D（6 引脚）为低电平

0，C（2 引脚）为高电平 1，B（1 引脚）为低电平 0，A（7 引脚）为低电平 0，即 $DCBA$=0100，IC_1 输出端 A=0，B=1，C=1，D=0，E=0，F=1，G=1，而数码管输入端 a 悬空不显示，b=c=D=0，d=B=1，e=G=1，f=F=1，g=E=0，因此，数码管显示为“L”。

2）当输入为高电平时，晶体管 VT_1 饱和导通，二极管 VD_1 导通，IC_1 输入端 D（6 引脚）为低电平 0，C（2 引脚）为高电平 1，B（1 引脚）为高电平 1，A（7 引脚）为低电平 0，即 $DCBA$=0110，IC_1 输出端 A=0，B=0，C=1，D=1，E=1，F=1，G=1，而数码管输入端 a 悬空不显示，b=c=D=1，d=B=0，e=G=1，f=F=1，g=E=1，因此，数码管显示为“H”。

3）当输入悬空时，由于电阻分压关系，使晶体管 VT_1 基极电位高于集电极电位，晶体管 VT_1 饱和，二极管 VD_1 截止，由于电阻分压关系，IC_1 输入端 $\overline{BI}$（4 引脚）为低电平，CD4511 消隐，数码管不显示。

二、电路元器件参数及功能

（一）元器件清单

元器件清单见表 2-42。

表 2-42　元器件清单

序号	名称	型号与规格	封装	数量	单位
1	电阻	10kΩ，1/4W	色环直插	1	个
2	电阻	2kΩ，1/4W	色环直插	1	个
3	电阻	1MΩ，1/4W	色环直插	2	个
4	电阻	120kΩ，1/4W	色环直插	1	个
5	电阻	1kΩ，1/4W	色环直插	1	个
6	电阻	510Ω，1/4W	色环直插	1	个
7	电容	0.047μF，50V	直插	1	个
8	电容	10μF	直插	1	个
9	电容	200pF	直插	1	个
10	二极管	1N4148	直插 DO-41	1	个
11	发光二极管	红 3	直插 3mm	1	个
12	晶体管	9014	直插 TO-92	1	个
13	集成电路	CD4511	TO-92	1	个
14	数码管	0.5in，1 位共阴极	直插	1	个
15	排针	直针间距 2.54mm	直插、单排、圆头	8	个
16	PCB	数显逻辑笔		1	块

（二）元器件介绍

按数码管公共端的连接方式可将数码管分为共阳极数码管和共阴极数码管。共阳极数码管是指将所有发光二极管的阳极接到一起形成公共阳极（COM）的数码管，共阳极数码管在应用时应将公共阳极 COM 接到高电平，当某一字段发光二极管的阴极为低电平时，相应字段就点亮；当某一字段的阴极为高电平时，相应字段就不亮。共阴极数码管是指将所有发光二极管的阴极接到一起形成公共阴极（COM）的数码管，共阴极数码管在应用时应将公共阴极 COM 接到低电平，当某一字段发光二极管的阳极为高电平时，相应字段就点亮；当某一

字段的阳极为低电平时，相应字段就不亮。本任务中的数码管为共阴极数码管，其外部引脚图和内部结构图如图 2-51 所示。

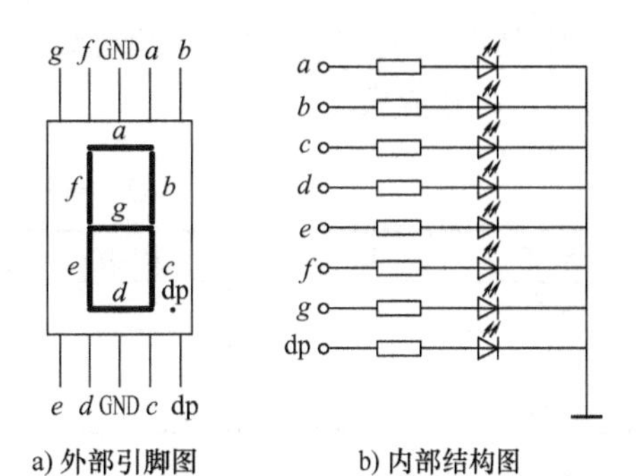

a) 外部引脚图　　b) 内部结构图

图 2-51　共阴极数码管

【任务实施】

一、任务目的

1）熟悉数字电路结构及数显逻辑笔电路的工作原理。

2）了解译码显示电路的外形及引脚排列。

3）熟练使用常用电子仪器仪表。

4）会对译码显示电路进行识别和检测。

5）能正确地安装电路，并能完成电路的调试与技术指标的测试。

6）提高实践技能，培养良好的职业道德和职业习惯。

二、仪器及元器件

1）焊接工具 1 套。

2）实训电路板 1 块。

3）双踪示波器 1 台。

4）双通道直流稳压电源 1 台。

5）万用电表 1 块。

6）电路元器件 1 套（按元器件清单表配齐）。

三、内容及步骤

1）清点下发的焊接工具数目，检查焊接工具的好坏。

2）清点下发的仪器仪表数目，检查仪器仪表好坏。

3）填好设备使用情况登记表。

4）清点下发的元器件。

5）核对元器件数量和规格，检查元器件的好坏。

6）根据元器件布局与接线图，在实训电路板上进行电路接线、焊接。

7）通电前正确检查电路。

8）通电调试。

调试前，请在图 2-52 中绘制电路与仪器仪表的接线示意图。

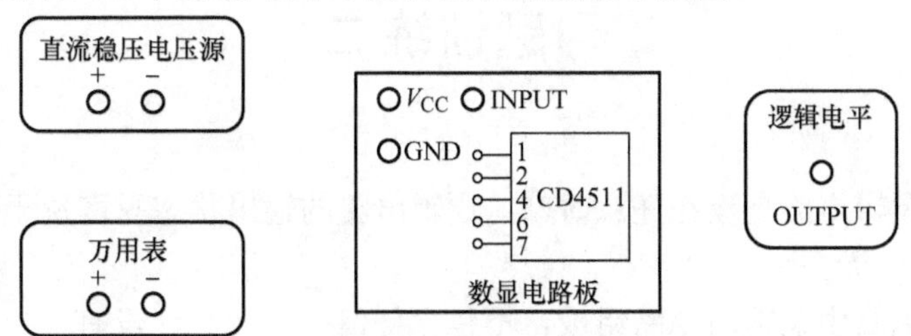

图 2-52　测试接线示意图

9）通电测试。接入5V直流电源，根据输入信号的不同状态，利用提供的仪表测量相应点的电压，完成表2-43。

表2-43 数显逻辑笔电路测试结果

INPUT	U1-7/V	U1-1/V	U1-2/V	U1-6/V	U1-4/V	输出状态
悬空						
5V						
0V						

四、思考题

1）本任务中晶体管VT_1的主要作用是什么？它的工作过程是怎样的？

2）本任务中电解电容C_2的主要作用是什么？

【任务评价】

1）分组汇报数显逻辑笔电路元器件识别与检测、电路工作原理、安装与调试等内容的学习情况，通电演示电路功能，并回答相关问题。

2）填写任务评价表，见表2-44。

表2-44 任务评价表

评价标准		学生自评	小组互评	教师评价	分值
知识目标	掌握元器件识别与检测的方法				
	掌握数显逻辑笔电路的工作原理				
	掌握显示译码器的逻辑功能与应用				
技能目标	掌握译码器的应用与调试方法				
	掌握电路检测方法，具备故障排除能力				
	安全用电、遵守规章制度				
	按企业要求进行现场管理				

【任务总结】

1）数显逻辑笔电路由晶体管输入电路、译码器控制电路和数码显示三个部分组成。

2）本任务制作一个数显逻辑笔电路，并对这个电路进行调试，排除电路故障。主要技术要求：当被测信号为低电平时，数码管显示“L”；当被测信号为高电平时，数码管显示“H”；当无被测信号时，数码管无显示。

习题训练二

一、填空题

1．所谓组合逻辑电路是指在任意时刻，逻辑电路的输出状态只取决于电路的________，而与电路的________无关。

2．组合逻辑电路由逻辑门电路组成，不包含任何________，没有________能力。

3．常见的中规模集成组合逻辑器件有________和________等。

4．加法器是一种最基本的算术运算电路，其中的半加器是只考虑本位两个二进制数进行相加、不考虑________的加法器。

5．全半加器是既要考虑本位两个二进制数进行相加，还要考虑________的加法器。

6．用全加器组成多位二进制数加法器时，加法器的进位方式通常有________和________两种。

7．基本译码器电路除了完成译码功能外，还能实现________和________功能。

8．与4位串行进位加法器比较，使用超前进位全加器的目的是________。

9．在分析门电路组成的组合逻辑电路时，一般需要先根据________写出逻辑函数表达式。

10．数据选择器的功能相当于多个输入的数据开关，是指经过选择，把________通道的数据传送到________的公共数据通道上去。

二、选择题

1．编码器用5位二进制代码可对（　　）个信号进行编码。

A．64　　B．32　　C．128　　D．16

2．数据选择器不能够做（　　）使用。

A．函数发生器　　B．多路数据开关

C．多路数据选择器　　D．数据比较器

3．不属于组合逻辑电路的器件是（　　）。

A．编码器　　B．译码器　　C．数据选择器　　D．计数器

4．分析组合逻辑电路时，不需要进行以下哪一步？（　　）

A．写出输出函数表达式　　B．判断逻辑功能

C．列真值表　　D．画逻辑电路图

5．一块数据选择器有3个选择输入（地址输入）端，则它的数据输入端有（　　）个。

A．3　　B．6　　C．8　　D．1

6．一片4位二进制译码器，它的输出函数最多可以有（　　）个。

A．1　　B．8　　C．10　　D．16

7．（　　）不是组合逻辑电路。

A．加法器　　B．触发器

C．数据选择器　　D．译码器

8．16位输入的二进制编码器，其输出端有（　　）位。

A．256　　B．128　　C．4　　D．3

9．一位全加器除完成半加器的功能外，还要考虑（　　）问题。

A．向高位进位　　B．低位向本位进位

C．向高位借位　　D．低位向本位借位

10．一位半加器与全加器功能相比，不需考虑（　　）问题。

A．向高位进位　　B．低位向本位进位

C．向高位借位　　D．低位向本位借位

三、综合分析题

1．写出图2-53所示电路的逻辑表达式，并说明电路实现哪种逻辑门的功能。

2．分析图2-54所示电路，写出输出函数F。

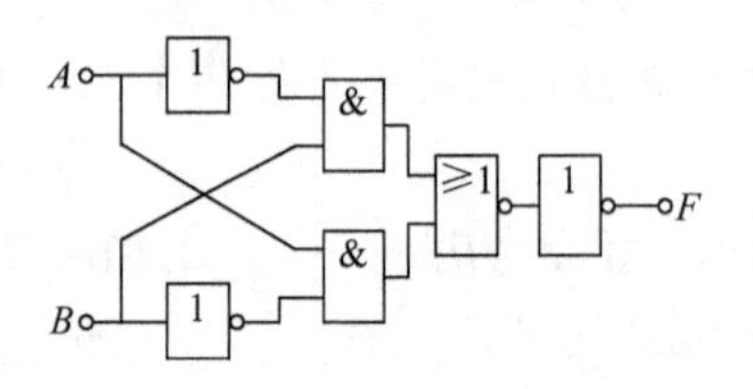

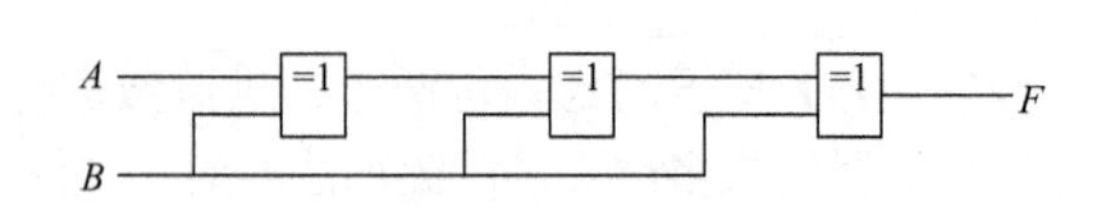

图 2-53　综合分析题 1 电路图　　　　图 2-54　综合分析题 2 电路图

3．已知图 2-55 所示电路及输入 A、B 的波形，试画出相应的输出 F 的波形，不计门的延迟。

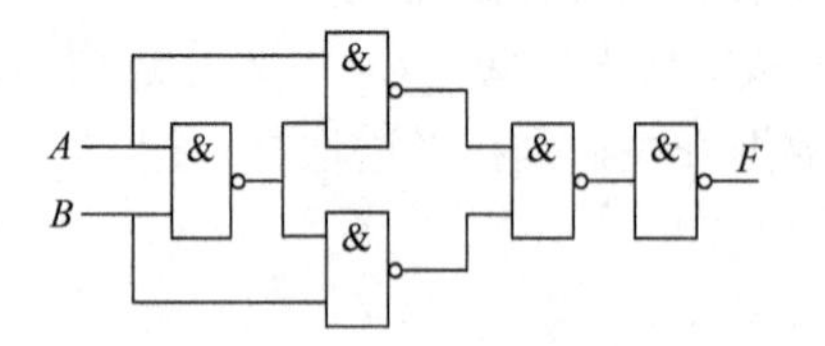

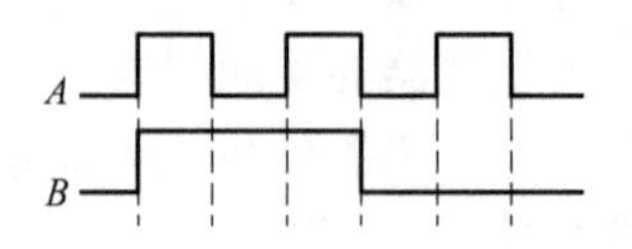

图 2-55　综合分析题 3 电路图

4．由与非门构成的某表决电路如图 2-56 所示。其中 A、B、C、D 表示 4 个人，L=1 时表示决议通过。

（1）试分析电路，说明决议通过的情况有几种。

（2）分析 A、B、C、D 四个人中，谁的权利最大。

5．试分析图 2-57 所示电路的逻辑功能。

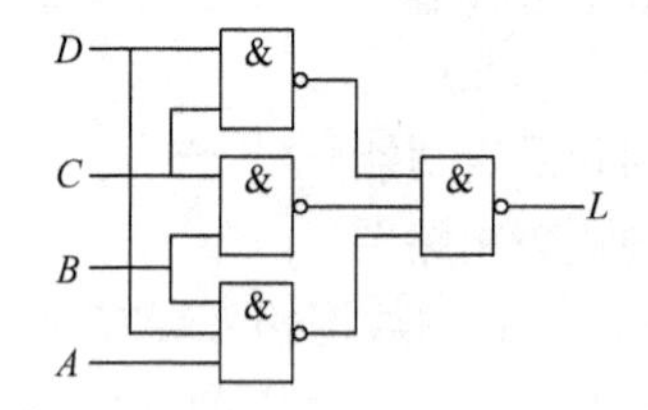

图 2-56　综合分析题 4 电路图　　　　图 2-57　综合分析题 5 电路图

6．设 $F(A,B,C,D)=\sum m(2,4,8,9,10,12,14)$，要求用最简单的方法，实现的电路最简单。

（1）用与非门实现。

（2）用或非门实现。

（3）用与或非门实现。

7．设计一个由 3 个输入端、1 个输出端组成的判奇电路，其逻辑功能为：当奇数个输入信号为高电平时，输出为高电平，否则为低电平。要求画出真值表和逻辑电路图。

8．用红、黄、绿三个指示灯表示三台设备的工作情况：绿灯亮表示全部正常；红灯亮表示有一台不正常；黄灯亮表示两台不正常；红、黄灯全亮表示三台都不正常。列出控制电路真值表，并选用合适的集成电路来实现。

9．试用 8 线-3 线优先编码器 74LS148 连成 32 线-5 线优先编码器。

10．试用 74LS138 译码器和最少的与非门实现以下逻辑函数。

（1）$F_1(A,B,C)=\sum m(0,2,6,7)$

（2）F_2（A,B,C）$=A\odot B\odot C$

11．用八选一数据选择器 74LS151 构成图 2-58 所示电路，写出功能表。

12．试用数据选择器 74LS151 实现以下逻辑函数。

（1）$F_1(A,B,C)=\sum m(1,2,4,7)$

（2）$F_2(A,B,C,D)=\sum m(1,5,6,7,9,11,12,13,14)$

（3）$F_3(A,B,C,D)=\sum m(0,2,3,5,6,7,8,9)+\sum d(10,11,12,13,14,15)$

13．4 位超前进位全加器 74LS283 组成图 2-59 所示电路，分析电路，说明在下述情况下电路输出 CO 和 $S_3S_2S_1S_0$ 的状态。

（1）K=0，$A_3A_2A_1A_0$=0101，$B_3B_2B_1B_0$=1001

（2）K=0，$A_3A_2A_1A_0$=0111，$B_3B_2B_1B_0$=1101

（3）K=1，$A_3A_2A_1A_0$=1011，$B_3B_2B_1B_0$=0110

（4）K=1，$A_3A_2A_1A_0$=0101，$B_3B_2B_1B_0$=1110

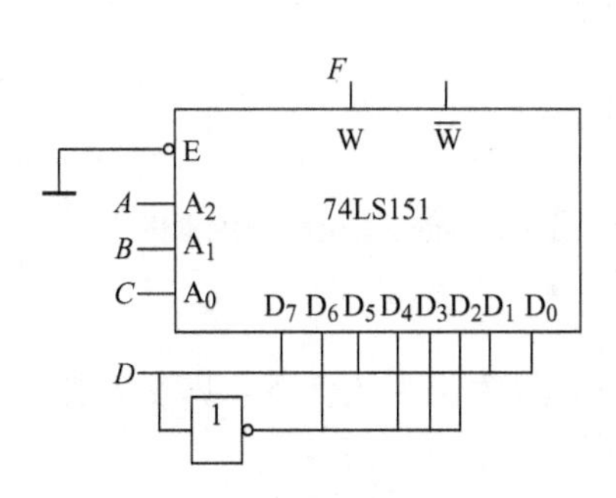

图 2-58　综合分析题 11 电路图

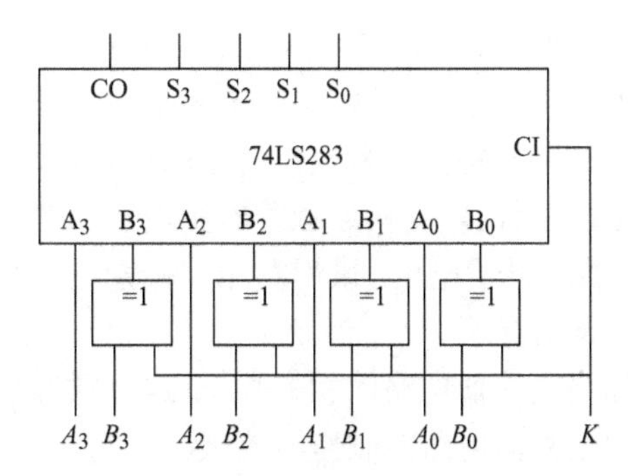

图 2-59　综合分析题 13 电路图

项目三　抢答器电路的分析与制作

项目描述

抢答器是娱乐活动中用得比较多的一种数字电路，功能强大。多数抢答器有抢答器计时、答题计时、抢答显示、复位等功能。本项目要求用门电路构成触发器，制作一个简单的三路抢答器电路。要求具有复位按钮，即必须有清零的功能；一旦抢答成功，其他按钮就无效，即具有锁存功能。

抢答器电路的系统框图如图 3-1 所示，系统主要由三部分构成：输入电路，采用按键实现三路抢答信号和复位信号的输入；控制电路，采用门电路构成触发器实现输入信号的控制；显示电路，采用发光二极管电路实现电路的显示。

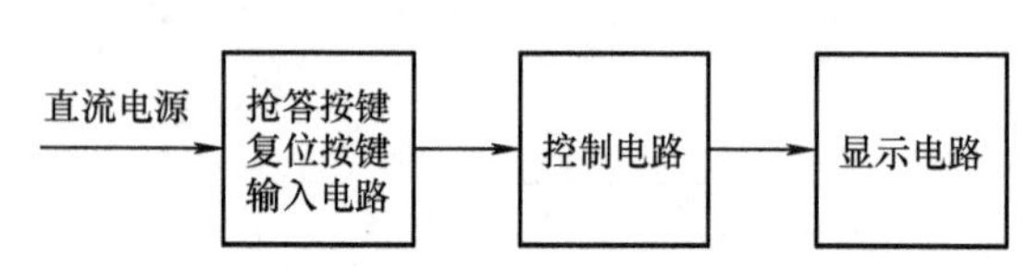

图 3-1　抢答器电路系统框图

围绕抢答器电路的相关知识点与技能点，本项目可分解为两个子任务，即触发器的功能测试和抢答器电路的制作与调试。

学习目标

【知识目标】

1）掌握时序逻辑电路与组合逻辑电路的区别。
2）掌握时序逻辑电路的表示方法。
3）熟练掌握 RS 触发器、JK 触发器、D 触发器等常用触发器的逻辑功能与应用。
4）熟练掌握不同类型触发器之间相互转换的方法。
5）熟练掌握时序图、状态图的应用与分析。

【技能目标】

1）掌握数字集成电路资料查询、识别、测试与选取方法。
2）掌握数字集成电路的测试、安装与检修。
3）能够对抢答器电路进行安装与调试。

任务一　触发器的功能测试

【任务导入】

数字电路中，在进行算术运算和逻辑运算后，通常需要存储运算结果或各种信号，触发器因具有记忆（存储）功能，可以用于电路的存储。

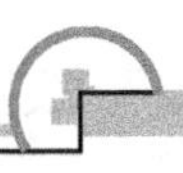

触发器（Flip-Flop，FF）具有记忆功能，是构成时序逻辑电路的基本单元电路，一个触发器只能存储一位二值信号。本任务主要介绍 RS 触发器、JK 触发器、D 触发器等常用触发器的基本结构及其应用。

【知识链接】

一、触发器概述

在数字系统中，不但要对数字信号进行算术运算和逻辑运算，还需要将运算结果保存起来，这就需要具有记忆功能的逻辑单元，我们把存储一位二进制数字信号的基本逻辑单元电路叫作触发器。

（一）触发器的特点

为实现记忆功能，触发器必须具备以下基本特点：

1）具有两个能自行保持的稳定状态，即 0 态和 1 态，无外触发时可以维持稳态。

2）在不同信号作用下，可以从一种稳定状态翻转到另一种稳定状态。当外加信号移除后，可以保持为翻转后的状态不变。

3）触发器有两个互补输出端 Q 和 $\overline{Q}$，输出的 1 态或者 0 态是针对 Q 而言的。

4）触发器的输出端 Q 有“现态”和“次态”两种状态。现态指触发器接收输入信号之前的状态，用 Q^n 表示；次态指触发器接收输入信号之后的状态，用 Q^{n+1} 表示。

（二）触发器的分类

触发器的种类繁多，常见的分类方法如下：

1）按照电路结构和工作特点的不同，触发器可分为基本触发器、同步触发器、主从触发器和边沿触发器等。

2）按照触发方式的不同，触发器可分为电平触发方式触发器、主从触发方式触发器和边沿触发方式触发器。触发器的触发方式和其内部电路结构有关，但同一功能的触发器不论采用何种触发方式，其逻辑功能完全一样。如 JK 触发器，不论是电平触发、主从触发还是边沿触发，其逻辑功能都一样，只是发生动作的时间点不一样。

3）按照在时钟脉冲控制下逻辑功能的不同，时钟触发器可分为 RS 触发器、JK 触发器、D 触发器、T 触发器和 T′ 触发器等。

4）按照电路使用的开关器件的不同，触发器可分为 TTL 型触发器和 CMOS 型触发器。

二、RS 触发器

（一）基本 RS 触发器

基本 RS 触发器是一种电路结构最简单的触发器，也称直接复位-置位（Reset-Set）触发器，它是构成各种复杂电路结构触发器的基础。通常，最常见的基本 RS 触发器由门电路组成，下面介绍由与非门构成的基本 RS 触发器。

1. 电路结构

基本 RS 触发器可以用两个与非门或两个或非门交错耦合构成。图 3-2a 是用两个与非门构成的基本 RS 触发器的电路结构，图 3-2b 为其逻辑符号。它具有两个互补的输出端 Q 和 $\overline{Q}$，一般用Q端的逻辑值来表示触发器的状态。当$Q=1$，$\overline{Q}=0$时，称触发器处于“1”状态；当$Q=0$，$\overline{Q}=1$时，称触发器处于“0”状态。

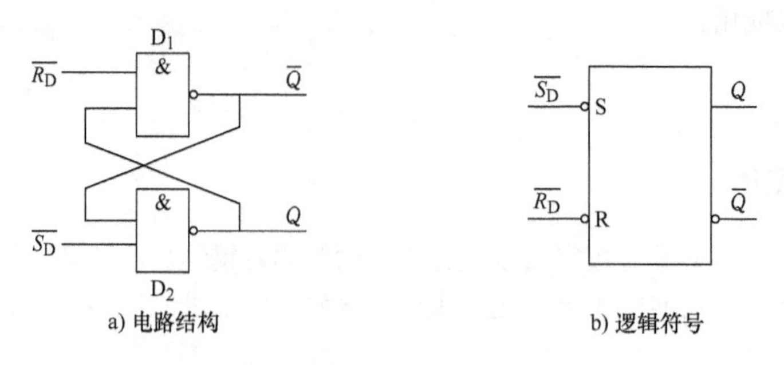

a) 电路结构　　b) 逻辑符号

图 3-2　与非门构成的基本 RS 触发器

图 3-2 中，$\overline{S_D}$、$\overline{R_D}$为触发器的两个输入端，$\overline{S_D}$称为置位（Set）端或置 1 端，$\overline{R_D}$称为复位（Reset）端或置 0 端。输入信号上的非号以及输入端的小圆圈，表示它们都是低电平有效的信号。

2．工作原理

与非门构成的基本 RS 触发器功能表见表 3-1。

表 3-1　基本 RS 触发器功能表

$\overline{R_D}$	$\overline{S_D}$	Q^n	Q^{n+1}	逻辑功能	$\overline{R_D}$	$\overline{S_D}$	Q^n	Q^{n+1}	逻辑功能
1	1	0	0	保持	1	0	0	1	置 1
		1	1				1	1	
0	1	0	0	置 0	0	0	0	1^*	不确定
		1	0				1	1^*	

注：*表示$\overline{R_D}$、$\overline{S_D}$同时由 0 跳变为 1 后，触发器状态不确定。

从表中可以看出：

1）当$\overline{R_D}=0$，$\overline{S_D}=1$时，无论Q^n为何种状态，$Q^{n+1}=0$，触发器置 0，因此$\overline{R_D}$称为复位端。

2）当$\overline{R_D}=1$，$\overline{S_D}=0$时，无论Q^n为何种状态，$Q^{n+1}=1$，触发器置 1，因此$\overline{S_D}$称为置位端。

3）当$\overline{R_D}=1$，$\overline{S_D}=1$时，触发器保持原来的状态不变，即原来状态被存储起来，体现了触发器的记忆作用。

4）当$\overline{R_D}=0$，$\overline{S_D}=0$时，Q^{n+1}和$\overline{Q^{n+1}}$均为 1，破坏了触发器的互补输出关系，是不定状态，应避免出现。

3．功能描述

对触发器功能进行描述的方式有除了真值表外，还有特征方程、状态转换图、波形图。

（1）**特征方程**　描述触发器逻辑功能的函数表达式称为特征方程（Characteristic Equation）或状态方程（State Equation）。基本 RS 触发器的特征方程为

$$\begin{cases} Q^{n+1}=\overline{\overline{S_D}}+\overline{R_D}Q^n \\ \overline{R_D}+\overline{S_D}=1\text{（约束条件）} \end{cases}$$

约束条件规定了 $\overline{R_D}$ 和 $\overline{S_D}$ 不能同时为 0。

（2）**状态转换图**　每个触发器只能存储一位二进制代码，所以其输出有 0 和 1 两个状态。状态转换图是以图形的方式来描述触发器状态转换规律的，如图 3-3 所示。图中，圆圈表示状态的个数，箭头表示状态转换的方向，箭头线上标注的触发信号取值表示触发器状态转换的条件。

（3）**波形图**　波形图又称时序图，它反映了触发器的输出状态在输入信号作用下随时间变化的规律，是实验中可观察到的波形。图 3-4 为基本 RS 触发器的波形图，图中虚线部分表示状态不确定。

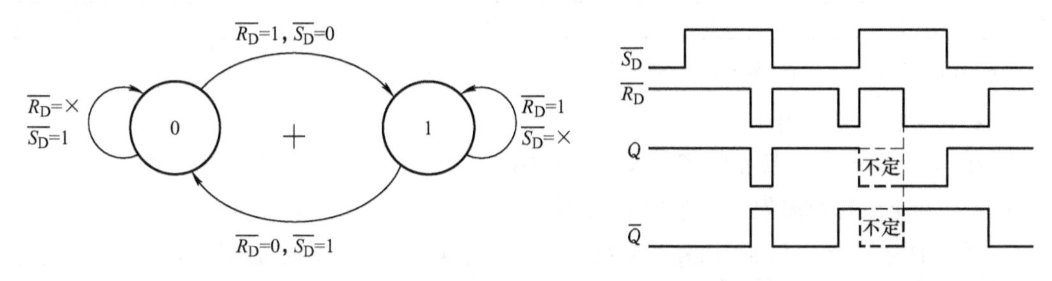

图 3-3　基本 RS 触发器状态转换图　　　图 3-4　基本 RS 触发器波形图

画波形图时，对应一个时刻，该时刻以前称为 Q^n，该时刻以后则称为 Q^{n+1}，故波形图上只标注 Q 与 $\overline{Q}$，因其有不定状态，则 Q 与 $\overline{Q}$ 要同时画出。画图时应根据功能表来确定各个时间段 Q 与 $\overline{Q}$ 的状态。

（二）同步 RS 触发器

在数字系统中，常常要求某些触发器按一定节拍同步动作，以取得系统的协调。为此，产生了由时钟信号 *CP* 控制的触发器（也称为钟控触发器），这种触发器的输出在 *CP* 信号有效时才根据输入信号改变状态，故称为同步触发器。常用的同步触发器有 RS、JK、D、T 等触发器，下面介绍同步 RS 触发器。

1. 电路结构

同步 RS 触发器是构成各种同步触发器的基础，其电路结构和逻辑符号如图 3-5 所示。其中，与非门 D_1、D_2 构成基本 RS 触发器，D_3、D_4 构成输入控制电路。

图中 *CP* 是时钟脉冲信号，它是一个等间隔、波形较窄的矩形脉冲，用来实现对输入端 *R* 和 *S* 的控制。

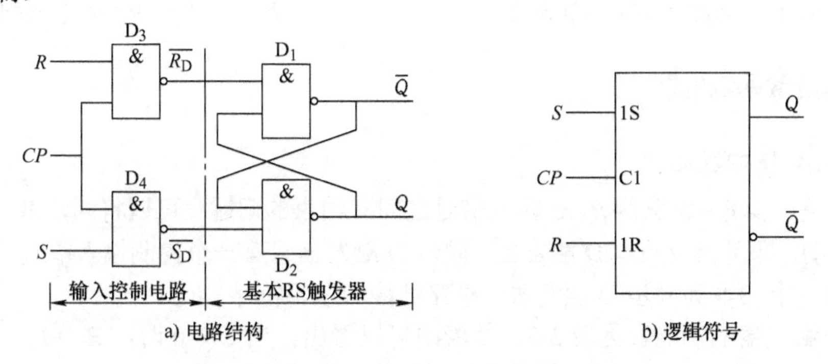

图 3-5　同步 RS 触发器的电路结构和逻辑符号

2．工作原理

同步 RS 触发器的功能表见表 3-2。

表 3-2　同步 RS 触发器功能表

CP	R	S	Q^n	Q^{n+1}	逻辑功能	CP	R	S	Q^n	Q^{n+1}	逻辑功能
0	×	×	0	0	保持	1	1	0	1	0	置 0
0	×	×	1	1	保持	1	0	1	0	1	置 1
1	0	0	0	0	保持	1	0	1	1	1	置 1
1	0	0	1	1	保持	1	1	1	0	1*	不确定
1	1	0	0	0	置 0	1	1	1	1	1*	不确定

注：*表示 CP 回到低电平后，触发器的状态不确定。

从表中我们可以看出：

1）在 CP=0 期间，与非门 D_3、D_4 被封锁，$\overline{R_D}=1$，$\overline{S_D}=1$，因此，无论输入信号 R、S 如何变化，都不会影响触发器的输出 Q 和 $\overline{Q}$，即触发器的状态保持不变。

2）在 CP=1 期间，与非门 D_3、D_4 打开，输入信号 R、S 反相后加到由 D_1、D_2 构成的基本 RS 触发器上，使 Q 和 $\overline{Q}$ 的输出状态随输入信号 R、S 而变化。

3．功能描述

（1）**特征方程**　根据功能表，可求出同步 RS 触发器的特征方程为

$$\begin{cases} Q^{n+1}=S+\overline{R}Q^n \\ R\cdot S=0（约束条件） \end{cases}$$

约束条件规定 R 和 S 至少有一个为 0。

（2）**状态转换图**　同步 RS 触发器的状态转换图如图 3-6 所示。

（3）**波形图**　同步 RS 触发器的波形图如图 3-7 所示。

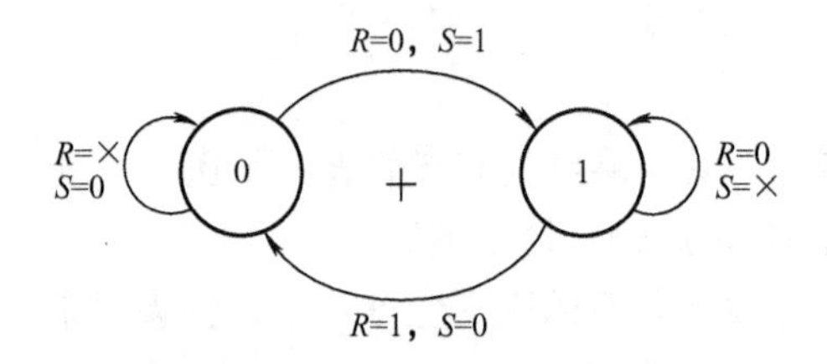

图 3-6　同步 RS 触发器状态转换图

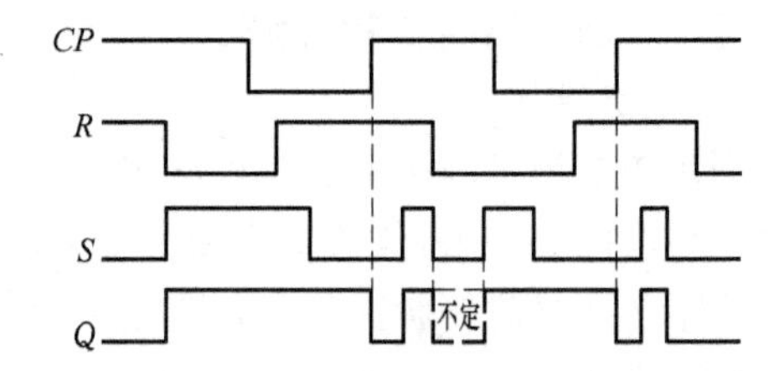

图 3-7　同步 RS 触发器波形图

三、其他常见触发器

（一）同步 D 触发器

为了解决同步 RS 触发器 R、S 输入信号之间有约束的问题，可以将同步 RS 触发器的输入端稍作改动，即可构成同步 D 触发器。同步 D 触发器只有一个控制输入端 D，另有一个时钟输入端 CP。图 3-8 为同步 D 触发器的电路结构和逻辑符号。

同步 D 触发器的功能表见表 3-3。从表中可以看出，当 CP=0 时，$\overline{R_D}=1$，$\overline{S_D}=1$，触发器状态维持不变；当 CP=1 时，触发器的输出随输入端 D 的状态变化。

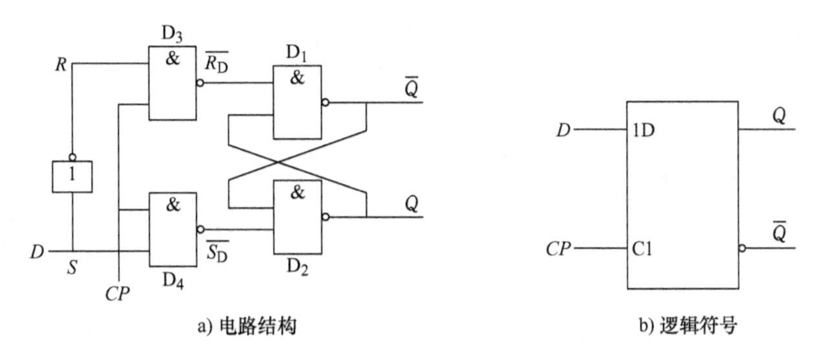

图 3-8　同步 D 触发器电路结构和逻辑符号

CP=1 时，将 *S*=*D*、*R*=$\overline{D}$ 代入同步 RS 触发器的特性方程中，可得到同步 *D* 触发器的特征方程为

$$Q^{n+1}=D$$

同步 D 触发器的状态转换图如图 3-9 所示。

表 3-3　同步 D 触发器功能表

CP	*D*	Q^n	Q^{n+1}	逻辑功能
0	×	0 1	0 1	保持
1	0	0 1	0 0	置 0
	1	0 1	1 1	置 1

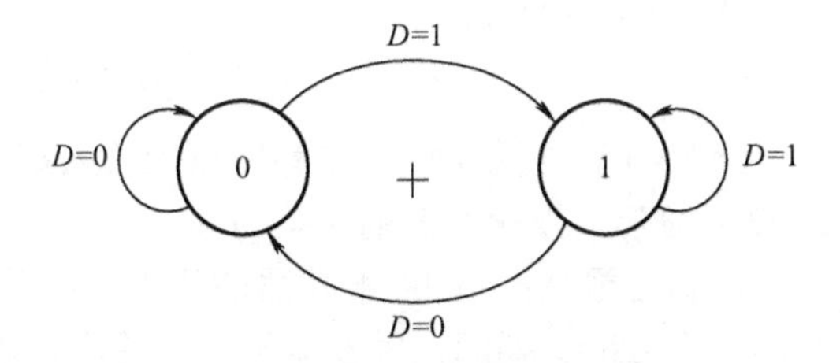

图 3-9　同步 D 触发器状态转换图

同步 D 触发器在时钟信号的作用下，其次态 Q^{n+1} 始终和输入信号同步 D 保持一致，因此，常把它称为数据锁存器或延迟触发器。由于同步 D 触发器功能和结构简单，具有很强的抗干扰能力，因此，它在数字电路中应用广泛，常用来接收数码或移位。

（二）同步 JK 触发器

JK 触发器也是从 RS 触发器演变而来的，是针对 RS 触发器逻辑功能不完善的另一种改进。它有两个控制输入端 *J* 和 *K*，同步 JK 触发器的电路结构和逻辑符号如图 3-10 所示，它是在同步 RS 触发器的基础上，增加两根从输出端 *Q*、$\overline{Q}$ 到 D_3、D_4 输入端的反馈线，并将 *S* 和 *R* 分别用 *J* 和 *K* 表示后得到的。

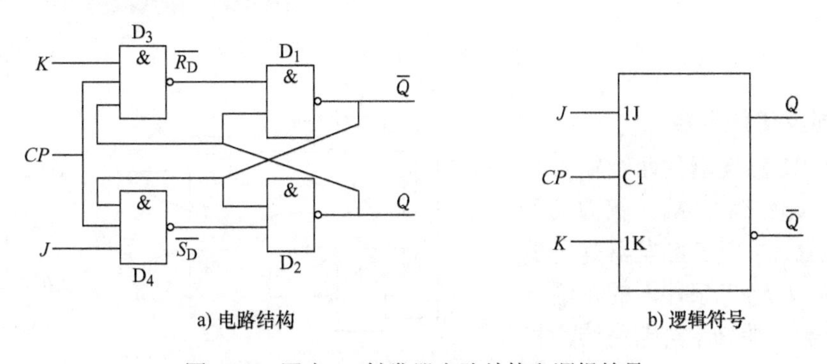

图 3-10　同步 JK 触发器电路结构和逻辑符号

同步 JK 触发器的功能表见表 3-4，状态转换图如图 3-11 所示。

表 3-4　同步 JK 触发器功能表

CP	J	K	Q^{n+1}	功能
1	0	0	Q^n	保持
1	0	1	0	置 0
1	1	0	1	置 1
1	1	1	$\overline{Q^n}$	翻转（计数）

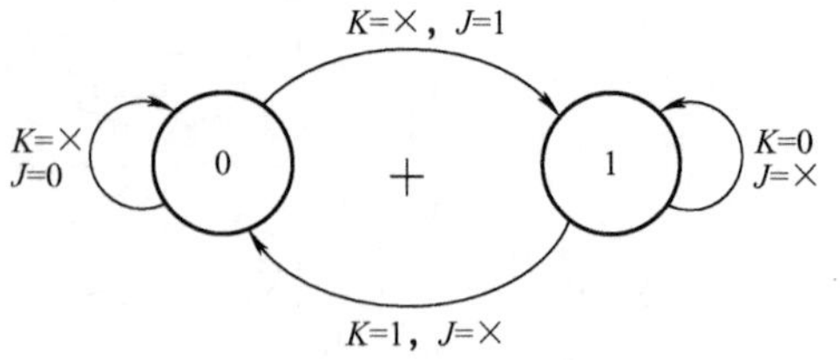

K=×，J=1
K=×
J=0
0
+
1
K=0
J=×
K=1，J=×

图 3-11　JK 触发器的状态转换图

由表 3-4 可知，同步 JK 触发器除具有与同步 RS 触发器相同的功能外，还取消了对输入信号的约束条件。当 J=K=1 时，触发器状态翻转，即 $Q^{n+1}=\overline{Q^n}$。因此，它解决了 RS 触发器次态不确定的问题。触发器状态翻转的次数与 CP 脉冲输入的个数相等，以翻转的次数记录 CP 的个数。

JK 触发器的特征方程为

$$Q^{n+1}=J\overline{Q^n}+\overline{KQ^n}\cdot Q^n=J\overline{Q^n}+\overline{K}Q^n$$

【例 3-1】 已知同步 JK 触发器的输入端 J、K 和 CP 的波形如图 3-12 所示，试画出输出端 Q 的波形。设触发器的初态为 0。

【解】 根据同步 JK 触发器的状态转换图可分段画出输出端 Q 的波形，如图 3-12 所示。在第二个 CP=1 期间，触发器发生了两次状态改变，即出现了空翻；在第三个 CP=1 期间，由于 J、K 始终为 1，$Q^{n+1}=\overline{Q^n}$，因此，触发器出现了连续翻转。

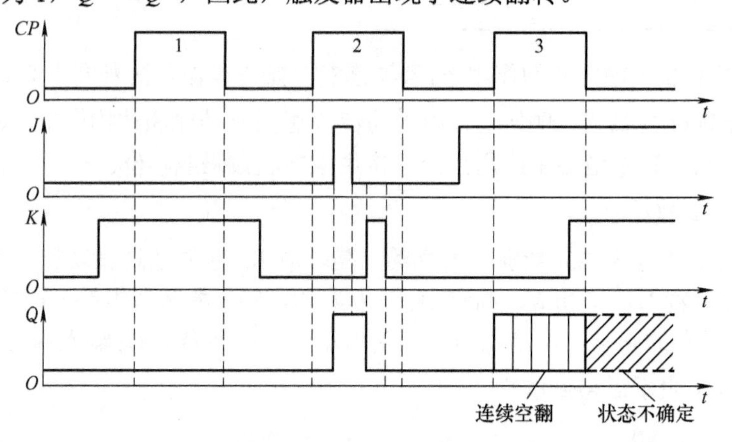

图 3-12　例 3-1 波形图

（三）同步 T 触发器

将同步 JK 触发器的两个输入端 J、K 连在一起作为 T 端，就构成了同步 T 触发器。同步 T 触发器是同步 JK 触发器在 J=K=T 条件下的特例，它只有一个输入端 T，其电路结构和逻辑符号如图 3-13 所示。

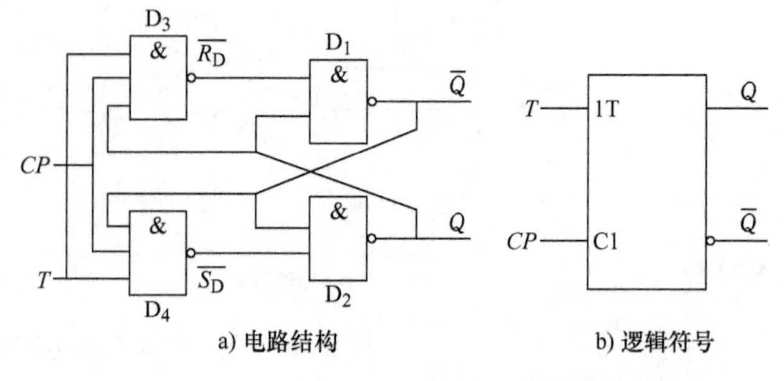

a) 电路结构　　b) 逻辑符号

图 3-13　同步 T 触发器的电路结构和逻辑符号

在同步 JK 触发器的基础上得到同步 T 触发器的功能表和状态转换图分别如表 3-5 所示和图 3-14 所示。

表 3-5　同步 T 触发器功能表

T	Q^{n+1}
0	Q^n
1	$\overline{Q^n}$

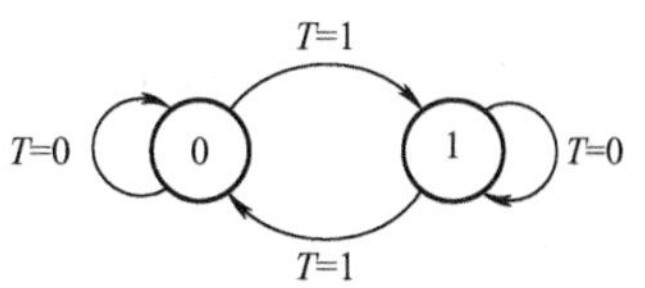

图 3-14　同步 T 触发器状态转换图

同步 T 触发器的特征方程为

$$Q^{n+1} = J\overline{Q^n} + \overline{K}Q^n = T\overline{Q^n} + \overline{T}Q^n = T \oplus Q$$

四、触发器的触发方式

触发方式是指触发器的翻转时刻与时钟脉冲的关系。触发器的触发方式分为三种：电平触发、主从触发和边沿触发。触发器的触发方式和其内部电路结构有关，但同一功能的触发器不论采用何种触发方式，其逻辑功能完全一样。如 JK 触发器，不论是电平触发、边沿触发还是主从触发，其逻辑功能都具有保持、置 0、置 1 及计数功能。

（一）电平触发方式

电平触发方式是指只要 CP 在规定的电平下，触发器就能翻转。如果只在 CP=1 期间动作，则称为正电平触发；反之如果只在 CP=0 期间动作，则称为负电平触发。同步触发器是由时钟脉冲控制的，属于电平触发方式。在时钟脉冲有效电平期间，触发器的状态随着输入信号的变化而改变。

两种电平触发方式的 D 触发器逻辑符号如图 3-15 所示。可以看出，若触发器的 CP 输入端未画“o”，则属于正电平触发；若画有“o”，则属于负电平触发。

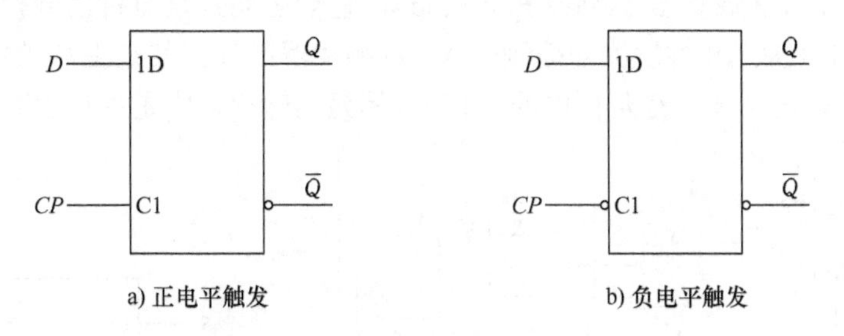

图 3-15　两种电平触发方式的 D 触发器逻辑符号

【例 3-2】 已知 D 触发器的输入端 D 和 CP 的波形如图 3-16 所示，分别画出正电平触发和负电平触发时，输出端 Q 的波形。

【解】 图 3-16a 为正电平触发方式下输出端的波形，也就是在 CP=1 期间，D 触发器动作，在 CP=0 期间，D 触发器不动作，也就是处于保持状态；图 3-16b 为负电平触发方式下输出端的波形，也就是在 CP=0 期间，D 触发器动作，在 CP=1 期间，D 触发器不动作，处于保持状态。

电平触发的触发器存在一定的问题，在时钟脉冲有效期间，若输入信号发生变化，触发器的状态也随之发生改变。如果输入信号多次发生变化，可能引起输出端状态翻转两次或两次以上，时钟失去控制作用，这种现象称为“空翻”，“空翻”是一种有害现象。为了保证触发器可靠地工作，防止出现空翻现象，必须限制输入信号在 *CP* 有效期间保持不变。

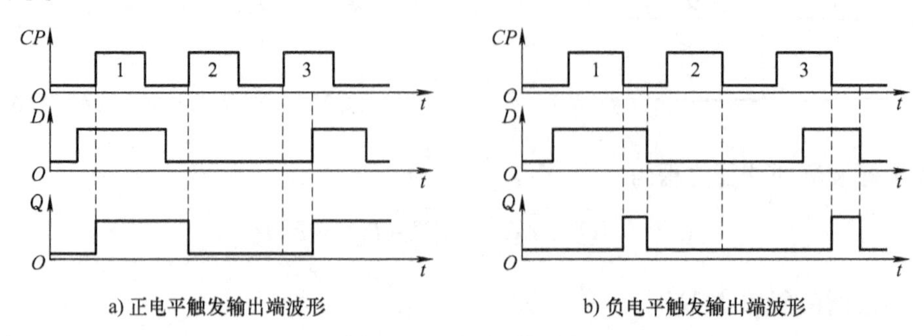

图 3-16　例 3-2 波形图

（二）主从触发方式

主从触发方式是主从结构的触发器特有的触发方式，在时钟脉冲的上升沿接收输入信号，下降沿时触发器状态翻转。因此，在一个时钟信号的作用下，触发器的输出状态只会发生一次改变，从而避免了“空翻”现象。

主从触发方式涉及上升沿与下降沿的概念，把 *CP* 由“0”变“1”的时刻，称为时钟信号上升沿，用符号“↑”表示，把 *CP* 由“1”变“0”的时刻，称为时钟信号下降沿，用符号“↓”表示。

1．主从 RS 触发器

主从 RS 触发器的电路结构和逻辑符号如图 3-17 所示，它由两个结构相同的同步 RS 触发器级联（Cascade）构成。图中，D_5～D_8 组成的触发器称为主触发器（Master Flip-Flop），D_1～D_4 组成的触发器称为从触发器（Slave Flip-Flop），它们之间只是时钟信号相位相反，其中主触发器的输入就是主从 RS 触发器的控制输入，从触发器的输出就是主从触发器的对外输出。图 3-17b 所示的逻辑符号中，矩形框内的“┐”表示延迟输出，它是主从触发器的特有符号。

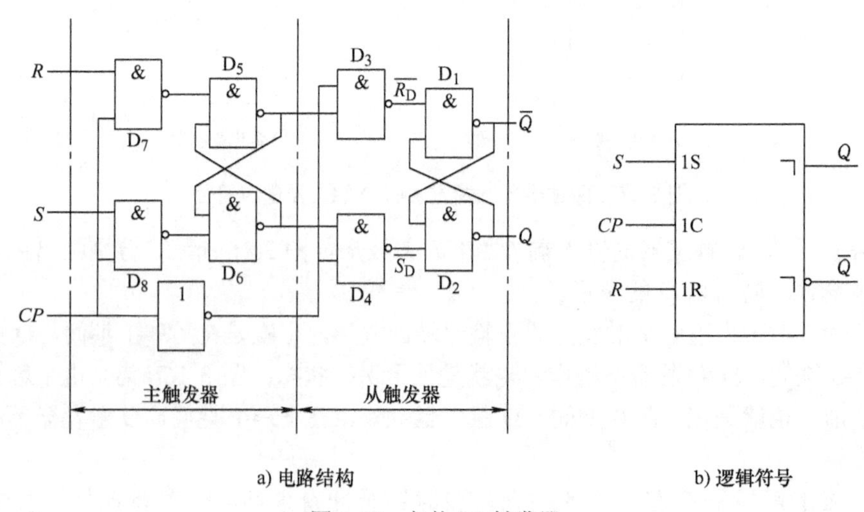

图 3-17　主从 RS 触发器

主从 RS 触发器的特点：

1）CP=1 期间，主触发器接收控制输入信号，从触发器被封锁（状态不改变）。

2）CP 由“1”变“0”时，从触发器被打开，主触发器状态传给从触发器，触发器动作发生。

3）CP=0 期间，主触发器被封死，触发器状态保持。

【例 3-3】 根据 CP 脉冲和输入波形，画出主从 RS 触发器输出端 Q 的状态波形。设初始状态 Q=0。

【解】 根据主从触发方式的特点，CP=1 时，输入信号进入，但状态不改变，直到 CP 下降沿时刻，状态随之前的输入信号改变。CP=0 时，状态保持。输出端波形如图 3-18 所示。

2．其他主从触发器

其他常见的主从触发方式触发器有主从 JK 触发器、主从 D 触发器，它们的逻辑符号如图 3-19 所示。

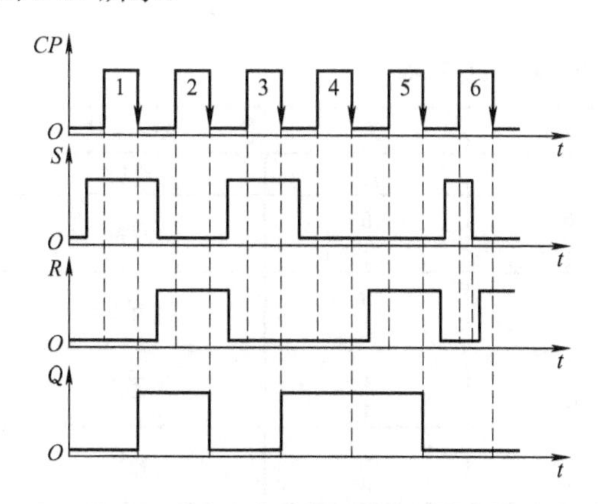

图 3-18　主从 RS 触发器输出端波形

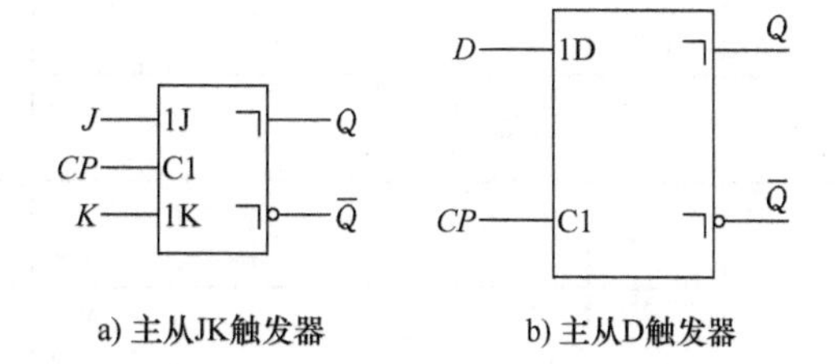

图 3-19　主从触发的触发器逻辑符号

（三）边沿触发方式

所谓边沿触发方式，是指仅在 CP 脉冲的上升沿或下降沿到来时，触发器才能接收输入信号，触发并完成状态转换，而在 CP=0 和 CP=1 期间，触发器状态均保持不变，因而降低了对输入信号的要求，具有很强的抗干扰能力。常用的边沿触发型集成触发器产品很多，如双 JK 边沿触发器 CT3112/411 2、CT2108、CT3114/4114、CT1109/4109、74LS112 等，均为下降沿触发；单 JK 边沿触发器 CT2101/2102 为下降沿触发，CT1070 为上升沿触发;双 D 边沿触发器 74LS74 为上升沿触发。

图 3-20 为下降沿触发的 JK 触发器电路结构图、逻辑符号和多输入控制触发器逻辑符号，表 3-6 为其功能表。

边沿触发器的时钟输入端均有动态符号“>”。当 CP 输入端加有小圈时，如图 3-21b、d 所示，表示当 CP 下降沿到来时触发器状态发生变化；当 CP 输入端没有小圈时，如图 3-21a、c 所示，表示当 CP 上升沿到来时触发器状态发生变化。各符号中的 $\overline{R_D}$ 、$\overline{S_D}$ 均为异步直接置 0、置 1 输入端，加低电平时即可将触发器置 0 或置 1，而不受时钟信号控制。触发器在时钟信号的控制下正常工作时，应使 $\overline{R_D}$ 、$\overline{S_D}$ 均为高电平。输入控制端可由多个输入信号相与而成，如图 3-21a 中 $J=J_1J_2J_3$，$K=K_1K_2K_3$；图 3-21b 中 $D=D_1D_2D_3$。

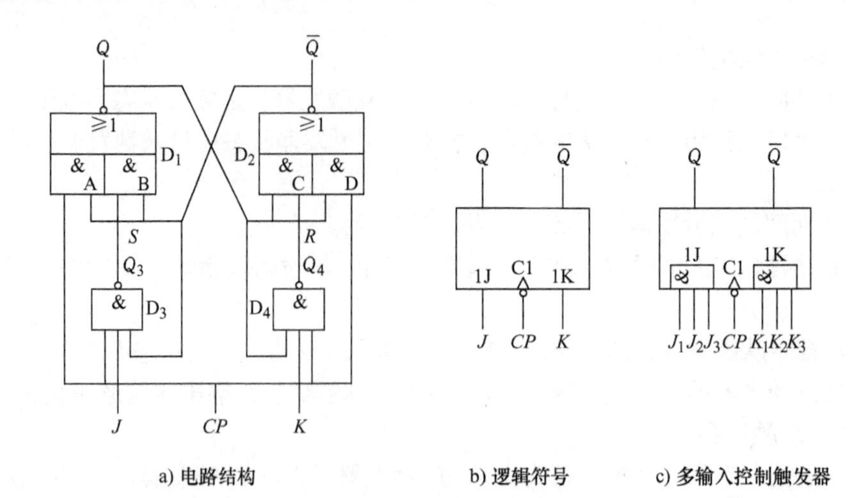

a) 电路结构　　b) 逻辑符号　　c) 多输入控制触发器

图 3-20　下降沿触发的 JK 触发器

表 3-6　下降沿触发的 JK 触发器功能表

CP	J	K	Q^n	Q^{n+1}	逻辑功能
×	×	×	×	Q^n	保持
↓	0	0	0	0	保持
↓	0	0	1	1	
↓	0	1	0	0	置 0
↓	0	1	1	0	
↓	1	0	0	1	置 1
↓	1	0	1	1	
↓	1	1	0	1	翻转
↓	1	1	1	0	

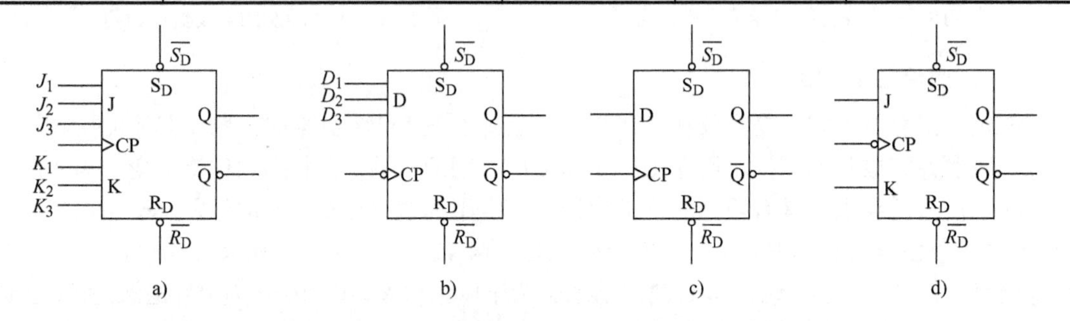

图 3-21　边沿触发器的常用逻辑符号

【例 3-4】 已知上升沿触发的 D 触发器输入端与 CP 脉冲波形如图 3-22 所示，画出输出端 Q 的状态波形。设初始状态 Q=0。

【解】 上升沿触发方式的 D 触发器，只有 CP 上升沿到来时，触发器才动作，触发器的输出波形如图 3-22 所示。

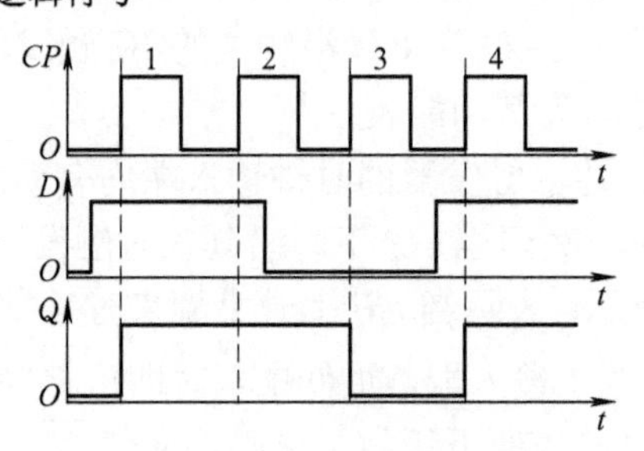

图 3-22　例 3-4 波形图

【任务实施】

一、任务目的

1）熟悉基本RS触发器、D触发器、JK触发器、门控制锁存器的逻辑功能与特点。

2）熟悉触发器相互转换的方法。

3）熟悉用双踪示波器观测多个波形的方法。

二、仪器及元器件

1）直流稳压电源1台、双踪示波器1台、数字万用电表1块。

2）本任务所需元器件见表3-7。

表3-7　元器件清单

序号	名称	型号与规格	封装	数量	单位
1	2输入与非门	74LS00	直插	1	个
2	3输入与非门	74LS10	直插	1	个
3	D触发器	74LS74	直插	1	个
4	JK触发器	74LS112	直插	1	个

三、内容及步骤

1．基本RS触发器

按图3-23连线接成基本RS触发器，$\overline{R}$、$\overline{S}$为输入信号，接实验台的拨码开关，输出Q和$\overline{Q}$分别接发光二极管，改变输入端的状态，观察输出端的状态，并填写表3-8。

表3-8　基本RS触发器逻辑功能验证

$\overline{R}$	$\overline{S}$	Q	$\overline{Q}$
0	0		
0	1		
1	0		
1	1		

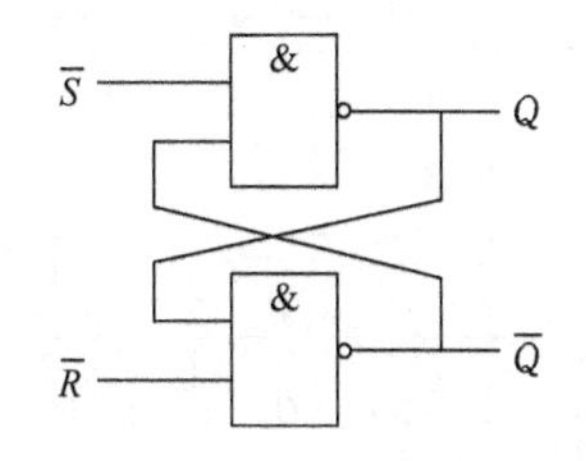

图3-23　基本RS触发器接线图

2．D触发器

1）验证D触发器逻辑功能。双D边沿触发器集成芯片74LS74引脚图如图3-24所示，将双D边沿触发器74LS74中的一个触发器的$\overline{R_D}$、$\overline{S_D}$和D输入端分别接逻辑开关，CP端接单次脉冲，输出端Q和$\overline{Q}$分别接发光二极管，根据输出端状态，填写表3-9。

2）观察D触发器的计数状态。将D触发器的$\overline{R_D}$、$\overline{S_D}$端接高电平，$\overline{Q}$端与D端相连，这时D触发器处于计数状态,在CP端加入1kHz连续脉冲，用示波器双踪观察并记录CP、Q端的波形并记录在表3-10中，注意Q及CP端的频率关系和触发器翻转时间。

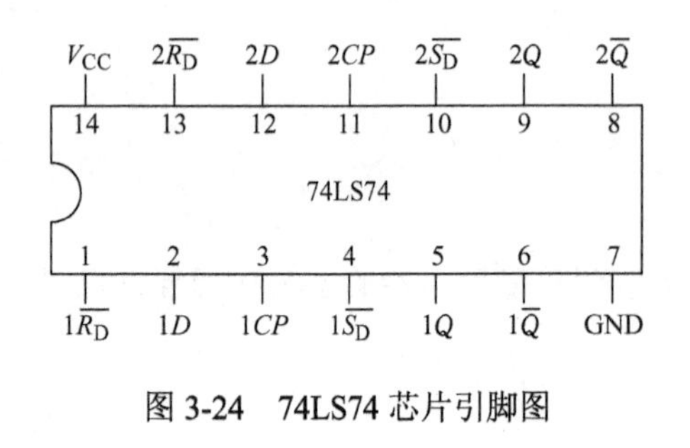

图 3-24　74LS74 芯片引脚图

表 3-9　D 触发器逻辑功能验证

输入				输出	
$\overline{S_D}$	$\overline{R_D}$	CP	D	Q	$\overline{Q}$
0	1	×	×		
1	0	×	×		
1	1	↑	1		
1	1	↑	0		

表 3-10　D 触发器的计数状态

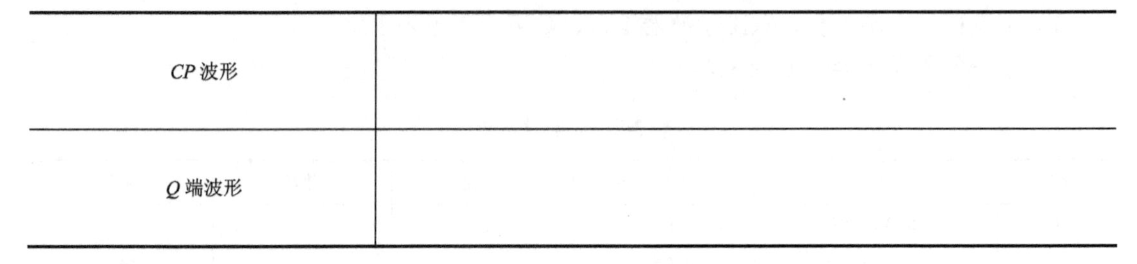

CP 波形	
Q 端波形	

3．JK 触发器

1）验证 JK 触发器的逻辑功能。双 JK 触发器 74LS112 的引脚图如图 3-25 所示，将双 JK 触发器 74LS112 中的一个触发器的 $\overline{R_D}$、$\overline{Q}$、$\overline{S_D}$、J、K 输入端分别接实验台的逻辑开关，CP 端接单次脉冲，Q、$\overline{Q}$ 端接发光二极管，观察输出并填表 3-11。

图 3-25　74LS112 芯片引脚图

表 3-11　JK 触发器的逻辑功能验证

$\overline{S_D}$	$\overline{R_D}$	CP	J	K	Q^n	Q^{n+1}
0	1	×	×	×	×	
1	0	×	×	×	×	
1	1	↓	0	0	0	
1	1	↓	0	0	1	
1	1	↓	0	1	0	
1	1	↓	0	1	1	
1	1	↓	1	0	0	
1	1	↓	1	0	1	
1	1	↓	1	1	0	
1	1	↓	1	1	1	

2）观察 JK 触发器的计数状态。将 JK 触发器的 $\overline{R_D}$、$\overline{S_D}$ 和 J、K 输入端都接高电平，这时触发器工作于计数状态，CP 端加入频率为 1kHz 的连续脉冲，用示波器双踪观察输出 CP 和 Q 端的波形并记录在表 3-12 中。观察 Q 与 CP 之间频率关系、触发器的状态和翻转的时间。

表 3-12　JK 触发器的计数状态

CP 波形	
Q 端波形	

四、思考题

1）用与非门构成的基本 RS 触发器的约束条件是什么？

2）如果采用或非门构成基本 RS 触发器，其约束条件是什么？

【任务评价】

1）分组汇报时序逻辑电路基础知识的学习情况以及 RS 触发器、JK 触发器、D 触发器等常见触发器的表征方法，通电演示电路功能，并回答相关问题。

2）填写任务评价表，见表 3-13。

表 3-13　任务评价表

评价标准		学生自评	小组互评	教师评价	分值
知识目标	掌握组合逻辑电路与时序逻辑电路区别与特点				
	掌握 RS 触发器的逻辑符号、特征方程、功能表和状态转换图等				
	掌握 JK 触发器的逻辑符号、特征方程、功能表和状态转换图等				
	掌握 D 触发器的逻辑符号、特征方程、功能表和状态转换图等				
	掌握电平触发、主从触发、边沿触发等常见触发方式的定义与特点				
技能目标	掌握 RS 触发器功能测试与应用方法				
	掌握 JK 触发器功能测试与应用方法				
	掌握 D 触发器功能测试与应用方法				
	安全用电、遵守规章制度				
	按企业要求进行现场管理				

【任务总结】

1）触发器与门电路是构成数字系统的基本逻辑单元。前者具有记忆功能，用于构成时序逻辑电路；后者不具有记忆功能，用于构成组合逻辑电路。

2）触发器两个基本特性：在外信号有效时，两个状态可以相互转换；在外信号无效时，触发器的状态保持不变，因此说触发器具有记忆功能。触发器常用来存储二进制信息，一个触发器只能存储一位二进制信息。

3）触发器根据结构不同，可分为基本触发器、钟控触发器（电平触发）、主从触发器（脉冲触发）、边沿触发器（边沿触发）。触发器根据功能不同，可分为 RS 触发器、JK 触发器、D 触发器、T 触发器等。

任务二　抢答器电路的制作与调试

【任务导入】

抢答器是为智力竞赛参赛者答题时进行抢答而设计的一种优先判决器电路，竞赛者为若干组，抢答时各组要对主持人提出的问题在最短的时间内做出判断，并按下抢答按钮回答问题。当第一个人按下按钮后，则相应的发光二极管被点亮，同时电路将其他各组按钮封锁，使其不起作用。回答完问题后，由主持人按下复位键，重新开始下一轮抢答。

【知识链接】

一、抢答器电路的工作原理

（一）工作原理

某企业承接了一批 3 路抢答器的组装与调试任务，请按照相应的企业生成标准完成该产品的组装与调试，实现该产品的基本功能，满足相应的技术指标，并正确填写相关测试数据。电路原理图如图 3-26 所示。

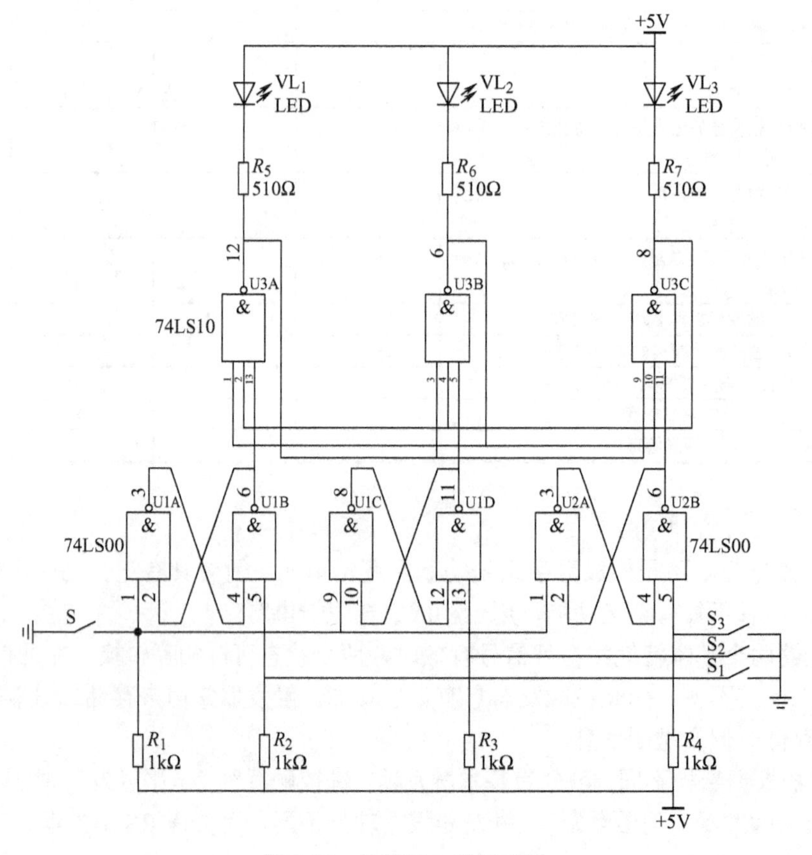

图 3-26　抢答器电路原理图

（二）电路分析

1）开关 S 为总清零及允许抢答控制开关（可由主持人控制）。当开关 S 被按下时抢答电路清零，松开后则允许抢答。由抢答按钮 S_1～S_3 实现抢答信号的输入。

2）有抢答信号输入（开关 S_1～S_3 中的任何一个开关被按下）时，与之对应的指示灯被点亮。此时再按其他任何一个抢答开关均无效，指示灯仍“保持”第一个开关按下时所对应的状态不变。

二、电路元器件参数及功能

（一）元器件清单

元器件清单见表 3-14。

表 3-14　元器件清单

序号	名称	型号与规格	封装	数量	单位
1	电阻	1kΩ，1/4W	色环直插	4	个
2	电阻	510Ω，1/4W	色环直插	3	个
3	开关	拨动开关	直插	4	个
4	集成电路	74LS00	直插	2	个
5	集成电路	74LS10	直插	1	个
6	发光二极管	红	直插	3	个

（二）元器件介绍

用以实现基本逻辑运算和复合逻辑运算的单元电路称为门电路。常用的门电路有与门、或门、非门、与非门、或非门、与或非门、异或门等几种。门电路可以用分立元器件组成，也可以采用半导体技术做成集成电路，但实际应用的大都是集成电路，目前使用最多的是 CMOS 门电路和 TTL 集成门电路。

TTL 集成门电路对电源电压有严格的要求。其中，54 系列的电源电压应满足 5V×(1±10%)的要求，74 系列的电源电压应满足 5V×(1±5%)的要求，且电源的正极和地线不可接错。本任务所用的集成门电路芯片的引脚排列和功能表如图 3-27 和图 3-28 所示。

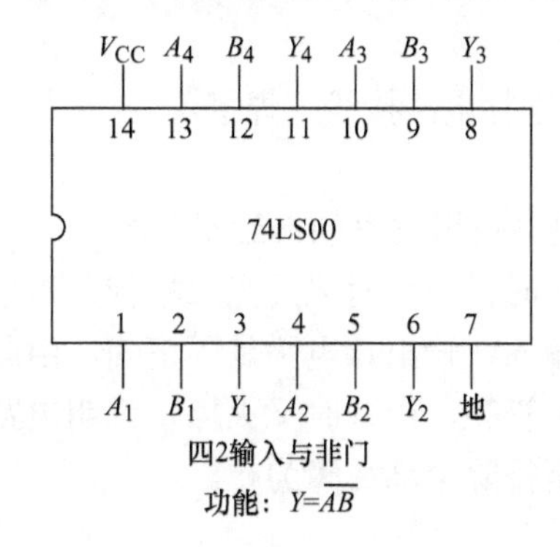

74LS00功能表

输入		输出
A	*B*	*Y*
0	0	1
0	1	1
1	0	1
1	1	0

图 3-27　74LS00 引脚排列与功能表

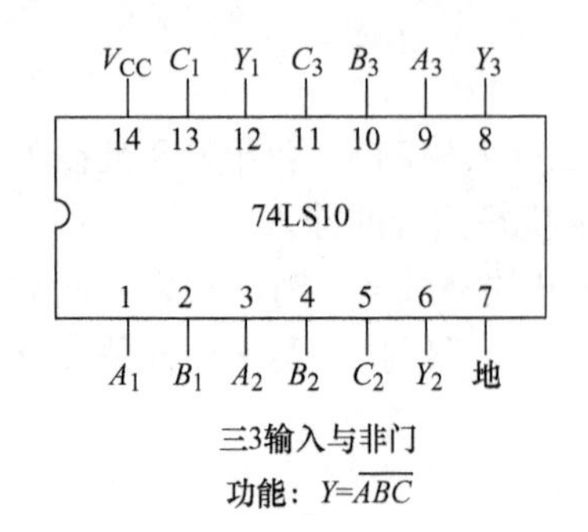

74LS10功能表

输入			输出
A	*B*	*C*	*Y*
×	×	0	1
×	0	×	1
0	×	×	1
1	1	1	0

"×"为任意电平，即高电平或者低电平

图 3-28 74LS10 引脚排列与功能表

【任务实施】

一、任务目的

1）熟悉数字电路结构及抢答器电路的工作原理。
2）熟练使用常用电子仪器仪表。
3）会对抢答器电路进行识别和检测。
4）能正确地安装电路，并能完成电路的调试与技术指标的测试。
5）提高实践技能，培养良好的职业道德和职业习惯。

二、仪器及元器件

1）双踪示波器 1 台、双通道直流稳压电源 1 台、万用表 1 块。
2）电路元器件 1 套（按元器件清单表配齐）。

三、内容及步骤

1）清点下发的焊接工具数目，检查焊接工具的好坏。
2）清点下发的仪器仪表数目，检查仪器仪表好坏。
3）填好设备使用情况登记表。
4）清点下发的元器件。
5）核对元器件数量和规格，检查元器件的好坏。
6）根据元器件布局与接线图，在实训电路板上进行电路接线、焊接。
7）通电前正确检查电路。
8）通电调试。调试前，请在图 3-29 中绘制电路与仪器仪表的接线示意图。

首先按抢答器功能进行操作，当有抢答信号输入时，观察对应发光二极管是否点亮，若不亮，可用万用表（逻辑笔）分别测量相关与非门输入、输出端电平是否正确，由此检查电路的连接及芯片的好坏。若抢答开关按下时发光二极管亮，松开时又灭掉，说明电路不能保持，此时应检查与非门相互间的连接是否正确，直至排除全部故障为止。

9）通电测试。

① 按下清零开关 S 后，所有发光二极管灭。

② 按下 S_1～S_3 中的任何一个开关（如 S_1），与之对应的发光二极管（VL_1）应被点亮，此时再按其他开关均无效。

③ 按清零开关 S，所有发光二极管应全部熄灭。

④ 重复步骤②和③，依次检查各发光二极管是否被点亮。

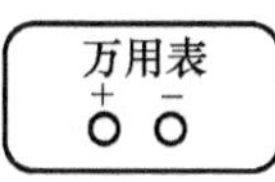

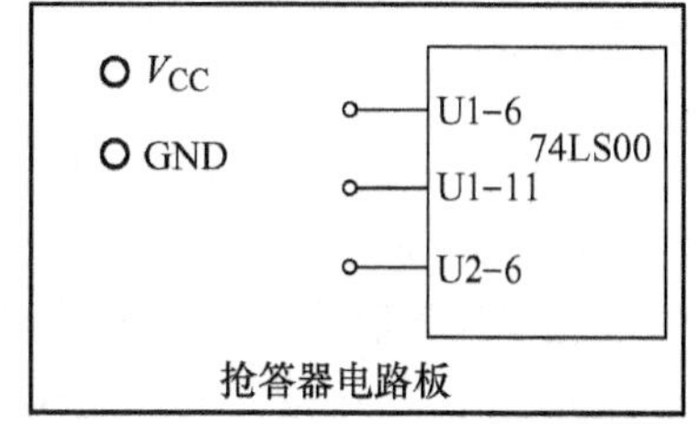

图 3-29　测试接线示意图

⑤ 分析图 3-26 电路，完成表 3-15 中各项内容，1 表示高电平，开关闭合或发光二极管亮；0 表示低电平，开关断开或发光二极管灭。如不能正确地分析，可通过试验检测来完成。

表 3-15　抢答器电路功能表

S	S_3	S_2	S_1	Q_3	Q_2	Q_1	VL_3	VL_2	VL_1
0	0	0	1						
0	0	1	0						
0	1	0	0						
0	0	0	0						
1	0	0	1						
1	0	1	0						
1	1	0	0						
1	0	0	0						

四、思考题

1）本任务中 2 输入与非门 74LS00 芯片、3 输入与非门 74LS10 芯片的主要作用是什么？其工作过程是怎样的？

2）本任务中发光二极管的主要作用是什么？

【任务评价】

1）分组汇报 3 路抢答器电路元器件识别与检测、电路工作原理、安装与调试等内容的学习情况，通电演示电路功能，并回答相关问题。

2）填写任务评价表，见表 3-16。

表 3-16　任务评价表

评价标准		学生自评	小组互评	教师评价	分值
知识目标	掌握元器件识别与检测的方法				
	掌握抢答器电路的工作原理				
	掌握与非门电路的逻辑功能与应用				
技能目标	掌握集成门电路的应用与调试方法				
	掌握电路检测方法，具备故障排除能力				
	安全用电、遵守规章制度				
	按企业要求进行现场管理				

【任务总结】

1）任务中的门电路构成了基本 RS 触发器，从而使得电路具有记忆功能，每一个触发器都可以记忆一位的二值信息。

2）本任务制作一个 3 路抢答器电路，并对这个电路进行调试，排除电路故障。抢答器电路的制作过程包括元器件的检测、电路组装、电路调试、故障排除等步骤。

习题训练三

一、填空题

1．组合逻辑电路的特点是输出状态只与________，与电路的原状态________，其基本单元电路是________。

2．用 3 个触发器可以存储 ________位二进制数。

3．RS 触发器具有________、________和________逻辑功能。

4．触发器引入时钟脉冲的目的是________。

5．触发器的常见触发方式有________、________和________三种。

6．要使电平触发 D 触发器置 1，必须使 D=________，CP=________。

7．要使边沿触发 D 触发器直接置 1，只要使 $\overline{S_D}$ =________，$\overline{R_D}$ =________即可。

8．对于电平触发的 D 触发器或 D 锁存器，________情况下输出 Q 总是等于输入 D。

9．主从 JK 触发器是在________采样，在________输出。

10．JK 触发器在________时可以直接置 1，在________时可以直接清 0。

二、选择题

1．或非门构成的基本 RS 触发器的输入 $\overline{S_D}=1$、$\overline{R_D}=0$，当输入 $\overline{S_D}$ 变为 0 时，触发器的输出将会（　　）。

A．置位　　B．复位　　C．不变　　D．不确定

2．与非门构成的基本 RS 触发器的输入 $\overline{S_D}=1$、$\overline{R_D}=1$，当输入 $\overline{S_D}$ 变为 0 时，触发器输出将会（　　）。

A．保持　　B．复位　　C．置位　　D．不确定

3．与非门构成的基本 RS 触发器的约束条件是（　　）。

A．$\overline{S_D}+\overline{R_D}=0$　　B．$\overline{S_D}+\overline{R_D}=1$　　C．$\overline{S_D}\cdot\overline{R_D}=0$　　D．$\overline{S_D}\cdot\overline{R_D}=1$

4．同步 RS 触发器的约束条件是（　　）。

A．$S+R=0$　　B．$S+R=1$　　C．$SR=0$　　D．$SR=1$

5．对于边沿触发的 D 触发器，下面（　　）是正确的。

A．输出状态的改变发生在时钟脉冲的边沿　　B．要进入的状态取决于输入 D

C．输出跟随每一个时钟脉冲的输入　　D．A、B 和 C 都对

6．“空翻”是指（　　）。

A．在时钟脉冲信号 CP=1 时，输出的状态随输入信号多次翻转

B．输出的状态取决于输入信号

C．输出的状态取决于时钟和控制输入信号

D．总是使输出改变状态

7．JK 触发器处于翻转时输入信号的条件是（　　）

A．J=0，K=0　　B．J=0，K=1　　C．J=1，K=0　　D．J=1，K=1

8．JK 触发器在 CP 作用下，要使 $Q^{n+1}=Q^n$，则输入信号必为（　　）。

A．J=K=0　　B．J= Q^n，K=0　　C．J= Q^n，K= Q^n　　D．J=0，K=1

9．下列触发器中，没有约束条件的是（　　）。

A．基本 RS 触发器　　B．主从 JK 触发器

C．同步 RS 触发器　　D．边沿 D 触发器

10．某 JK 触发器工作时，输出状态始终保持为 1，则可能的原因有（　　）。

A．无时钟脉冲输入　　B．异步置 1 端始终有效

C．J=K=0　　D．J=1，K=0

三、综合分析题

1．由或非门组成的触发器和输入端信号如图 3-30 所示，请写出触发器输出 Q 的特征方程。设触发器的初始状态为 1，画出输出端 Q 的波形。

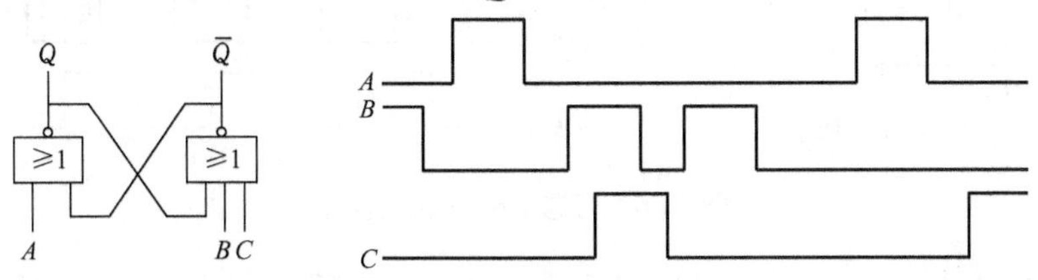

图 3-30　习题 1 电路与波形图

2．钟控 RS 触发器如图 3-31 所示，设触发器的初始状态为 0，画出输出端 Q 的波形。

3．若在电平触发的 RS 触发器电路中给 CP、S、R 输入端加图 3-32 所示波形的信号，试画出其 Q 和 $\overline{Q}$ 端波形。设初态 Q=0。

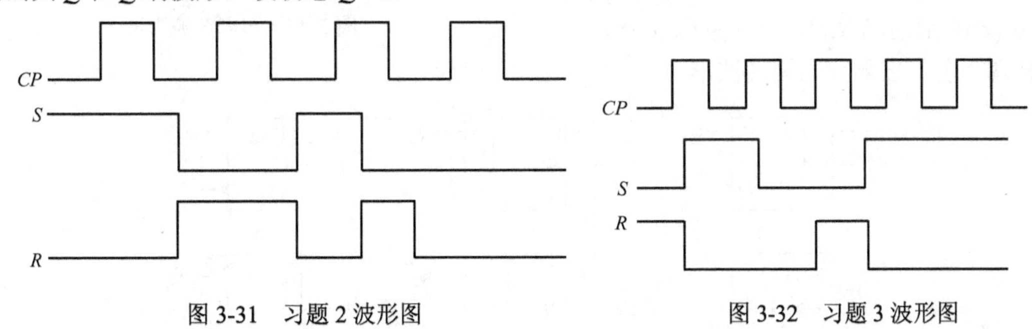

图 3-31　习题 2 波形图　　图 3-32　习题 3 波形图

4．边沿 D 触发器如图 3-33 所示，设触发器的初始状态为 0，画出输出端 Q 的波形。

5．已知边沿 D 触发器输入端的波形如图 3-34 所示，假设为上升沿触发，画出输出端 Q 的波形。若为下降沿触发，输出端 Q 的波形如何？设初始状态为 0。

6．已知 D 触发器电路与各输入端的波形如图 3-35 所示，试画出 Q 和 $\overline{Q}$ 端的波形。

7．已知电路和输入端波形如图 3-36 所示，画出各触发器输出端 Q_1、Q_2 的波形。设触发器的初始状态均为 0。

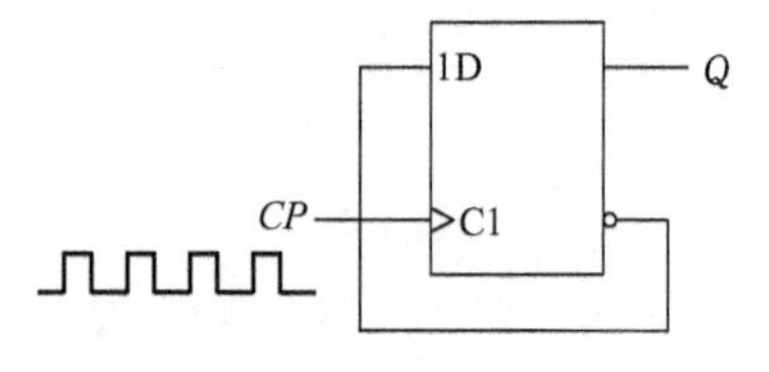

图 3-33　习题 4 电路图

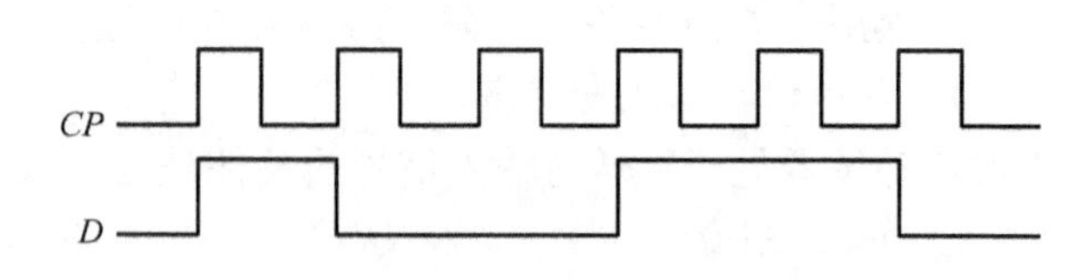

图 3-34　习题 5 波形图

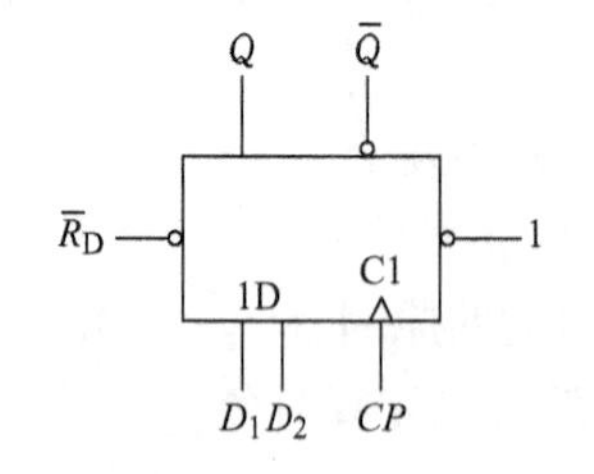

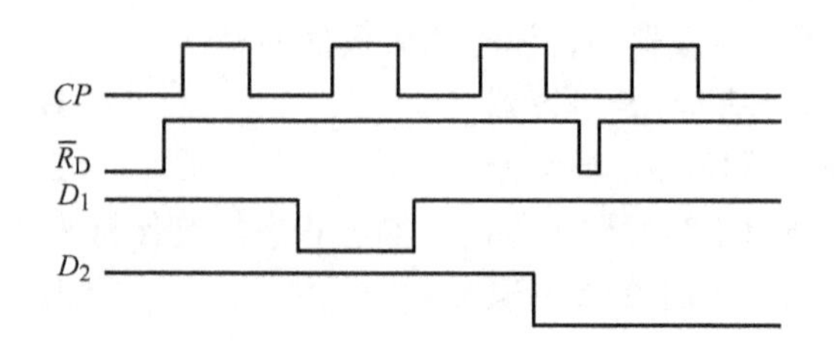

图 3-35　习题 6 电路与波形图

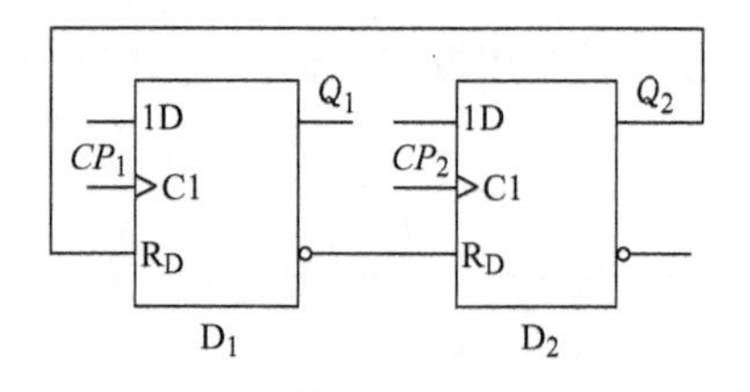

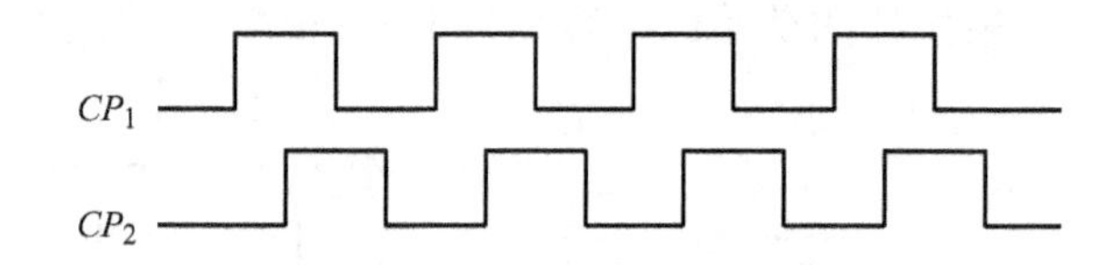

图 3-36　习题 7 电路与波形图

8．已知 J、K 信号波形如图 3-37 所示，分别画出主从 JK 触发器和边沿（下降沿）JK 触发器输出端 Q 的波形。设触发器的初始状态为 0。

9.设图 3-38a～f 中各触发器的初始状态皆为 Q=0，画出在 CP 脉冲（见图 3-38g）连续作用下各触发器输出端的波形。

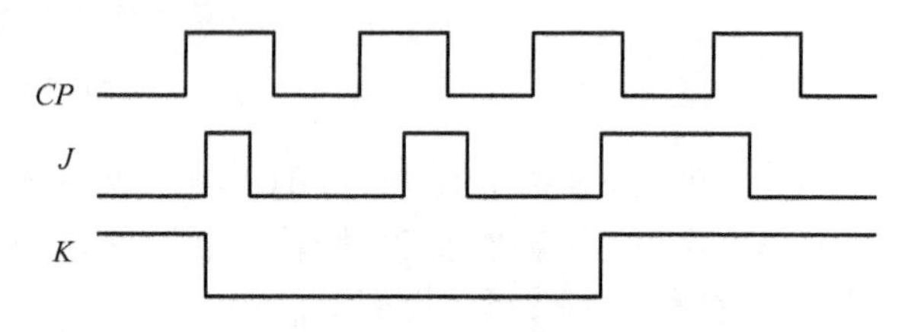

图 3-37　习题 8 波形图

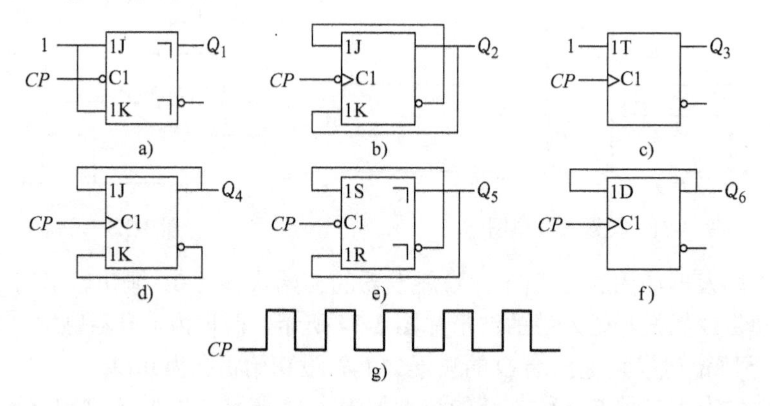

图 3-38　习题 9 电路图

10．边沿 JK 触发器电路和输入端波形如图 3-39 所示，画出输出端 Q 的波形。

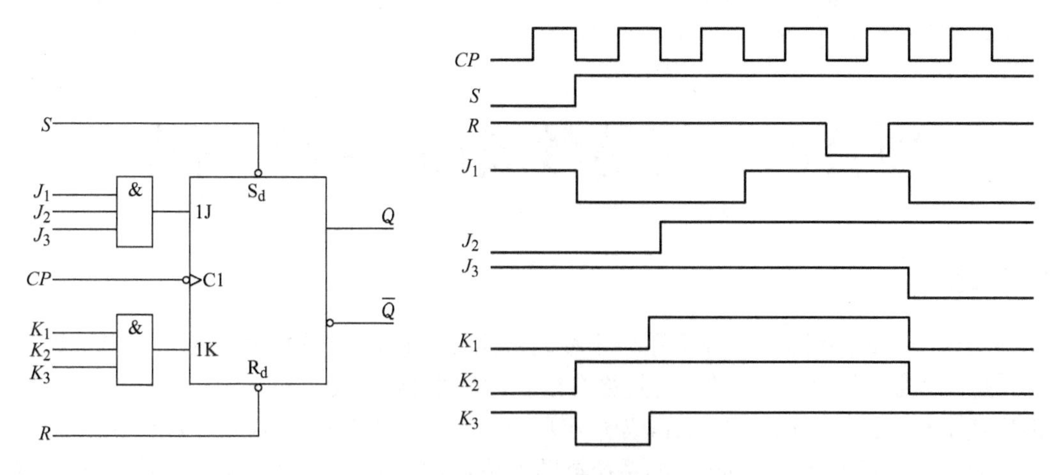

图 3-39　习题 10 电路与波形图

11．电路及输入端波形如图 3-40 所示，设各触发器的初始状态均为 0，试分别画出 Q_1、Q_2 的波形。

12．电路及 CP_1、CP_2 的波形如图 3-41 所示，设各触发器的初始状态均为 0，试分别画出 Q_1、Q_2 的波形。

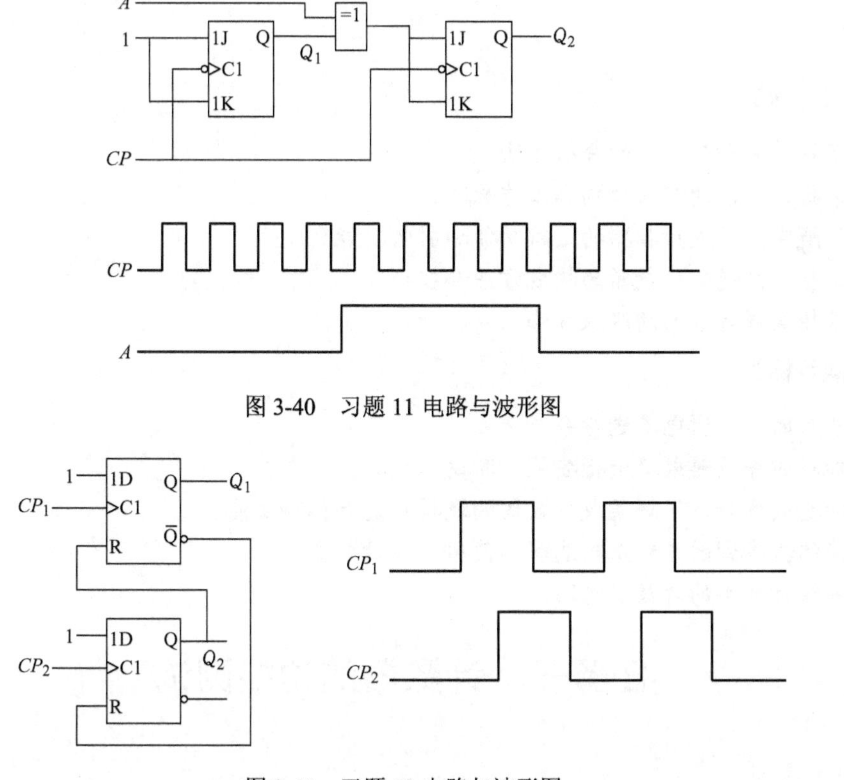

图 3-40　习题 11 电路与波形图

图 3-41　习题 12 电路与波形图

项目四　简易秒表的分析与制作

项目描述

在与时间有关的竞赛中，常采用电子秒表来计时。电子秒表的计时是对时钟脉冲进行计数，它是一个数字计时器，它的计时规格有很多。本项目将要设计和制作一个简易电子秒表，它能实现 00.0～59.9s 计时，以 0.1s 为最小单位显示，具有清零、开始、停止等功能，并可以将计时数字显示出来。简易秒表的系统框图如图 4-1 所示，该电路由脉冲电路、控制电路、计数电路和译码显示电路组成。

围绕简易秒表电路的知识与技能点，本项目分解为两个子任务，分别是计数器的功能测试、简易秒表的制作与调试。

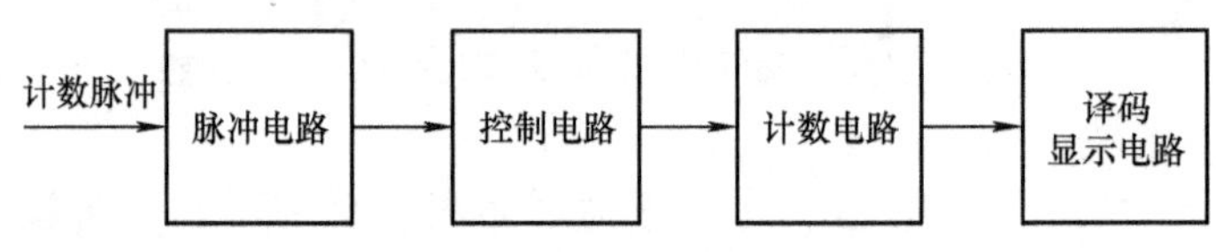

图 4-1　简易秒表的系统框图

学习目标

【知识目标】

1）掌握时序逻辑电路的分析方法。
2）掌握计时器的组成结构和工作原理。
3）了解常用集成计数器的逻辑功能和引脚功能。
4）掌握任意进制计数器的构成方法和技巧。
5）掌握集成计数器的级联方法。

【技能目标】

1）能对时序逻辑电路进行分析。
2）能对时序逻辑电路进行安装、测试与调试。
3）能查阅资料，了解集成计数器的逻辑功能和引脚功能。
4）能根据查到的资料正确选取和使用集成计数器。
5）能设计简单的计数器电路。

任务一　计数器的功能测试

【任务导入】

计数是一种最简单、最基本的运算，计数器就是实现这种运算的逻辑电路，计数器在数字系统中主要是对脉冲的个数进行计数，以实现测量、计数和控制的功能，同时兼有分频功能。计数器由基本的计数单元和一些控制门组成，计数单元则由一系列具有存储信息功能的

各类触发器构成，这些触发器有RS触发器、T触发器、D触发器及JK触发器等。计数器在数字系统中应用广泛，如在电子计算机的控制器中对指令地址进行计数，以便顺序取出下一条指令，在运算器中做乘法、除法运算时记下加法、减法次数，又如在数字仪器中对脉冲计数等。计数器可以用来显示产品的工作状态，如用来表示产品已经完成了多少份的折页、配页工作。

本任务主要介绍时序逻辑电路的特点与分析方法，常用集成计数器的基本结构、工作原理及其应用。

【知识链接】

一、时序逻辑电路概述

数字逻辑电路分为组合逻辑电路和时序逻辑电路。时序逻辑电路是具有记忆的电路，基本组成单位是触发器。在数字电路中，凡是任一时刻电路的输出不仅决定于该时刻的输入，而且和电路原来的状态有关者，都叫作时序逻辑电路，简称时序电路。

（一）时序逻辑电路的特点

时序逻辑电路由两部分组成：一部分是组合逻辑电路，一部分是由触发器构成的存储电路。时序逻辑电路与组合逻辑电路相比，其最大的特点就是电路具有记忆功能。

时序逻辑电路的普遍结构图如图4-2所示。

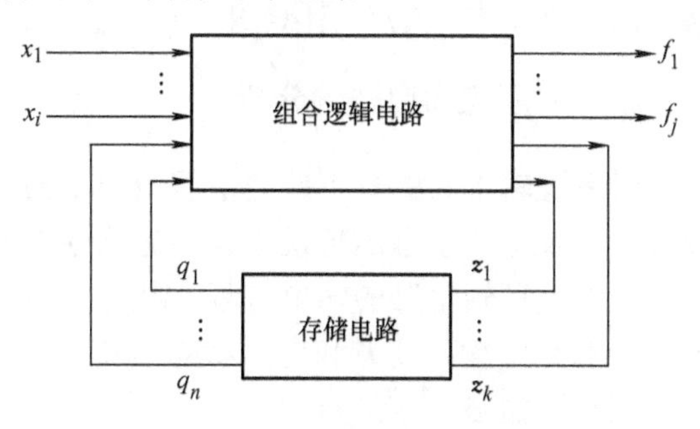

图4-2　时序逻辑电路结构图

（二）时序逻辑电路的分类

1．依据存储单元状态变化分类

按照存储单元状态变化的特点，时序逻辑电路可以分成同步时序电路和异步时序电路。

在同步时序电路中，电路状态的变化在同一时钟脉冲的作用下发生，即各触发器状态的转换同步完成。如图4-3所示为同步二进制加法计数器，其电路的特点是所有触发器的 *CP* 端都连到同一个时钟脉冲输入端。

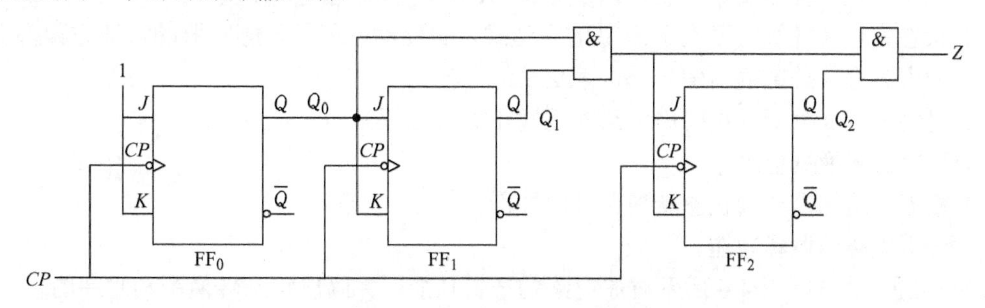

图4-3　同步二进制加法计数器

在异步时序电路中，不使用同一个时钟脉冲信号源，电路状态改变时，电路中要更新状态的触发器，有的先翻转，有的后翻转，即各触发器状态的转换是异步完成的。图4-4所示为异步二进制加法计数器，其电路的特点是各触发器 CP 端的输入信号各不相同，后一个触发器的时钟信号由前一个触发器的输出给出，因此，各触发器状态的转换是异步完成的。

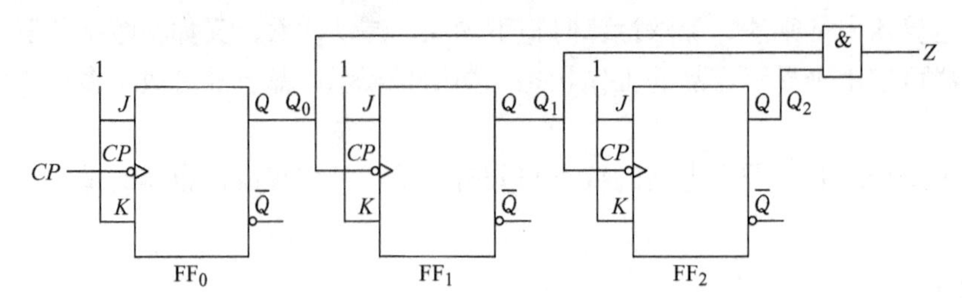

图 4-4　异步二进制加法计数器

2．依据输出信号分类

按照输出信号的特点，时序电路可以分为米里（Mealy）型和莫尔（Moore）型两类。Mealy 型电路的输出状态不仅与存储电路有关，而且与输入有关，其输出函数 Y 为 $Y(t_n)=F[X(t_n),Q(t_n)]$。Moore 型电路的输出状态仅与存储电路的状态有关，而与输入无关，其输出函数 Y 为 $Y(t_n)=F[Q(t_n)]$。

二、时序逻辑电路的分析

时序逻辑电路的分析就是根据给定的时序逻辑电路图，通过分析，求出它输出的变化规律，以及电路状态的转换规律，进而说明该时序逻辑电路的逻辑功能和工作特点。只要能写出给定逻辑电路的输出方程、状态方程、驱动方程，就能表示其逻辑功能，可据此求出在任意给定输入变量和电路状态下电路的次态和输出。

时序逻辑电路的分析步骤如图 4-5 所示。

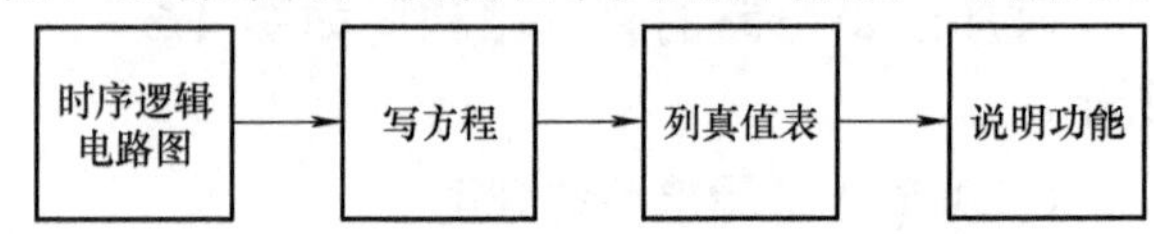

图 4-5　时序逻辑电路的分析步骤

具体描述如下：

1）根据给定的逻辑电路图，判断时序电路的类型。

2）根据给定的逻辑电路图，列写方程组。

① 驱动方程（各触发器控制输入信号 J、K 或 D 的表达式）。

② 状态方程（各触发器次态 Q^{n+1} 的表达式，将驱动方程代入触发器的特征方程得出）。

③ 输出方程（外部输出信号 Y 的表达式）。

④ 时钟方程（分析异步时序电路时需写出时钟方程）。

3）列状态转换真值表。

4）根据电路的需要画状态转换图和时序图。

5）分析电路的逻辑功能。

【例 4-1】 试分析图 4-6 所示时序电路的逻辑功能，并画出状态转换图和时序图。

【解】 （1）分析电路类型。本电路为莫尔型同步时序电路，包括三个边沿 JK 触发器，触发方式为下降沿触发。

（2）写方程式。

1）驱动方程：

$$J_0 = K_0 = 1$$

$$J_1 = K_1 = \overline{Q_2^n} Q_0^n$$

$$J_2 = Q_1^n Q_0^n,\quad K_2 = Q_0^n$$

2）状态方程：JK 触发器的特征方程为 $Q^{n+1} = J\overline{Q^n} + \overline{K}Q^n$

将驱动方程代入特征方程得每个触发器的状态方程为

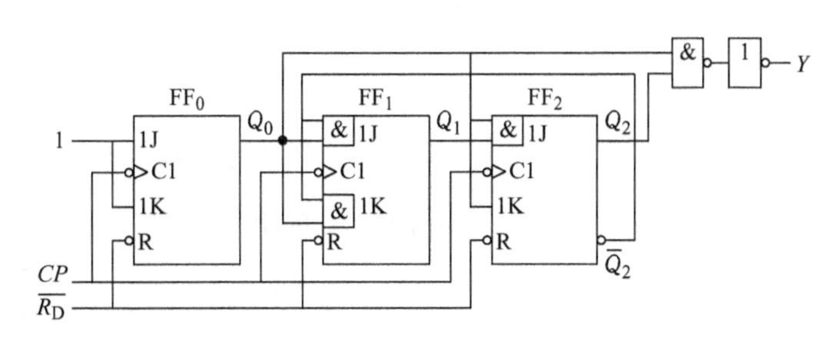

图 4-6　例 4-1 逻辑图

$$Q_0^{n+1} = J_0\overline{Q_0^n} + \overline{K_0}Q_0^n = \overline{Q_0^n}$$

$$Q_1^{n+1} = J_1\overline{Q_1^n} + \overline{K_1}Q_1^n = \overline{Q_2^n}Q_0^n \oplus Q_1^n$$

$$Q_2^{n+1} = J_2\overline{Q_2^n} + \overline{K_2}Q_2^n = Q_1^n Q_0^n \overline{Q_2^n} + \overline{Q_0^n}Q_2^n$$

表 4-1　例 4-1 真值表

现态			次态			输出
Q_2^n	Q_1^n	Q_0^n	Q_2^{n+1}	Q_1^{n+1}	Q_0^{n+1}	Y
0	0	0	0	0	1	0
0	0	1	0	1	0	0
0	1	0	0	1	1	0
0	1	1	1	0	0	0
1	0	0	1	0	1	0
1	0	1	0	0	0	1

3）写输出方程：

$$Y = Q_2 Q_0$$

（3）列状态转换真值表。设电路初始状态为 $Q_2 Q_1 Q_0 = 000$，真值表见表 4-1。

（4）画状态转换图和时序图，如图 4-7 和图 4-8 所示。

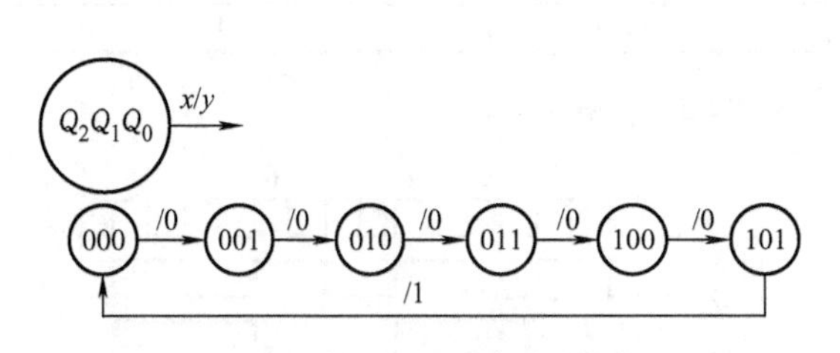

图 4-7　例 4-1 状态转换图

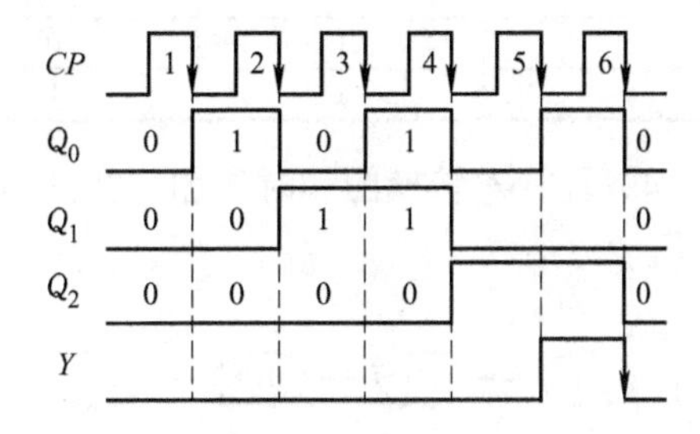

图 4-8　例 4-1 时序图

（5）逻辑功能说明。该电路能对 CP 脉冲进行六进制计数，输出信号 Y 的脉冲下降沿作为进位输出信号，故为六进制计数器。因此，CP 脉冲也常称为计数脉冲。

【例 4-2】 试分析图 4-9 所示时序电路的逻辑功能，并画出状态转换图和时序图。

【解】（1）判断电路类型。本电路为莫尔型异步时序逻辑电路，包括三个边沿 D 触发器，触发方式为上升沿触发。

（2）写方程式。

1）时钟方程：

$$CP_0 = CP$$

$$CP_1 = Q_0^n$$

$$CP_2 = Q_1^n$$

2）驱动方程：

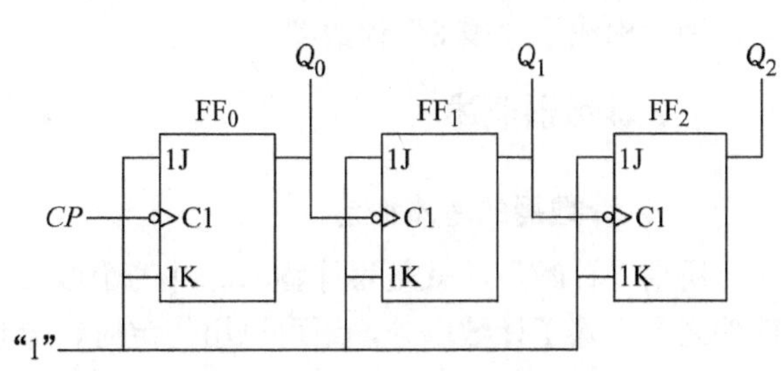

图 4-9　例 4-2 电路图

$$J_0 = K_0 = 1$$

$$J_1 = K_1 = 1$$

$$J_2 = K_2 = 1$$

3）状态方程：将驱动方程代入 JK 触发器的特征方 $Q^{n+1} = J\overline{Q^n} + \overline{K}Q^n$ 中，得状态方程为

$$Q_0^{n+1} = J_0\overline{Q_0^n} + \overline{K_0}Q_0^n = \overline{Q_0^n}$$

$$Q_1^{n+1} = J_1\overline{Q_1^n} + \overline{K_1}Q_1^n = \overline{Q_1^n}$$

$$Q_2^{n+1} = J_2\overline{Q_2^n} + \overline{K_2}Q_2^n = \overline{Q_2^n}$$

（3）列状态转换真值表，见表 4-2。

表 4-2　例 4-2 真值表

现态			次态		
Q_2^n	Q_1^n	Q_0^n	Q_2^{n+1}	Q_1^{n+1}	Q_0^{n+1}
0	0	0	0	0	1
0	0	1	0	1	0
0	1	0	0	1	1
0	1	1	1	0	0
1	0	0	1	0	1
1	0	1	1	1	0
1	1	0	1	1	1
1	1	1	0	0	0

（4）画状态转换图和时序图，如图 4-10 和图 4-11 所示。

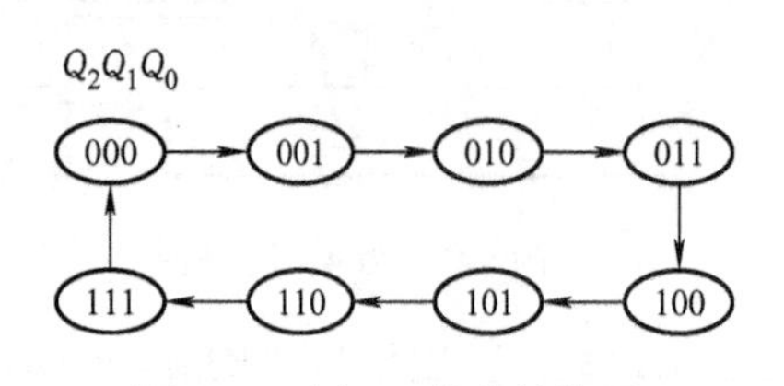

图 4-10　例 4-2 状态转换图

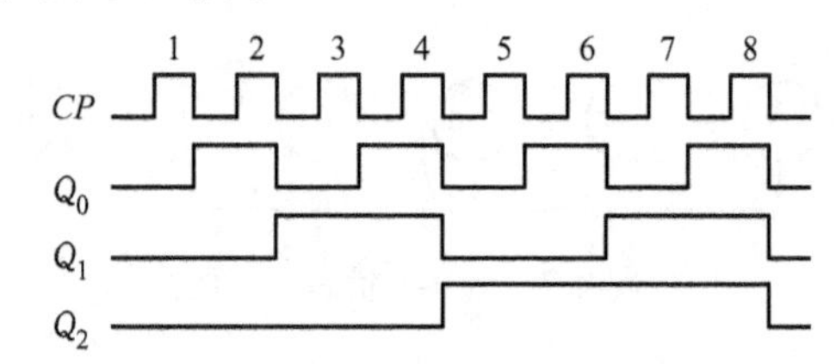

图 4-11　例 4-2 时序图

（5）逻辑功能说明。该电路显然是从三位二进制数 000 计至 111，共计 8 次完成一个循环，因此构成了“模 8”计数器。

三、计数器概述

（一）计数器的基本概念

所谓“计数”，就是累计输入脉冲的个数。计数器是数字系统中应用最广泛的时序逻辑部件之一，除了计数以外，还可以用作定时、分频、信号产生和执行数字运算等，是数字设备和数字系统中不可缺少的组成部分。

（二）计数器的分类

1）如果计数器的全部触发器共用同一个时钟脉冲，而且这个脉冲就是计数输入脉冲

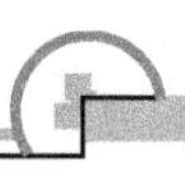

时，这种计数器就是同步计数器。如果计数器中只有部分触发器的时钟脉冲是计数输入脉冲，另一部分触发器的时钟脉冲是由其他触发器的输出信号提供的，则这种计数器就是异步计数器。

2）根据计数器在计数过程中数值增、减的情况不同，可分为递增计数器、递减计数器和可逆计数器。

3）根据计数器计数长度（模值）的不同，可分为二进制计数器和非二进制计数器（任意进制）。

四、计数器的工作原理

（一）二进制计数器

二进制数只有 0 和 1 两个数码。一个触发器可以表示一位二进制数。由 n 个触发器组成的二进制计数器称为 n 位二进制计数器，它可以累计 $2^n=N$ 个有效状态。N 称为计数器的模或计数容量。

表 4-3 列出了三位二进制加法器的计数状态，共有 8 个状态，每来一个有效时钟脉冲，触发器状态改变一次，可以构成 8 进制计数器。

表 4-4 为三位二进制减法计数器的计数状态，共有 8 个不同的状态，可以构成 8 进制减法器，每来一个有效时钟脉冲，计数器按照二进制数递减的方式状态改变一次。计数器从 000 变为 111 时，相当于要从高位借 1 来做减法。

表 4-3　三位二进制加法器的状态表

计数顺序	计数状态		
	Q_2	Q_1	Q_0
0	0	0	0
1	0	0	1
2	0	1	0
3	0	1	1
4	1	0	0
5	1	0	1
6	1	1	0
7	1	1	1
8	0	0	0

表 4-4　三位二进制减法器的状态表

计数顺序	计数状态		
	Q_2	Q_1	Q_0
0	0	0	0
1	1	1	1
2	1	1	0
3	1	0	1
4	1	0	0
5	0	1	1
6	0	1	0
7	0	0	1
8	0	0	0

图 4-12 为 JK 触发器构成的同步三位二进制加法器逻辑图，图 4-13 为 JK 触发器构成的同步三位二进制减法器逻辑图。从图中可以看出，三个触发器的时钟信号由同一 CP 控制，触发器状态的改变是同时进行的。

要实现三位二进制减法计数，必须在输入第 1 个计数脉冲时电路的状态由 000 变为 111，为此只要将图 4-12 所示的同步二进制加法计数器中各触发器的输出由 Q 改为 $\overline{Q}$，便成为同步二进制减法计数器。

图 4-14 为异步三位二进制加法器逻辑图，其工作原理为：

1）设计数器的初始状态都为 $Q_2Q_1Q_0$=000，当第 1 个计数脉冲的下降沿到来时，FF_0 的状态翻转，Q_0 由 0 变为 1，其余触发器无脉冲下降沿信号到来，各触发器保持原态，此时计数器状态为 $Q_2Q_1Q_0$=001。

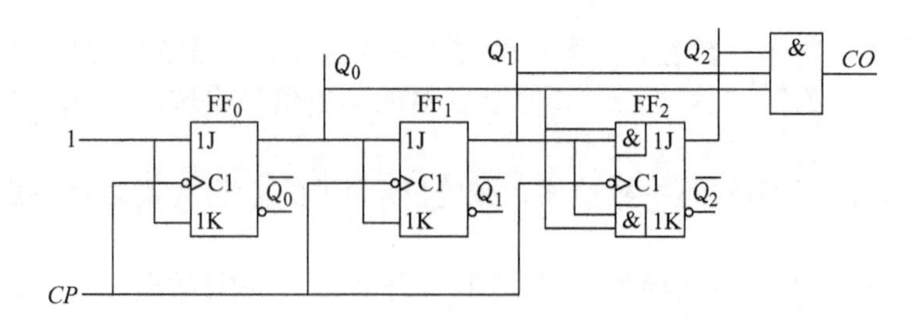

图 4-12　同步方式的三位二进制加法器

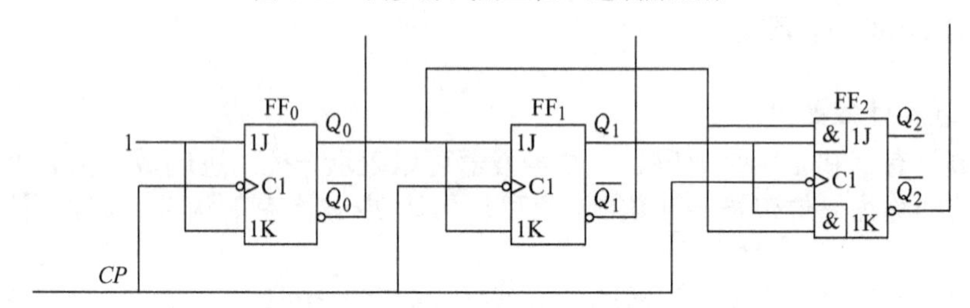

图 4-13　同步方式的三位二进制减法器

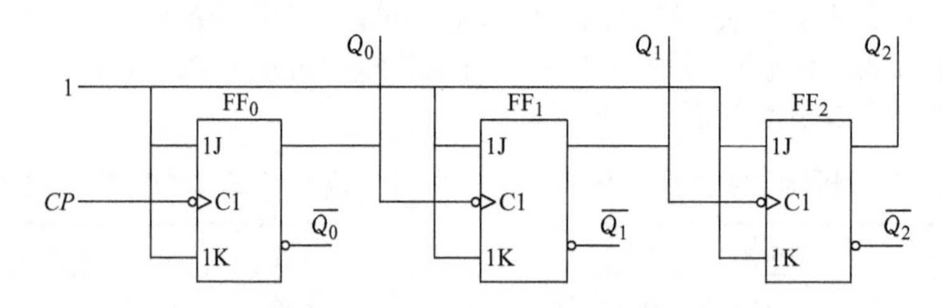

图 4-14　异步三位二进制加法器

2）当第 2 个计数脉冲的下降沿到来时，FF_0 的状态翻转，Q_0 由 1 变为 0，输出一个下降沿信号，使 FF_1 触发器的状态由 0 翻转为 1，而 FF_2 触发器保持原态，计数器的状态变为 $Q_2Q_1Q_0$=010。

按照上述规律，低位触发器的状态由 0 变为 1 时，相邻高位触发器的状态不发生变化，而只要低位触发器的状态由 1 变为 0，相邻的高位触发器的状态就会翻转。当第 8 个脉冲的下降沿到来时，计数器返回初始状态 $Q_2Q_1Q_0$= 000。这 3 个触发器时钟信号不相同，状态的转换有先有后，故称为异步计数器。计数器工作波形如图 4-15 所示。

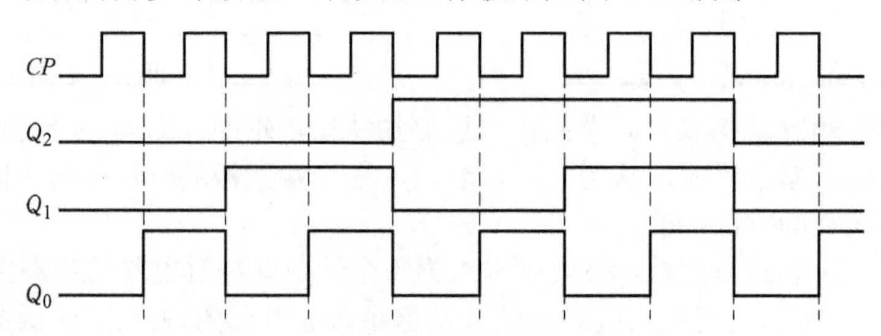

图 4-15　异步三位二进制加法器时序图

图 4-16 为异步三位二进制减法器逻辑图，工作原理为：

1）设计数器的初始状态都为 $Q_2Q_1Q_0$=000，当第 1 个计数脉冲的下降沿到来时，FF_0 的状态翻转，Q_0 由 0 变为 1，$\overline{Q_0}$ 由 1 变为 0，输出一个下降沿，使 FF_1 触发器的状态翻转，Q_1

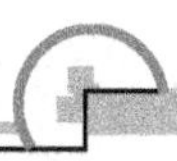

由 0 变为 1，Q_1 由 1 变为 0，使 FF_2 触发器的状态翻转，Q_2 由 0 变为 1，此时计数器状态为 $Q_2Q_1Q_0$=111。

2）当第 2 个计数脉冲的下降沿到来时，FF_0 的状态翻转，Q_0 由 1 变为 0，Q_0 由 0 变为 1，FF_1 触发器无脉冲下降沿信号到来，保持原态，即 Q_1=1，使 FF2 触发器也保持原态，计数器的状态变为 $Q_2Q_1Q_0$=110。

按照上述规律，低位触发器的状态由 1 变为 0 时，相邻高位触发器的状态不发生变化，而只要低位触发器的状态由 0 变为 1，相邻的高位触发器的状态就会翻转。当第 8 个脉冲的下降沿到来时，计数器返回初始状态 $Q_2Q_1Q_0$=000。计数器工作波形如图 4-17 所示。

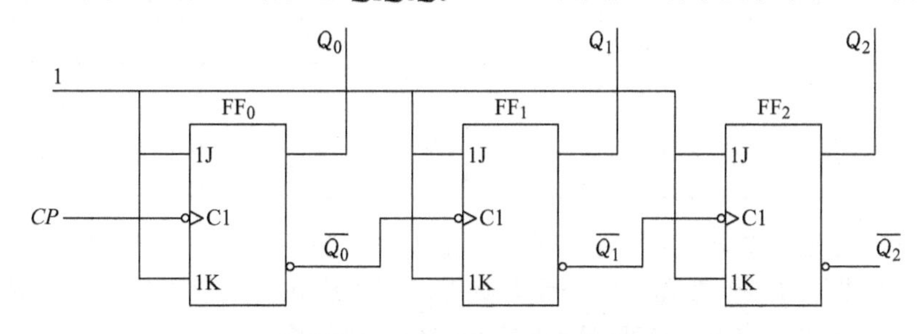

图 4-16　异步三位二进制减法器

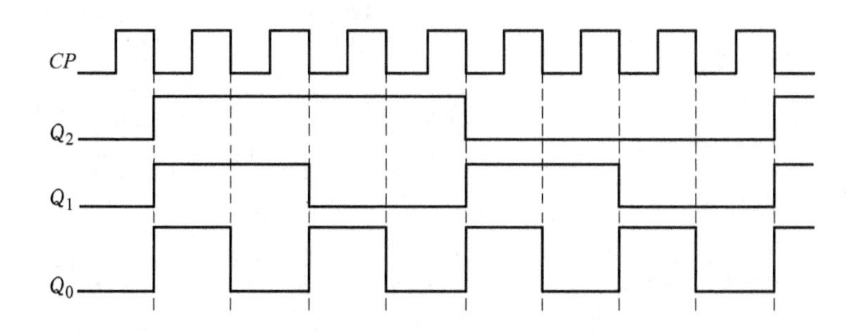

图 4-17　异步三位二进制减法器时序图

（二）十进制计数器

十进制计数器共有 10 个计数状态，因此需要 4 个触发器来实现。采用 8421BCD 编码方式的十进制计数器计数规律见表 4-5。

表 4-5　8421 十进制计数器计数规律

计数顺序	电路状态				等效十进制数	进位输出 C
	Q_3	Q_2	Q_1	Q_0		
0	0	0	0	0	0	0
1	0	0	0	1	1	0
2	0	0	1	0	2	0
6	0	1	1	0	6	0
7	0	1	1	1	7	0
8	1	0	0	0	8	0
9	1	0	0	1	9	1

（续）

计数顺序	电路状态				等效十进制数	进位输出 C
	Q_3	Q_2	Q_1	Q_0		
10	0	0	0	0	10	0
0	1	0	1	0	10	0
1	1	0	1	1	11	1
2	0	1	1	0	6	0
0	1	1	0	0	12	0
1	1	1	0	1	13	1
2	0	1	0	0	4	0
0	1	1	1	0	14	0
1	1	1	1	1	15	1
2	0	0	1	0	2	0

图 4-18 为十进制计数器的状态转换图。从图中我们可以看出，该电路共有 10 个有效状态参与循环，构成十进制计数器，6 个无效状态均可以进入有效状态，该计数器可以实现自启动。图 4-19 为采用同步方式实现表 4-5 计数规律的逻辑图。

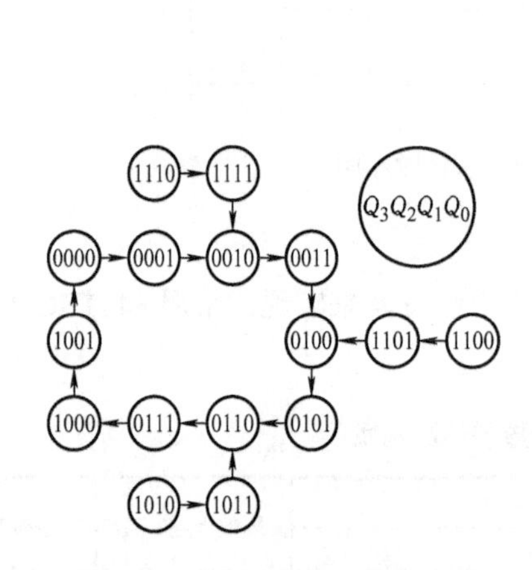

图 4-18　十进制计数器状态转换图

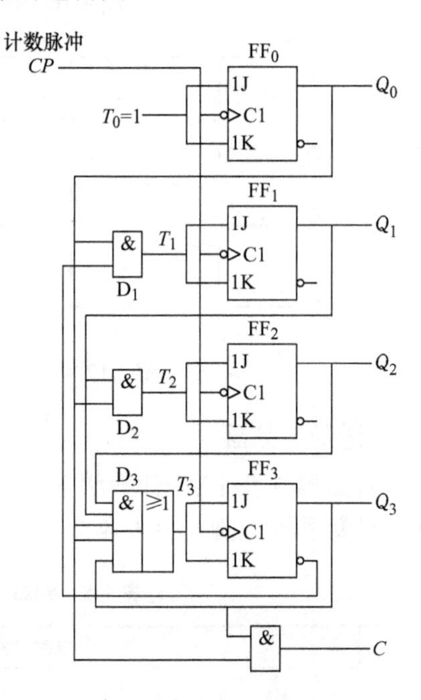

图 4-19　十进制计数器逻辑图

对应 N 进制计数器来说，只需有 N 个状态参与循环，就可实现 N 进制计数。

五、集成计数器及其应用

集成计数器属中规模集成电路，一般分为同步计数器和异步计数器两大类，通常为 BCD 十进制和四位二进制计数器，这些计数器功能比较完善，通用性强，功耗低，工作速率高，同时还附加了辅助控制端，可进行功能扩展，因而得到了广泛应用。目前由 TTL 或 CMOS

电路构成的 MSI 计数器都有许多品种。表 4-6 列出了几种常用的 TTL 计数器的型号及工作特点。下面介绍 74LS290、74LS161、74LS160 等常用集成计数器的功能及应用。

表 4-6　常用 TTL 集成计数器

类型	名称	型号	预置	清 0	工作频率/MHz
异步计数器	二-五-十进制计数器	74LS90	异步置 9　高	异步　高	32
		74LS290	异步置 9　高	异步　高	32
		74LS196	异步　低	异步　低	30
	二-八-十六进制计数器	74LS293	无	异步　高	32
		74LS197	异步　低	异步　低	30
	双四位二进制计数器	74LS393	无	异步　高	35
同步计数器	十进制计数器	74LS160	同步　低	异步　低	25
		74LS162	同步　低	同步　低	25
	十进制加/减计数器	74LS190	异步　低	无	20
		74LS168	同步　低	无	25
	十进制加/减计数器（双时钟）	74LS192	异步　低	异步　高	25
	四位二进制计数器	74LS161	同步　低	异步　低	25
		74LS163	同步　低	同步　低	25
	四位二进制加/减计数器	74LS169	同步　低	无	25
		74LS191	异步　低	无	20
	四位二进制加/减计数器（双时钟）	74LS193	异步　低	异步　高	25

（一）典型集成计数器介绍

1. 异步二-五-十进制计数器 74LS290

中规模集成计数器 74LS90、74LS196、74LS290 等具有相似功能。其中 74LS90、74LS290 功能相同，只是外引线排列不同。74LS196 增加了可预置功能。现以 74LS290 为例介绍其芯片功能及扩展应用。

74LS290 是二-五-十进制计数器，逻辑图如图 4-20 所示。图中 FF_0 构成一位二进制计数器，FF_1、FF_2、FF_3 构成异步五进制加法计数器，CP_0 为一位二进制计数器时钟输入端，CP_1 为五进制计数器时钟信号输入端，这两个计数器彼此独立。若将输入时钟脉冲 CP 接于 CP_0 端，并将 CP_1 端与 Q_0 端相连，便构成 8421 BCD 码异步十进制加法计数器。

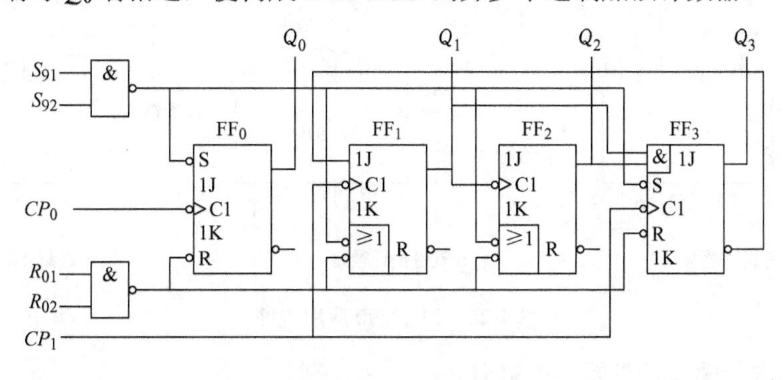

图 4-20　74LS290 逻辑图

图 4-21 为 74LS290 的逻辑符号和引脚排列图，逻辑功能表见表 4-7。

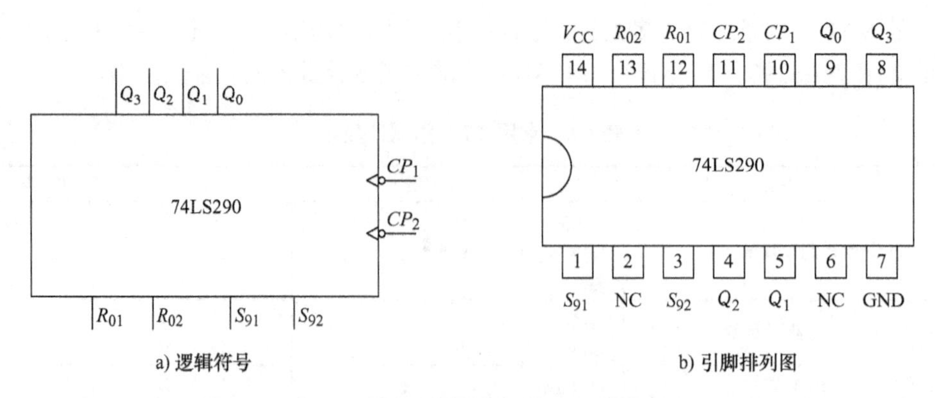

a) 逻辑符号　　b) 引脚排列图

图 4-21　74LS290 逻辑符号与引脚排列图

表 4-7　74LS290 逻辑功能表

复位输入		置位输入		时钟	输出				工作模式
$R_{0(1)}$	$R_{0(2)}$	$S_{9(1)}$	$S_{9(2)}$	CP	Q_3	Q_2	Q_1	Q_0	
1	1	0	×	×	0	0	0	0	异步清零
1	1	×	0	×	0	0	0	0	
0	×	1	1	×	1	0	0	1	异步置数
×	0	1	1	×	1	0	0	1	
0	×	0	×	↓	计数				加法计数
0	×	×	0	↓	计数				
×	0	0	×	↓	计数				
×	0	×	0	↓	计数				

从表中可以看出，74LS290 除了有计数功能外，还有清零和置 9 功能。表中时钟信号的“×”表示不需要和时钟信号同步。当 $R_{0(1)}=R_{0(2)}=1$，$S_{9(1)}=0$ 或者 $S_{9(2)}=0$ 时，计数器强制清 0，即 $Q_3Q_2Q_1Q_0=0000$，与时钟 CP 无关；当 $R_{0(1)}=0$ 或者 $R_{0(2)}=0$，$S_{9(1)}=S_{9(2)}=1$ 时，计数器置 9，即 $Q_3Q_2Q_1Q_0=1001$，也与时钟脉冲 CP 无关。

74LS290 的应用电路如图 4-22 所示，分别为二进制计数器、五进制计数器、8421 十进制计数器。

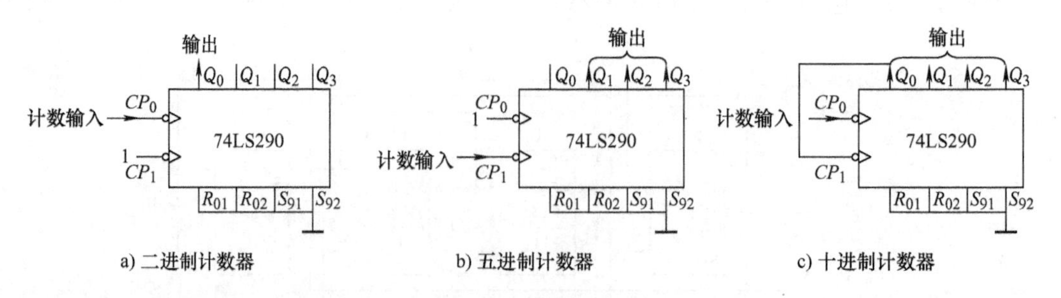

a) 二进制计数器　　b) 五进制计数器　　c) 十进制计数器

图 4-22　74LS290 应用电路

2．四位二进制同步计数器 74LS161

74LS161 是四位二进制同步集成计数器，具有计数、保持、预置和清零功能，逻辑符号和引脚排列如图 4-23 所示。

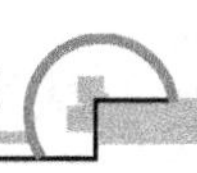

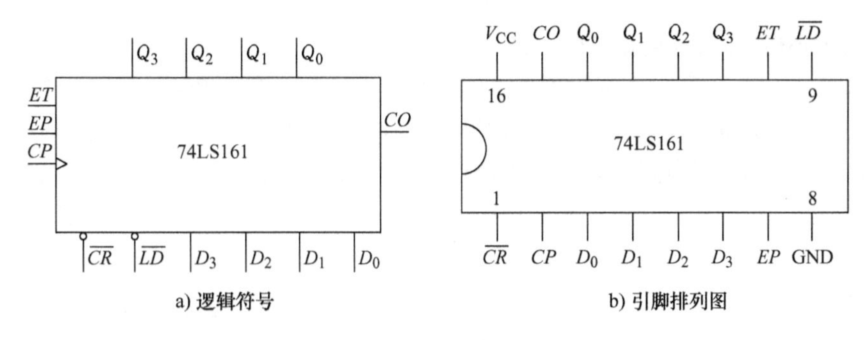

a) 逻辑符号　　b) 引脚排列图

图 4-23　74LS161 逻辑符号和引脚排列图

74LS161 的功能及特点：

1）74LS161 的计数是同步的。4 个触发器的状态更新是在同一时刻（*CP* 脉冲的上升沿）进行的，它是由 *CP* 脉冲同时加在 4 个触发器上而实现的。

2）74LS161 有异步置 0 功能。当清除端 $\overline{CR}$ 为低电平时，无论其他各输入端的状态如何，也不必等 *CP* 的上升沿到来，各触发器均被置 0，即该计数器被置 0。

3）74LS161 有保持功能。在 $\overline{CR}=\overline{LD}=1$ 的条件下，$EP \cdot ET=0$，计数器停止计数，保持原状态不变。

4）74LS161 有预置数功能。预置是同步的，当 $\overline{CR}$ 为高电平，置数控制端 $\overline{LD}$ 为低电平时，在 *CP* 脉冲的上升沿作用下，数据输入端 $D_3 \sim D_0$ 上的数据就被送至输出端 $Q_3 \sim Q_0$。如果改变 $D_3 \sim D_0$ 端的预置数，即可构成 16 以内的各种不同进制的计数器。

5）74LS161 有超前进位功能。当计数溢出时，进位端 *CO* 输出 1 个高电平脉冲，其宽度为 1 个时钟周期。$\overline{CR}=\overline{LD}=ET=EP=1$ 时，计数器处于计数状态，每输入 1 个 *CP* 脉冲就进行 1 次加法计数。

74LS161 的功能表见表 4-8。

表 4-8　74LS161 逻辑功能表

输入									输出			
$\overline{CR}$	$\overline{LD}$	ET	EP	CP	D_0	D_1	D_2	D_3	Q_0	Q_1	Q_2	Q_3
0	×	×	×	×	×	×	×	×	0	0	0	0
1	0	×	×	↑	d_0	d_1	d_2	d_3	d_0	d_1	d_2	d_3
1	1	1	1	↑	×	×	×	×	计数			
1	1	0	×	×	×	×	×	×	保持			
1	1	×	0	×	×	×	×	×	保持			

各引脚的功能和符号说明如下：

1）$D_0 \sim D_3$ 为并行数据输入端。

2）$Q_0 \sim Q_3$ 为数据输出端。

3）*ET*、*EP* 为计数控制端。

4）*CP* 为时钟输入端，即 *CP* 端（上升沿有效）。

5）*CO* 为进位输出端（高电平有效）。

6）$\overline{CR}$ 为异步清除输入端（低电平有效）。

7）$\overline{LD}$ 为同步并行置数控制端（低电平有效）。

3. 同步十进制加法计数器 74LS160

集成芯片 74LS160 是同步可预置十进制计数器，计数状态从 0000 到 1001 循环变化，因此也称为 8421BCD 码计数器。它的逻辑符号、引脚图与 74LS161 完全相同，不同的是计数状态为 1001 时，*CO* 才为高，并产生进位信号，74LS160 逻辑符号和引脚排列图如图 4-24 所示。

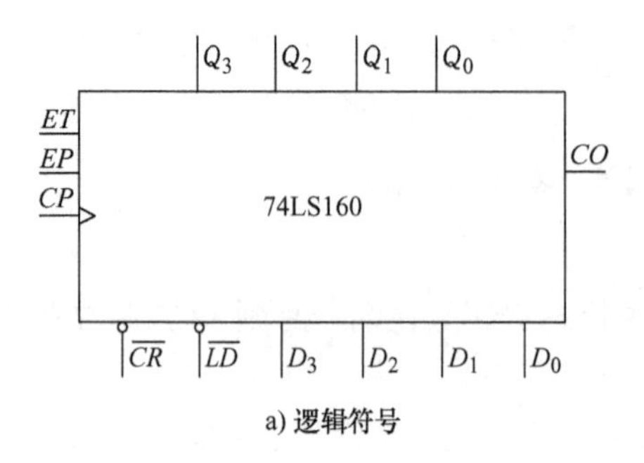

a) 逻辑符号

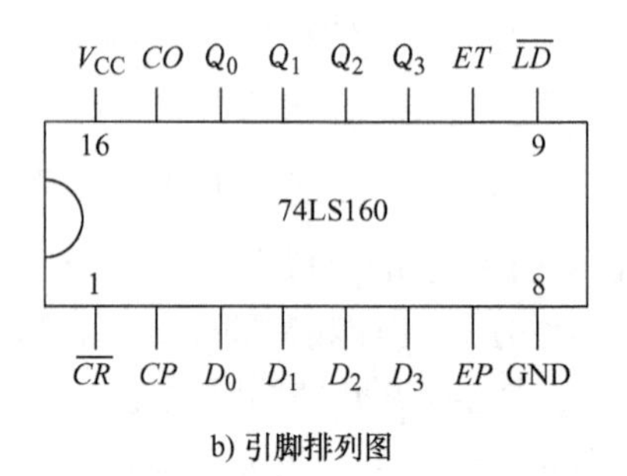

b) 引脚排列图

图 4-24 74LS160 逻辑符号和引脚排列图

表 4-9 为 74LS160 逻辑功能表，从表中可以看出，74LS160 有如下功能及特点：

1）异步清零。当异步清零端 $\overline{CR}$=0 时，不论电路处于何种工作状态，计数器状态被置为 0，即 $Q_3Q_2Q_1Q_0$= 0000。由于这种清零方式不需要与时钟 *CP* 同步就可完成，因此称为异步清零。正常工作时，$\overline{CR}$=1。

2）同步预置。当预置控制端 $\overline{LD}$=0，且 $\overline{CR}$=1 时，在外部输入时钟脉冲 *CP* 的上升沿将 $D_3D_2D_1D_0$ 传送到输出端，即 $Q_3Q_2Q_1Q_0=D_3D_2D_1D_0$。由于预置数据时需与时钟脉冲 *CP* 配合，因此称为同步预置。

3）保持。当 $\overline{CR}=\overline{LD}$=1 时，只要使能输入端 *EP*、*ET* 中有 1 个为 0，此时无论有无计数脉冲 *CP* 输入，计数器状态均保持不变。

4）计数。当 $\overline{CR}=\overline{LD}$=1，*EP*=*ET*=1 时，电路按自然二进制数递增规律计数。每当时钟脉冲 *CP* 的上升沿到来时，计数器状态就增 1，当计数器从 0000 计数到 1001 时，进位输出端 *CO* 输出高电平 1。

表 4-9 74LS160 逻辑功能表

输入									输出			
$\overline{CR}$	$\overline{LD}$	CP	EP	ET	D_3	D_2	D_1	D_0	Q_3	Q_2	Q_1	Q_0
0	×	×	×	×	×	×	×	×	0	0	0	0
1	0	↑	×	×	D_3	D_2	D_1	D_0	D_3	D_2	D_1	D_0
1	1	×	0	×	×	×	×	×	保持			
1	1	×	×	0	×	×	×	×	保持			
1	1	↑	1	1	×	×	×	×	计数			

（二）集成计数器的应用

在熟悉了各种基本计数器的基础上，要构成任意进制计数器，可以通过反馈置数和反馈清零的方法实现。

设已有的计数器为 N 进制计数器，需要得到的是 M 进制计数器，这时有 $N>M$ 和 $N<M$ 两种可能的情况。

（1）**$M<N$ 的情况**　在 N 进制计数的顺序计数过程中，设法跳过 $N-M$ 个状态，只在 M 个状态中循环就可以得到 M 进制计数器。实现跳跃的方法有清零法和置数法两种。图 4-25 为两种方法的原理示意图。

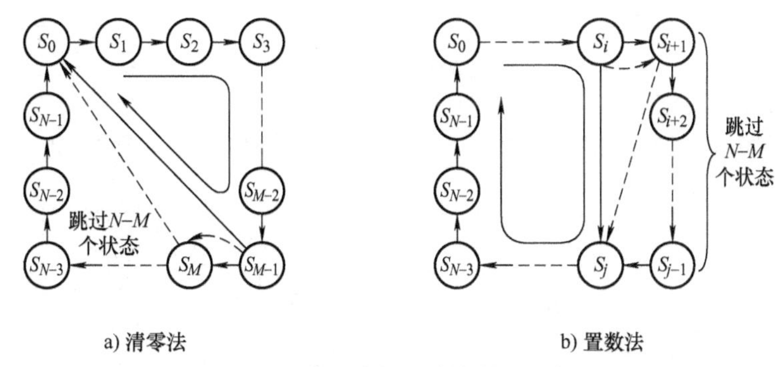

图 4-25　清零法与置数法原理示意图

对于具有"异步清零"功能的计数器，由于清零信号一产生，不需要等 CP 有效脉冲到来立马清零，所以对于 M 进制（计数状态为 0、1、2、…、$M-1$）计数来说，若在第 $M-1$ 状态清零，$M-1$ 状态只维持很短暂的时间立马跳到 0，对于我们来说，只看到 0～$M-2$ 个状态数，所以，清零信号只能在下一个状态 M 产生，把这个状态称为"过渡态"。而置数法，在产生清零信号后，还需维持一个 CP 时间等到下一个边沿信号到来，才会置数，因此不需要"过渡态"。

【例 4-3】　利用同步十进制计数器 74LS160 接成同步六进制计数器。

【解】 74LS160 具有异步清零和置数功能，所以清零和置数两种方法均可以采用。构成六进制的计数状态为 0000、0001、0010、0011、0100、0101，在最后一个状态时跳变回第一状态 000。状态转换图如图 4-26 所示。

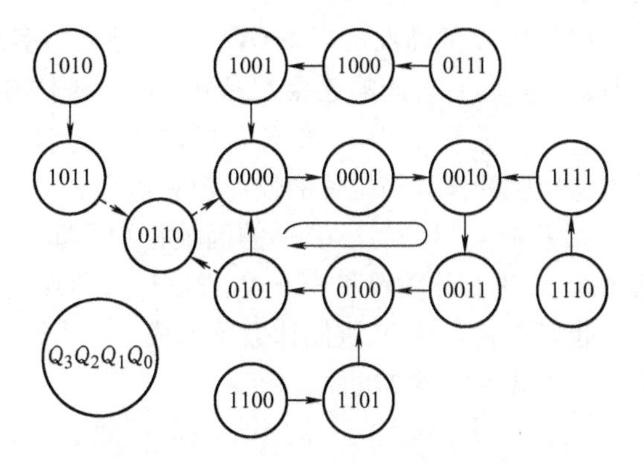

图 4-26　六进制计数器状态转换图

1）异步清零法。异步清零信号不能在有效状态的最后一个状态产生，只能在后一个状态也就是 0110 产生有效清零信号 0，使 $\overline{CR}=0$，逻辑图如图 4-27 所示。

2）采用同步置零法。置数信号在最后一个状态 0101 产生，跳变到第一个状态 0000，也就是将 0000 置到计数器中去，这种方法称为"同步置零法"。逻辑图如图 4-28 所示。

3）同步置数法。若采用跳过中间数的方法实现六进制计数，计数规律如图 4-29 所示，实现的逻辑图如图 4-30 所示。在图 4-29 中，计数状态从 0100 跳变到 1001，从而跳过十进制计数中的四个状态，也能实现六进制计数。由于对 74LS160 来说，从 1001 跳变到 0000 为集成计数器自动跳变的，所以不需要清零或异步置零。因此，只需在 0100 产生置数信号，将 1001 置进去。

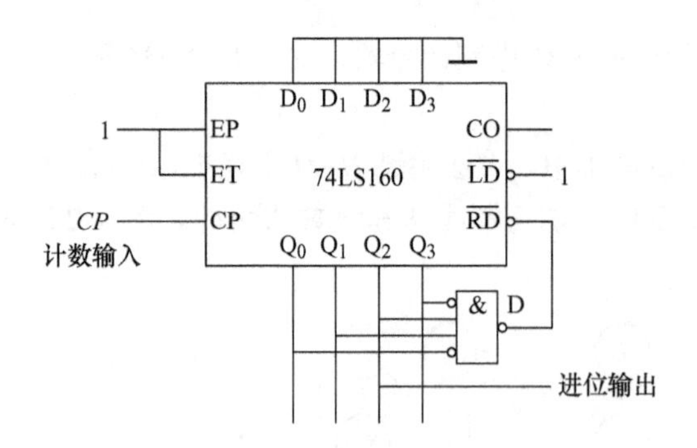

图 4-27　异步清零法实现六进制计数

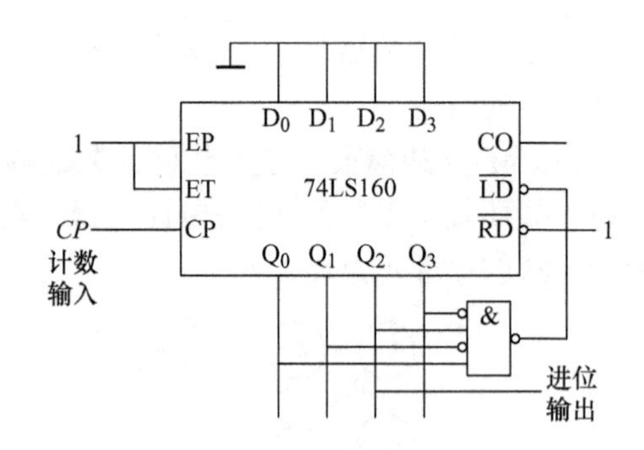

图 4-28　同步置零法产生六进制计数

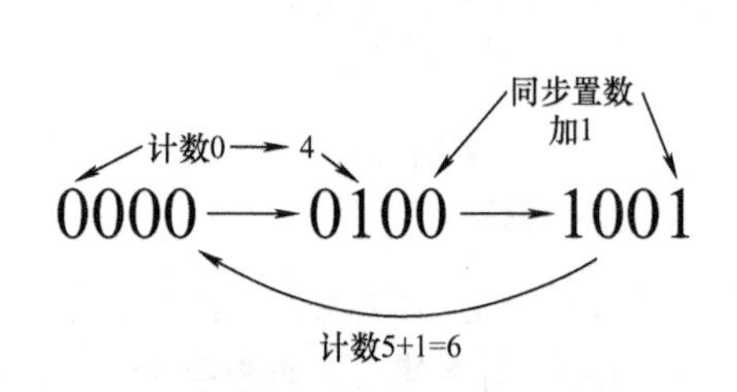

图 4-29　跳过中间数计数规律图

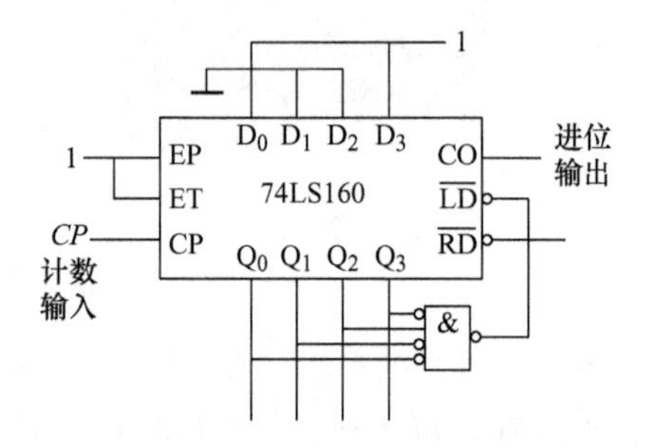

图 4-30　同步置数实现六进制计数逻辑图

设计计数器时，先确定好计数状态，若采用异步清零法，清零信号在有效计数状态的最后一个状态产生；若采用同步置数法，置的数为跳变到下一个状态的状态数，置数信号在跳变之前的状态产生。

（2）**M>N 的情况**　当 M>N 时，必须采用多片 N 进制计数器组合起来，才能构成 M 进制计数器，片与片之间的连接方式分为串行进位方式和并行进位方式。

在串行进位方式中，低位片的进位信号作为高位片的 *CP* 脉冲；在并行进位方式中低位片的进位脉冲作为高位片的使能控制信号。

如果 M 可以分为小于 N 的因数相乘，即 $M=N_1N_2$，则可采用串行进位或并行进位方式，将一个 N_1 进制计数器和一个 N_2 进制计数器连接起来，构成 M 进制计数器。

也可先将多片 N 进制计数器构成一个大于 M 进制的计数器，然后采用整体清零和整体置数的方式来实现 M 进制。

【例 4-4】　试用两片同步十进制计数器 74LS160 接成百进制计数器。

【解】　由于 $M=10×10=100$，可以直接按串行进位方式或并行进位方式连接成 $M=100$ 的计数器。

1）并行进位方式。低位片的进位脉冲作为高位片的使能控制信号，逻辑图如图 4-31 所示。

对于并行进位方式，当 $CO=0$ 时，高位片处于保持状态，只有 $CO=1$ 时，高位片才工作，下一个 *CP* 到来高位片加 1 计数，同时低位片的 *CO* 立即变为 0，高位片处于保持状态，所以采用并行进位方式的级联计数器仍为同步计数器。

2）串行进位方式。低位片的进位信号作为高位片的 *CP* 脉冲，逻辑图如图 4-32 所示。

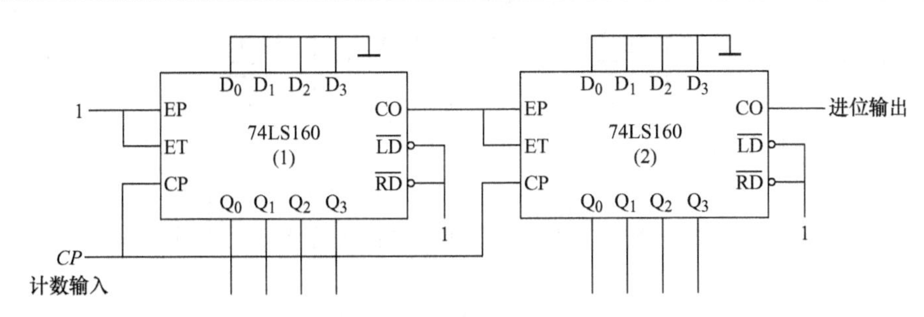

图 4-31　并行进位方式

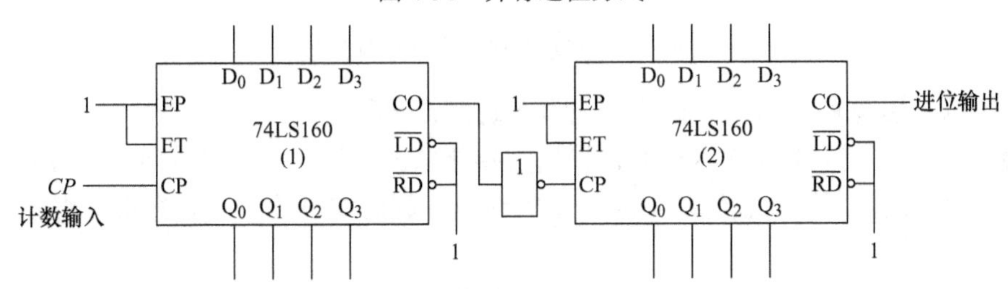

图 4-32　串行进位方式

当低位片计数到 1001 时 CO=1 经反相器后使 CP_2=0，下一个 CP 脉冲到来低位片由 1001 变为 0000，使 CO=0，经反相器使 CP_2=1，高位片才加 1，为异步工作方式。

当 N_1、N_2 不等于 N 时，可以将两个 N 进制计数器先分别连接成 N_1 和 N_2 进制计数器，然后再以串行进位或并行进位方式将它们连接起来。

当 M 为大于 N 的素数时，M 不能分解为 N_1 和 N_2 的乘积，必须先将两个或两个以上的计数器连接成 $N>M$ 的计数器，再采用整体置零或整体置数的方式。

【例 4-5】 试用两片 74LS160 接成二十九进制计数器。

【解】 由于 29 不能进行分解，可以先将两片 74LS160 构成 100 进制计数器，然后采用整体清零或整体置 0 的方法构成二十九进制计数器，其设计方法和 $M<N$ 情况相同。

1）整体清零方法。二十九进制计数器采用 0～28 个数码计数，由于是异步清零方式，所以清零信号在 29 产生。逻辑图如图 4-33 所示。

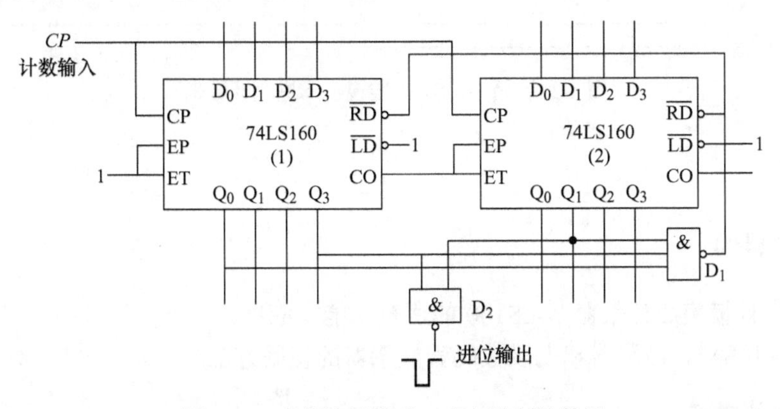

图 4-33　整体清零构成二十九进制计数器

2）整体置数法。同样采用 0～28 个数码计数，置数信号在 28 时产生，被置的数为 0。逻辑图如图 4-34 所示。

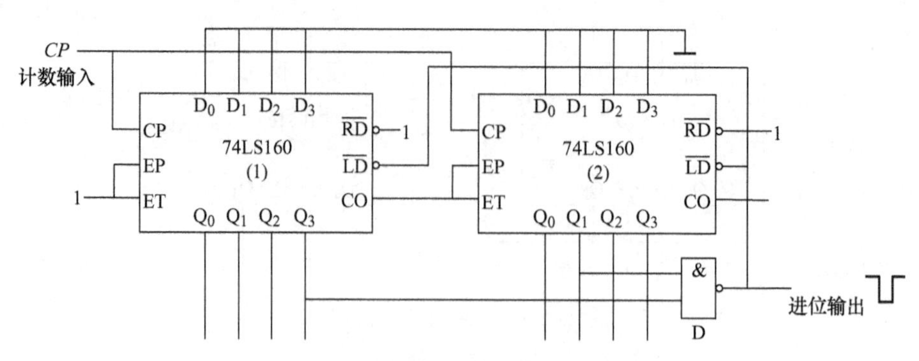

图 4-34　整体置数构成二十九进制计数器

【例 4-6】 用两片 74LS161 级联构成五十进制计数器。

【解】 一片 74LS161 为十六进制，采用直接级联的方法，低位芯片每计满 16 次才会使高位芯片计数一次，所以构成的是 16×16=256 进制，因此在设计时，要先将十进制数转换为十六进制。

若五十进制采用的数码为 0～49，采用整体清零方法，从 74LS161 的逻辑功能表中可以看出，清零不需要等时钟脉冲，所以清零信号要在 50 产生，才能很好地实现 0～49 计数。74LS161 实现十六进制以上计数时，还有一个特点是，要将数转换成相应的四位二进制数。

十进制数 50 对应的二进制数为 0011 0010，实现的电路图如图 4-35 所示。

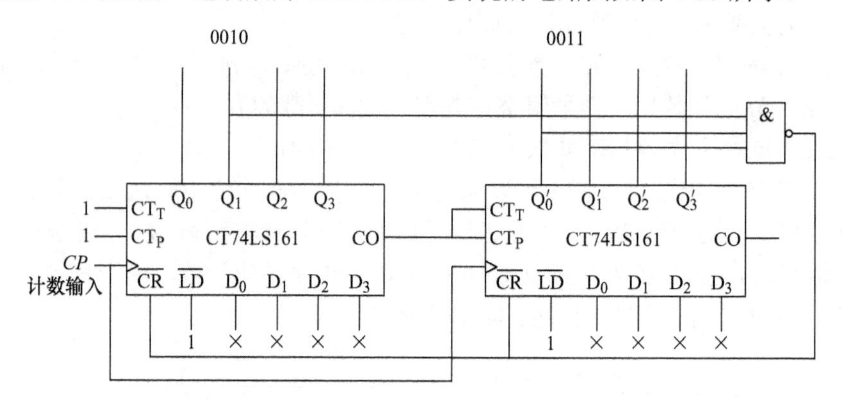

图 4-35　用 74LS161 实现五十进制计数器

【任务实施】

一、任务目的

1）熟悉中规模集成计数器 74LS160 的逻辑功能及应用。

2）学习 74LS47、译码器和七段数码管显示器的使用方法。

二、仪器及材料

1）数字万用电表 1 块、直流稳压电源 1 台、函数信号发生器 1 台。

2）本任务所需元器件见表 4-10。

表 4-10　元器件清单

序号	名称	型号与规格	封装	数量	单位
1	门电路	74LS00	直插	1	个
2	计数器	74LS160	直插	2	个
3	译码器	74LS47	直插	2	个
4	七段数码管	共阳极	直插	2	个

三、内容及步骤

1．测试 74LS160 的逻辑功能

计数脉冲由模块上提供的信号源或函数信号发生器提供，清零端、置数端、使能端、数据输入端分别接相应的逻辑电平输出插孔，输出端 Q_3、Q_2、Q_1、Q_0 接译码电路，译码后接至数码管单元的共阴极数码管，按表 4-11 逐项测试并判断该集成块的功能是否正常。

表 4-11　74LS160 的逻辑功能表

输入									输出			
$\overline{RD}$	$\overline{LD}$	ET	EP	CP	D_0	D_1	D_2	D_3	Q_0	Q_1	Q_2	Q_3
0	×	×	×	×	×	×	×	×	0	0	0	0
1	0	×	×	↑	d_0	d_1	d_2	d_3	d_0	d_1	d_2	d_3
0	1	1	1	↑	×	×	×	×	计数			
1	1	0	×	×	×	×	×	×	保持			
1	1	×	0	×	×	×	×	×	保持			

2．用 74LS160 和与非门构成六进制计数器（用异步清零端设计）

74LS160 从 0000 状态开始计数，当输入第 6 个 CP 脉冲（上升沿）时，输出 $Q_3\ Q_2\ Q_1\ Q_0$=0110，此时 $\overline{RD}=0$，反馈给 $\overline{RD}$ 端一个清零信号，立即使 $Q_3\ Q_2\ Q_1\ Q_0$ 返回 0000 状态，接着，$\overline{RD}$ 端的清零信号也随之消失，74LS160 重新从 0000 状态开始新的计数周期。步骤如下：

第一步：按图 4-36 连接电路图。

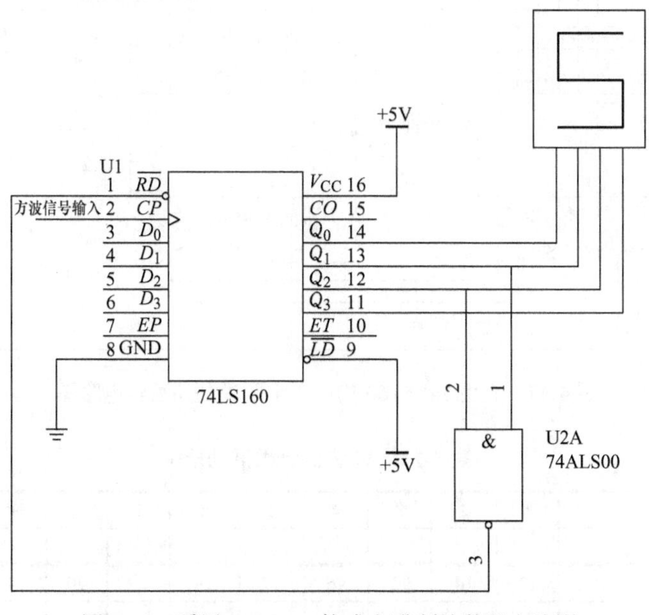

图 4-36　采用 74LS160 构成六进制计数器电路图

第二步：给 2 引脚加频率为 1kHz 的正脉冲信号，译码显示电路可采用模块上现有的电路搭建，*EP* 和 *EP* 引脚接高电平。观看数码管显示结果，并在表 4-12 中记录显示结果。

注意：图中所用与非门为 74LS00 芯片，芯片引脚图参见附录 B。

表 4-12　六进制计数器功能

CP 脉冲个数	1	2	3	4	5	6	7	8	9	10	11	12
数码显示管显示数字												

3．用两片 74LS160 和与非门构成二十四进制计数器（用异步清零端设计）

电路图如图 4-37 所示，74LS160 从 0000 状态开始计数，当输入第 10 个脉冲（上升沿）时，个位芯片输出端清零，同时个位芯片的进位端 *CO* 输出“1”信号，相当于产生了一个上升沿的脉冲，将个位芯片的 *CO* 端和十位芯片的 *CP* 端相连，此时，十位芯片输出端变成 0001，当第 20 个脉冲到来的时候，个位芯片清零，十位芯片的输出端再计一个数变成 0010，当第 24 个脉冲到来的时候，通过与非门，将“0”信号反馈给两片 74LS160 芯片的 $\overline{RD}$ 端，立即使个位芯片和十位芯片的 $Q_3\ Q_2\ Q_1\ Q_0$ 均返回 0000 状态，接着 $\overline{RD}$ 端的清零信号也随之消失，74LS160 重新从 0000 状态开始新的计数周期。步骤如下：

第一步：按图 4-37 接线。

第二步：给 74LS160 的个位芯片的 2 引脚加频率为 1kHz 的正脉冲信号，将个位芯片的 15 引脚 *CO* 端接十位芯片的 2 引脚 *CP* 端，译码显示电路可采用模块上现有的电路搭建，两个芯片的 *EP* 和 *ET* 引脚都接高电平。观看数码管显示结果，并表 4-13 中记录显示结果。

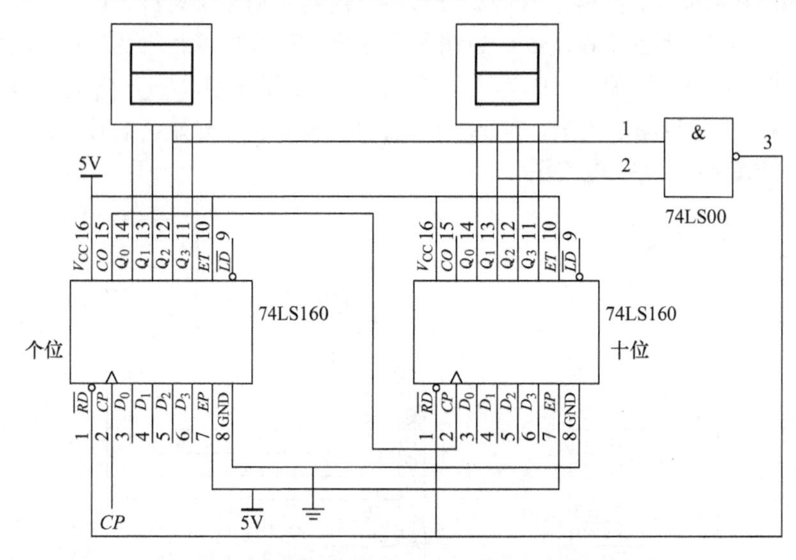

图 4-37　采用 74LS160 构成二十四进制计数器电路图

表 4-13　24 进制计数器功能

CP 脉冲个数	1	2	3	4	5	6	7	8	9	10	11	12
数码显示管显示数字												
CP 脉冲个数	13	14	15	16	17	18	19	20	21	22	23	24
数码显示管显示数字												

四、思考题

1）同步计数器与异步计数器有何异同？

2）如何用两片 74LS192 和与非门 74LS00 构成六十进制加法计数器？

【任务评价】

1）分组汇报任意进制计数器学习与设计情况，通电演示电路功能，并回答相关问题。

2）填写任务评价表，见表 4-14。

表 4-14　任务评价表

评价标准		学生自评	小组互评	教师评价	分值
知识目标	掌握反馈清零法设计 N 进制计数器的工作原理				
	掌握反馈置数法设计 N 进制计数器的工作原理				
	掌握级联法设计 N 进制计数器的工作原理				
技能目标	掌握任意进制计数器的设计方法				
	掌握电路检测方法，具备故障排除能力				
	安全用电、遵守规章制度				
	按企业要求进行现场管理				

【任务总结】

1）数字电路通常分为组合逻辑电路和时序逻辑电路两大类，组合逻辑电路的特点是输入的变化直接反映了输出的变化，其输出的状态仅取决于输入的当前状态，与输入、输出的原始状态无关。时序逻辑电路是一种输出不仅与当前的输入有关，而且与其输出状态的原始状态有关，相当于在组合逻辑的输入端加上了一个反馈输入，在其电路中有 1 个存储电路，可以将输出的状态保持住，输出是输入及输出前一个时刻的状态的函数，这时就无法用组合逻辑电路的函数表达式的方法来表示输出函数表达式了，在这里引入了现态（Present）和次态（Next State）的概念，现态表示现在的状态（通常用 Q^n 表示），而次态表示输入变化后其输出的状态（通常用 Q^{n+1} 表示），那么输入变化后输出状态表示为 $Q^{n+1}=f(X,Q^n)$，其中 X 为输入变量。

2）常见的时序逻辑电路有触发器、计数器及寄存器等。

3）计数器在数字系统中主要是对脉冲的个数进行计数，以实现测量、计数和控制的功能，同时兼有分频功能。计数器是由基本的计数单元和一些控制门所组成，计数单元则由一系列具有存储信息功能的各类触发器构成，这类触发器有 RS 触发器、T 触发器、D 触发器及 JK 触发器等。计数器在数字系统中应用广泛，如在电子计算机的控制器中对指令地址进行计数，以便顺序取出下一条指令，在运算器中做乘法、除法运算时记下加法、减法次数，又如在数字仪器中对脉冲的计数等。

4）如果按照计数器中的触发器是否同时翻转分类，可将计数器分为同步计数器和异步计数器两种。如果按照计数过程中数字增减分类，又可以将计数器分为加法计数器、减法计数器和可逆计数器，随时钟信号不断增加的为加法计数器，不断减少的为减法计数器，可增可减的称为可逆计数器。目前以第一种分类最常用。

任务二　简易秒表的制作与调试

【任务导入】

电子秒表是对时钟脉冲计数，它是一个数字计时器。本任务中要求采用中、小规模集成电路制作一个简易数字电子秒表，该秒表具有数字显示、清零、开始、停止等功能，要求以0.1s为最小单位进行显示。

【知识链接】

一、简易秒表电路的工作原理

（一）工作原理

某企业承接了一批简易秒表电路的安装与调试任务，请按照相应的企业生产标准完成该产品的组装与调试，实现该产品的基本功能，并正确填写相关测数据。原理图如4-38所示。

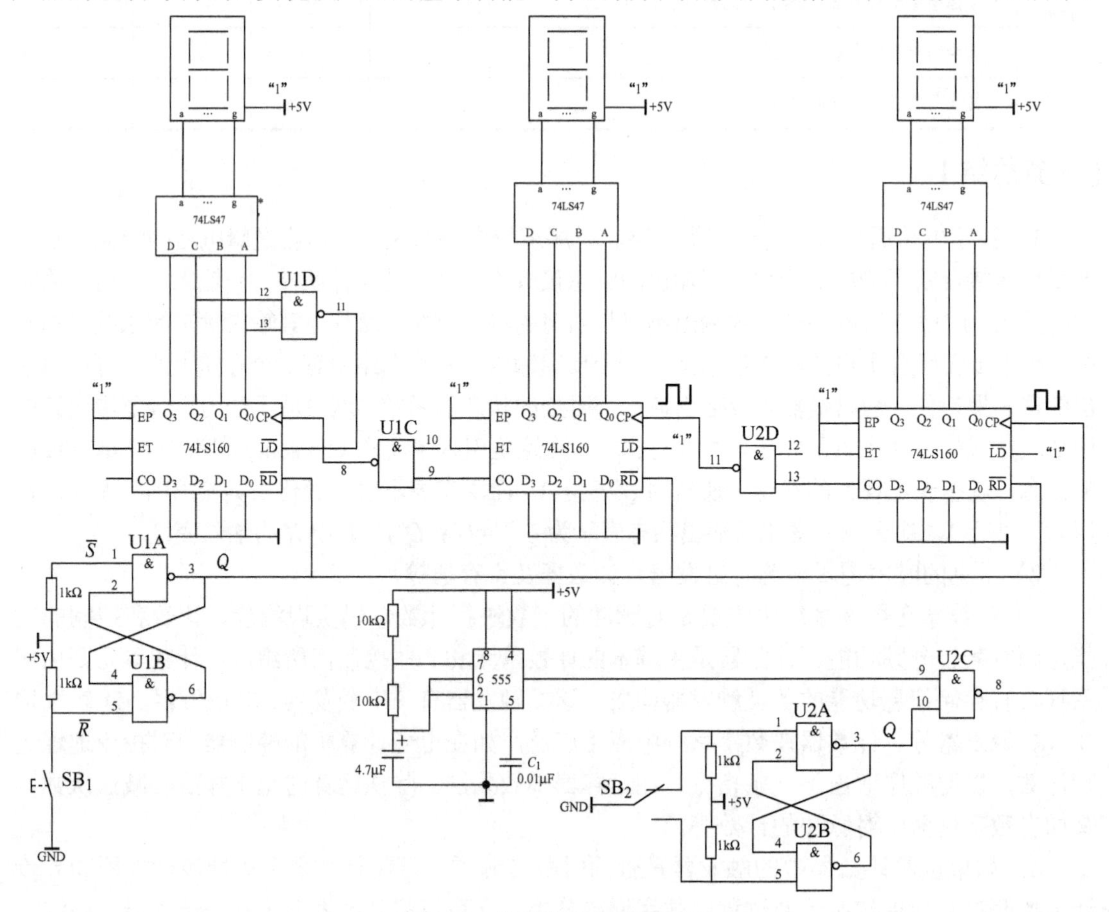

图4-38　简易秒表电路原理图

（二）电路分析

根据要求，电路的组成框图如图 4-39 所示，该电路由控制电路（实现启动、停止、清零）、脉冲电路（提供计时脉冲）、计数器（实现 0.1～0.9s 计时、0s～59s 计时）、译码器（将计数器的 8421BCD 译成十进制数驱动数码管）和数码显示器组成。

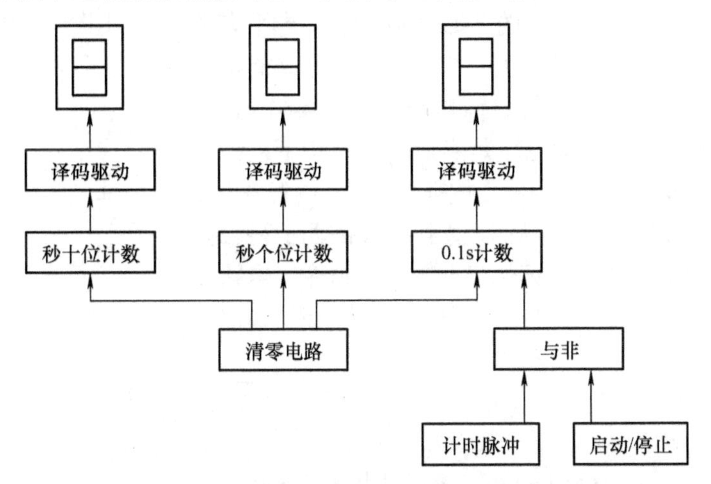

图 4-39　简易秒表的结构框图

1．脉冲电路

脉冲电路为秒表中的计数芯片提供计时脉冲。本任务中采用由 555 集成电路组成的多谐振荡器产生矩形计时脉冲（如图 4-40 所示），要实现毫秒计时，矩形脉冲的周期为 0.1s，矩形脉冲的占空比为 2/3，将数据带入计算公式中去，可确定 R_1、R_2、C 的值。

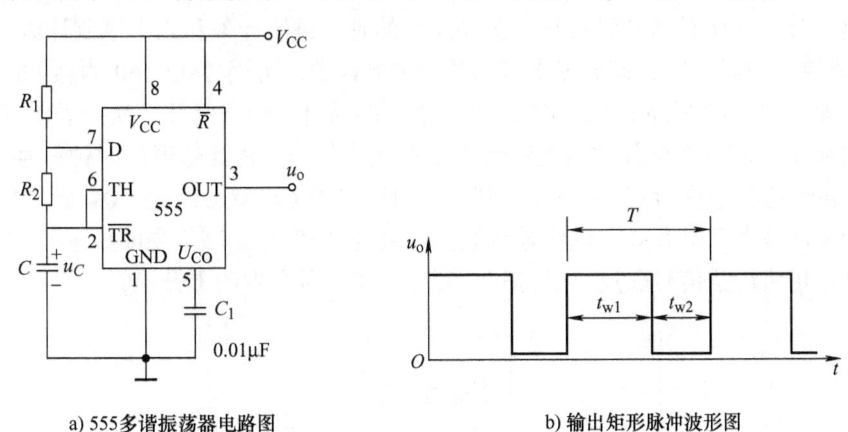

图 4-40　脉冲电路

$$q=\frac{R_1+R_2}{R_1+2R_2}=\frac{2}{3}$$

$$T=t_{w1}+t_{w2}\approx 0.7(R_1+2R_2)C=0.1\text{s}$$

联合计算可得

$$\text{取}\ R_1=R_2=10\text{k}\Omega,\ C=4.7\mu\text{F}$$

2．控制电路

控制电路主要实现对秒表的启动、停止和清零控制。

1）清零电路。清零电路实现的是当清零按键按下，所有计数器都清零，并在按键恢复后保持该状态，直至有新的启动计数命令到达。本任务所用到的 74LS160 带有低电平有效的清零端 $\overline{RD}$，可由按键按下产生一个低电平信号来清零，并由 RS 触发器将这个清零信号保持。电路图如图 4-41 所示。

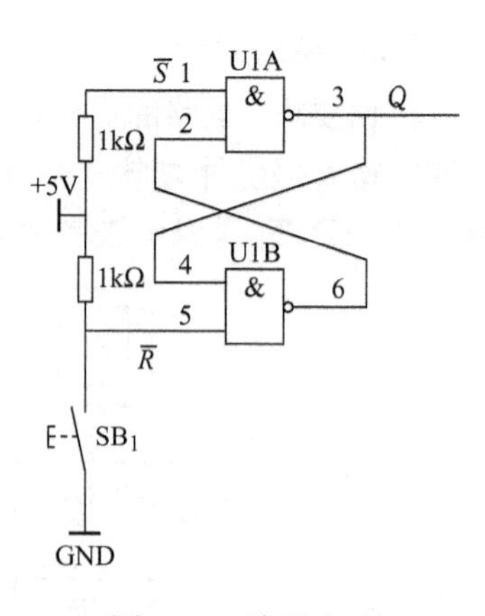

图 4-41　清零电路

2）启动/停止电路。启动电路是当启动按键按下，秒表开始从 0.1s 计时。停止电路是当停止按键按下时，秒表停止计时，并保持按键按下之前的计数状态，直到新的启动命令到达，继续计时，也由 RS 触发器来记忆启动或停止命令。电路如图 4-42 所示。

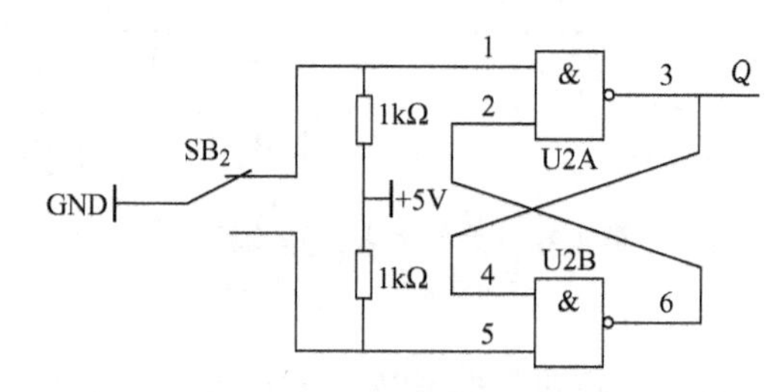

图 4-42　启动/停止电路

3．计数电路

计数电路分为 0.1s 计数和秒计数，分别实现的是十进制计数和六十进制计数。

1）十进制加法器。0.1s 计数器实现的是十进制计数，可用 74LS160 直接构成十进制加法器，电路图如图 4-43 所示。当计满 10 次，清零的同时，秒个位计一次，因此可将 0.1s 计数器的进位端 *CO* 和秒个位计数器的时钟端 *CP* 相连，作为秒计数器的时钟信号。74LS160 的进位 *CO* 属于超前进位，也就是当计数到“9”时，进位 *CO* 就会产生“0”到“1”的跳变，而计数器的 *CP* 是上升沿有效，这将导致低位计数到“9”时，高位立即显示“1”，为了解决这个问题，可将进位信号取反，以得到“9”到“0”所产生的上升沿。

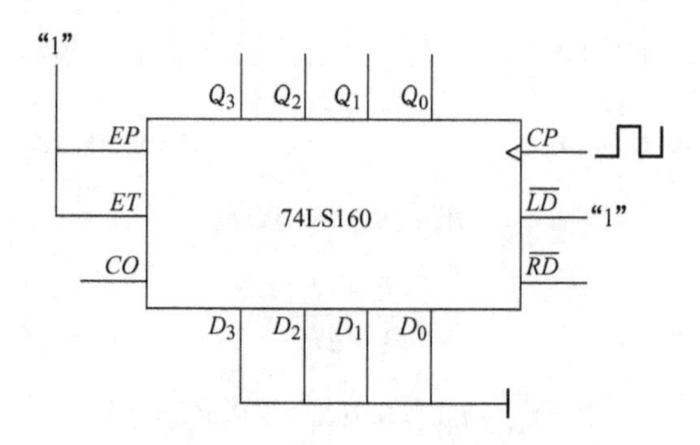

图 4-43　0.1s 十进制计数器

2）六十进制加法器。利用 74LS160 构成的六十进制加法器如图 4-44 所示，秒十位

用异步置数法构成六进制计数器，秒个位直接构成十进制计数器，采用串行进位方式连接成六十进制计数器。

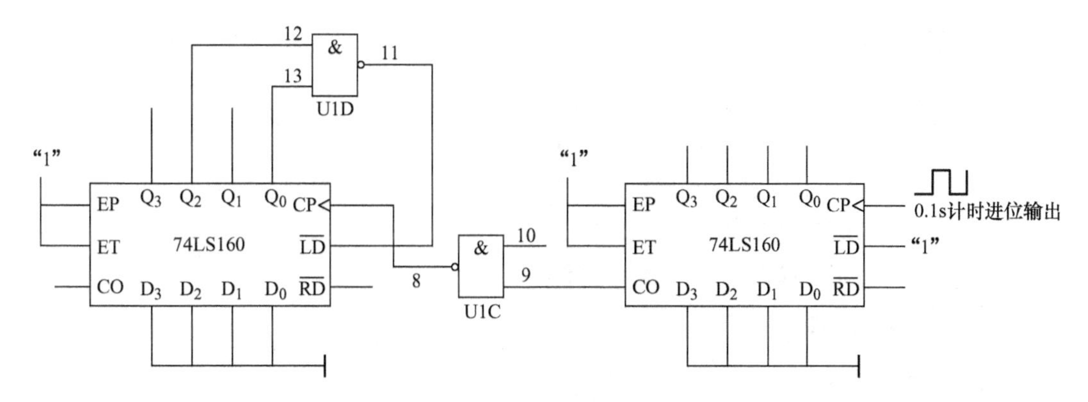

图 4-44　六十进制计数器

4．译码显示电路

本任务采用的是共阳极数码管，译码驱动器为 74LS47，构成的译码显示电路如图 4-45 所示。

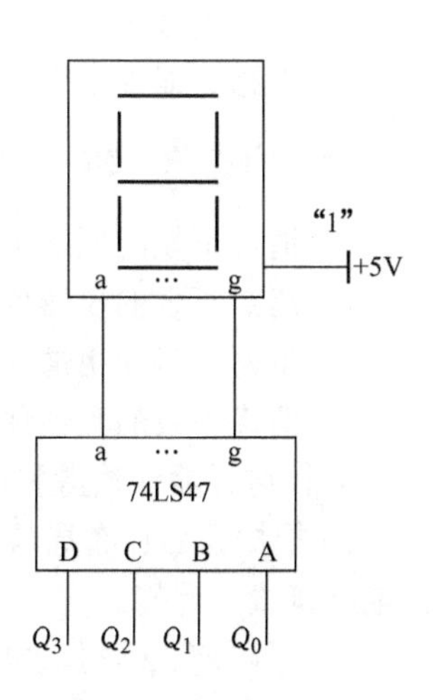

图 4-45　译码显示电路

二、电路元器件参数及功能

（一）电路元器件清单

元器件清单见表 4-15。

（二）元器件介绍

NE555 时基电路为一种数模混合型的中规模集成电路，可产生精准的时间延迟和振荡，由于内部有 3 个 5kΩ 的电阻分压器，故称为“555 定时器”。它可以提供与 TTL 及 CMOS 数字电路兼容的接口电平。555 定时器的实物图和引脚排列图如图 4-46 所示。

表 4-15　元器件清单

序号	名称	类型	封装	数量	单位
1	电阻	1kΩ 1/4W	色环直插	4	个
2	IC	555 定时器	直插	1	个
3	IC	74LS00	直插	2	个
4	IC	74LS160	直插	3	个
5	按键		直插	1	个
6	座子	14P	直插	2	个
7	座子	16P	直插	6	个
8	IC	74LS47	直插	3	个
9	1 位数码管	共阳极	直插	3	个
10	双刀开关		直插	1	个

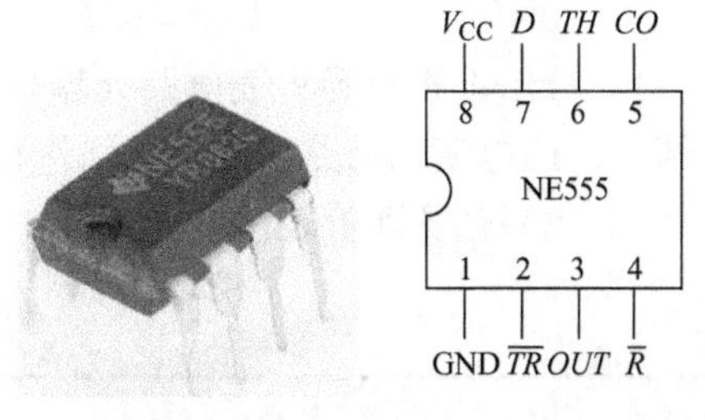

a) NE555实物图　　b) NE555引脚排列图

图 4-46　NE555 实物和引脚排列图

【任务实施】

一、任务目的

1）熟悉中规模集成计数器的功能及应用。

2）熟悉中规模集成译码器的功能及应用。

3）熟悉 LED 数码管及其驱动电路的工作原理。

4）熟悉 555 构成多谐振荡器的工作原理。

5）掌握简易电子电路的安装与调试方法。

二、仪器与元器件

1）焊接工具 1 套。

2）实训电路板 1 块。

3）万用电表 1 块。

4）电路元器件 1 套（按元器件清单表配齐）。

三、内容及步骤

1）清点下发的焊接工具数目，检查焊接工具的好坏。

2）清点下发的仪器仪表数目，检查仪器仪表好坏。

3）填好设备使用情况登记表。

4）清点下发的元器件。

5）核对元器件数量和规格，检查器件的好坏。

6）根据元器件布局与接线图，在万能板上进行电路接线、焊接。

7）通电前正确检查电路。

8）通电调试，请在图 4-47 中绘制电路与仪器仪表的接线示意图。

9）通电测试电路是否能实现设计功能。

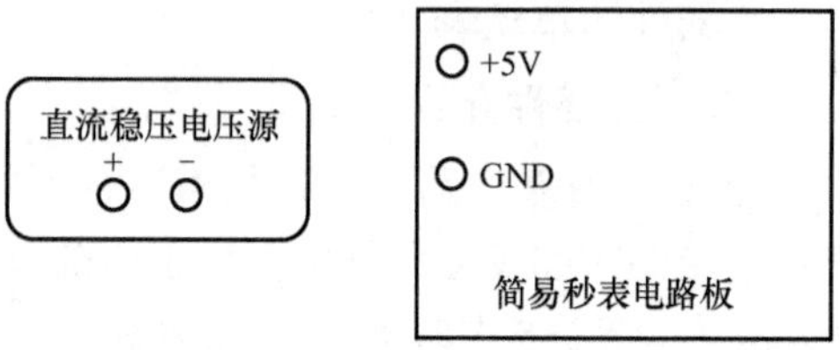

直流稳压电压源
+ −

+5V
GND
简易秒表电路板

图 4-47　测试接线示意图

【任务评价】

1）分组汇报简易秒表电路元器件识别与检测、电路工作原理、安装与调试等内容的学习情况，通电演示电路功能，并回答相关问题。

2）填写任务评价表，见表 4-16。

表 4-16　任务评价表

评价标准		学生自评	小组互评	教师评价	分值
知识目标	掌握元器件识别与检测的方法				
	掌握简易秒表电路的工作原理				
	掌握计数器电路的逻辑功能与应用				

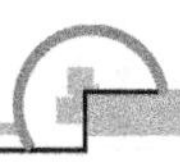

（续）

评价标准		学生自评	小组互评	教师评价	分值
技能目标	掌握计数器电路的应用与调试方法				
	掌握译码显示电路的应用与调试方法				
	掌握电路检测方法，具备故障排除能力				
	安全用电、遵守规章制度				
	按企业要求进行现场管理				

【任务总结】

1）要会根据资料了解集成计数器的引脚功能和逻辑功能。

2）任意 N 进制计数器可以构成任意 M 进制计数器。

3）异步置 0，有过渡态出现，M 进制计数器共有 M+1 个状态，即在 M+1 状态时产生清零信号。

4）同步置数无过渡态出现，M 进制计数器为 M 个状态,即在 M 状态时产生置数信号，置的数由芯片的并行输入口输入。

5）由与非门产生清零、置数信号 0，输入端为数字为 1 的位线。

6）$M>N$ 时，若 $M=N_1N_2$，可直接将两芯片先分别连接成 N_1、N_2 进制，然后用并行进位方式或串行进位方式连接起来。

7）$M>N$ 时，若 M 不能分解为 N_1N_2，可将两芯片直接接成 N^2 进制，然后用整体置零或整体置数的方式构成 M 进制。

8）若用 74LS160（同步十进制计数器），用整体置零或整体置数方式时，可直接由二进制构成的十进制数产生置零或置数信号。

9）若用 74LS161（同步二进制计数器），用整体置零或整体置数方式时，要由二进制构成的等同于十进制数的十六进制数产生置零或置数信号。

10）并行进位方式，低位片的进位脉冲作为高位片的使能控制信号，即 EP 或 ET。

11）串行进位方式，低位片的进位信号作为高位片的 CP 脉冲。

习题训练四

一、填空题

1．时序逻辑电路按状态转换情况可分为________时序电路和________时序电路两大类。

2．在同步计数器中，各触发器的 CP 输入端应接________时钟脉冲。

3．按计数进制的不同，可将计数器分为________、________和 N 进制计数器等类型。

4．用来累计和寄存输入脉冲个数的电路称为________。

5．时序逻辑电路在结构方面的特点是：由具有控制作用的________电路和具有记忆作用________电路组成。

6．寄存器的作用是用于________、________、________数码指令等信息。

7．按计数过程中数值的增减来分，可将计数器分为________、________和________三种。

8．将 D 触发器的 D 端与它的 $\bar{Q}$ 端连接，假设 $Q(t)=0$，则经过 100 个脉冲作用后，它的状态 Q 为________。

9．要构成五进制计数器，至少需要________个触发器，其无效状态有________个。

10．________是对脉冲的个数进行计数，具有计数功能的电路。

二、选择题

1．具有相同计数功能的异步计数器和同步计数器相比，一般情况下异步计数器（　　）。

A．驱动方程简单　　B．使用触发器个数少

C．工作速度快　　D．以上都不对

2．n 级触发器构成的环形计数器，其有效循环的状态数是（　　）。

A．n 个　　B．2 个　　C．4 个　　D．6 个

3．图 4-48 所示波形是一个（　　）进制加法计数器的波形图，试问它有（　　）个无效状态。

A．二　　B．四

C．六　　D．十二

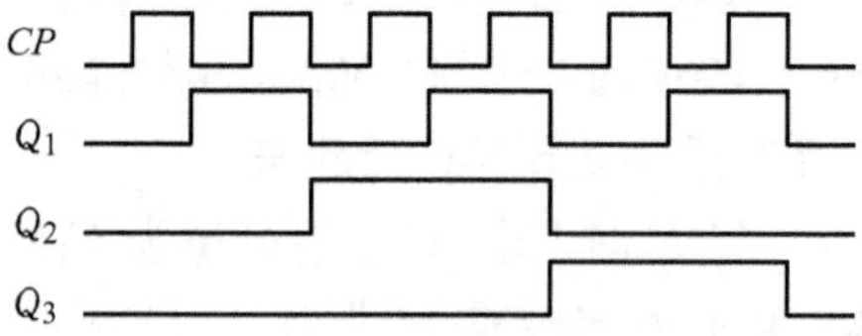

图 4-48　习题 3 波形图

4．设计计数器时应选用（　　）。

A．边沿触发器　　B．基本触发器

C．同步触发器　　D．施密特触发器

5．1 块 74LS290 十进制计数器中含有的触发器个数是（　　）。

A．4　　B．2　　C．1　　D．6

6．n 级触发器构成的扭环形计数器,其有效循环的状态数是（　　）。

A．$2n$ 个　　B．n 个　　C．4 个　　D．6 个

7．时序逻辑电路中一定包含（　　）。

A．触发器　　B．组合逻辑电路　　C．移位寄存器　　D．译码器

8．用 n 个触发器构成计数器，可得到的最大计数长度为（　　）。

A．2^n　　B．$2n$　　C．n^2　　D．n

9．有一个移位寄存器，高位在左，低位在右，欲将存放在其中的二进制数乘上 $(4)_{10}$，则应将该寄存器中的数（　　）。

A．右移两位　　B．左移一位　　C．右移二位　　D．左移一位

10．一位 8421BCD 码计数器至少需要（　　）个触发器。

A．4　　B．3　　C．5　　D．10

11．利用中规模集成计数器构成任意进制计数器的方法有（　　）。

A．复位法　　B．预置数法　　C．级联复位法

12．用触发器设计一个二十四进制的计数器，至少需要（　　）个触发器。

A．5　　B．4　　C．6　　D．3

13．在下列逻辑电路中，不是组合逻辑电路的是（　　）。

A．寄存器　　B．编码器　　C．全加器　　D．译码器

14．若有一个N进制计数器，用复位法可以构成M进制计数器，则M（　　）N。

A．<　　B．>　　C．=　　D．不等于

15．一个四位二进制减法计数器的起始值为1001，经过100 个时钟脉冲作用之后的值为（　　）。

A．0101　　B．0100　　C．1101　　D．1100

三、综合分析题

1．分析图4-49所示时序电路的逻辑功能，写出电路的驱动方程、状态方程和输出方程，画出电路的状态转换图，说明电路能否自启动。

2．试分析图4-50时序电路的逻辑功能，写出电路的驱动方程、状态方程和输出方程，画出电路的状态转换图。A为输入逻辑变量。

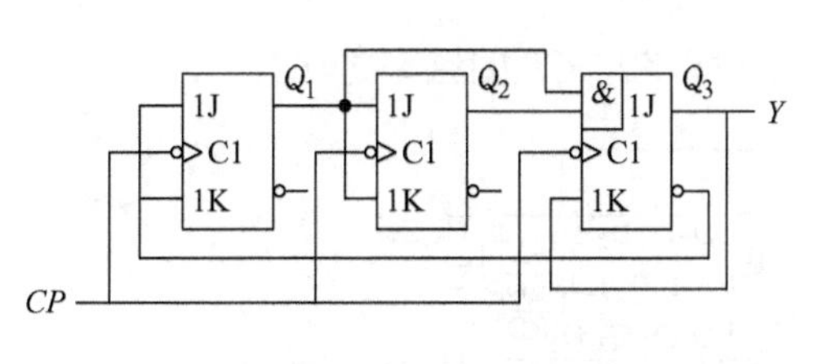

图4-49　习题1电路图

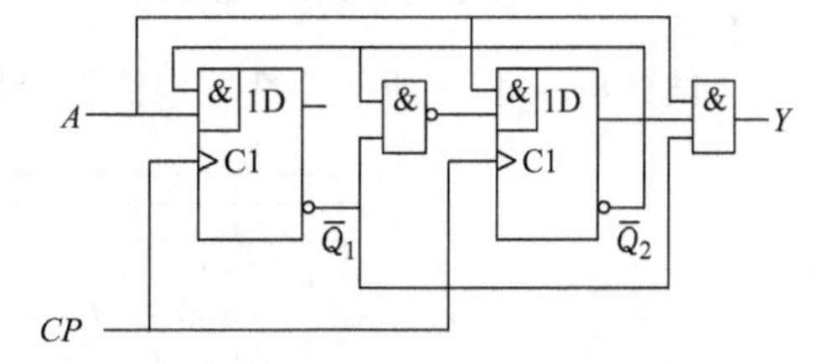

图4-50　习题2电路图

3．试分析图4-51时序电路的逻辑功能，写出电路的驱动方程、状态方程和输出方程，画出电路的状态转换图，检查电路能否自启动。

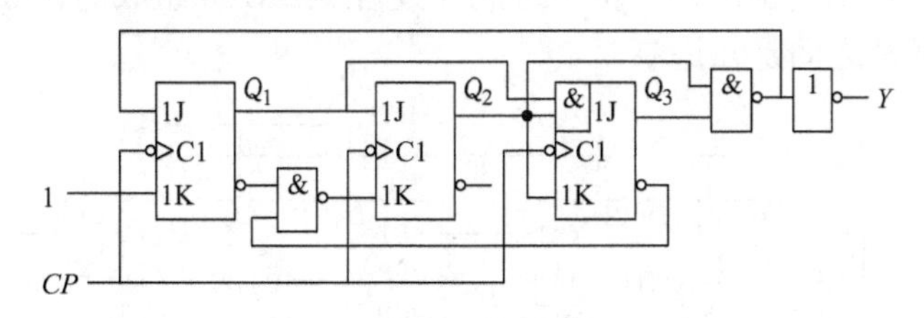

图4-51　习题3电路图

4．分析图4-52所示的计数器电路，画出电路的状态转换图，说明这是多少进制的计数器。

5．分析图4-53所示的计数器电路，画出电路的状态转换图，说明这是多少进制的计数器。

6．试用4位同步二进制计数器74LS161接成十三进制计数器，标出输入、输出端，可以附加必要的门电路。

7．试分析图4-54所示的计数器在M=1和M=0时各为几进制。

8．设计一个进制可控的计数器，当输入控制变量M=0时工作在五进制，M=1时工作在十五进制，请标出计数输入端和进位输出端。

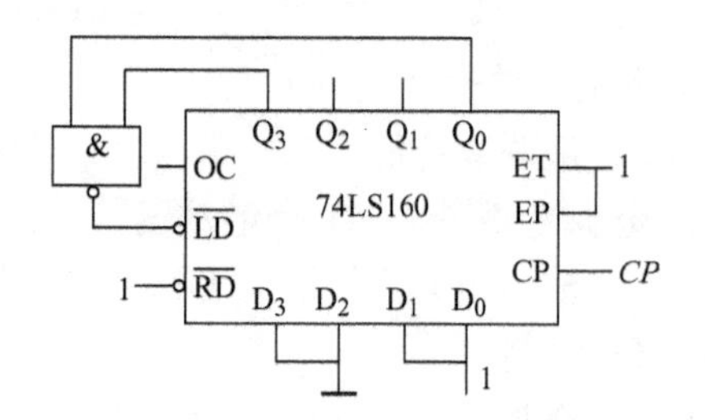

图 4-52　习题 4 电路图

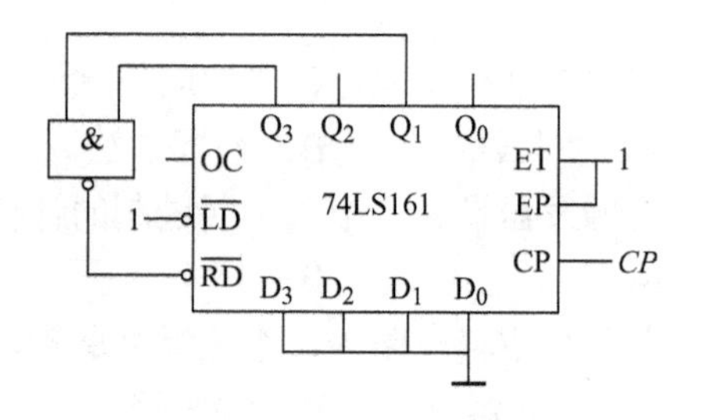

图 4-53　习题 5 电路图

9．分析图 4-55 给出的计数器电路，画出电路的状态转换图，说明这是几进制计数器。

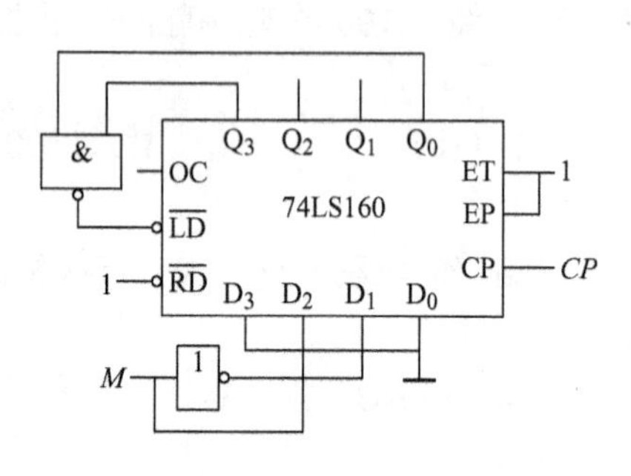

图 4-54　习题 7 电路图

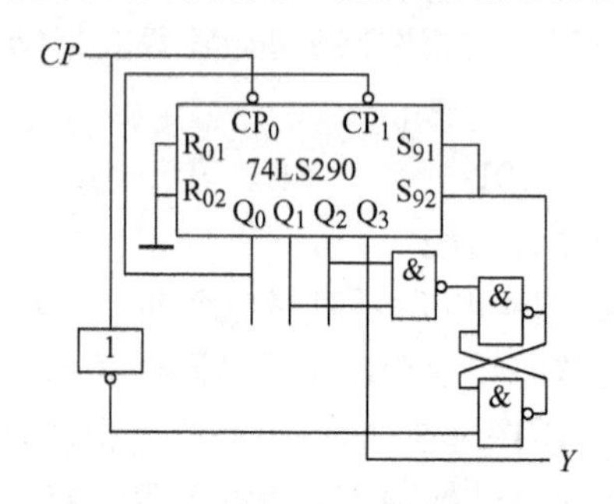

图 4-55　习题 9 电路图

10．试分析图 4-56 所示计数器电路的分频比（即 Y 与 CP 的频率之比）。

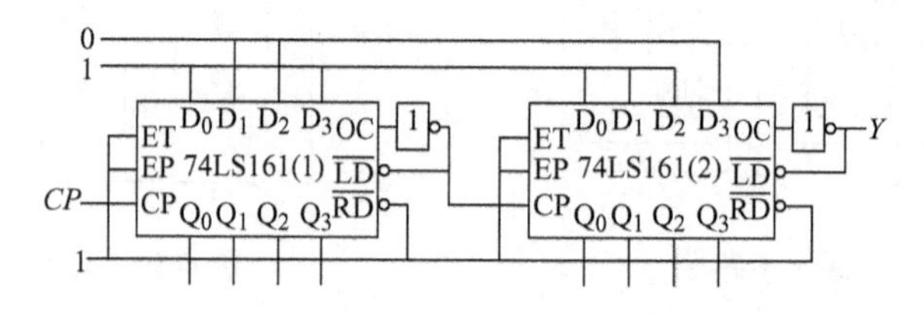

图 4-56　习题 10 电路图

11．图 4-57 所示电路是由两片同步十进制计数器 74LS160 组成的计数器，试分析这是多少进制的计数器，两片之间是几进制。

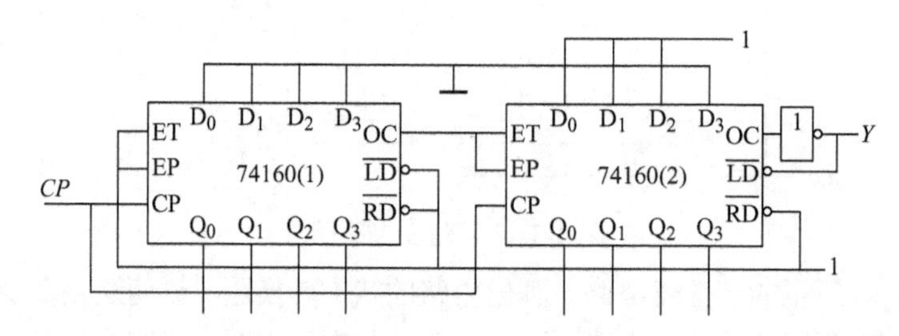

图 4-57　习题 11 电路图

12．试用两片异步二-五-十进制计数器 74LS290 组成二十四进制计数器。

项目五　三角波发生器的分析与制作

项目描述

本项目将要设计和制作一个三角波发生器。电路的系统框图如图 5-1 所示，系统由两部分构成。首先，555 定时器模块通过配以外围电路构成一个具有恒流充电和恒流放电的变形多谐振荡器。其次，波形输出模块主要通过电容设置三角波的频率。

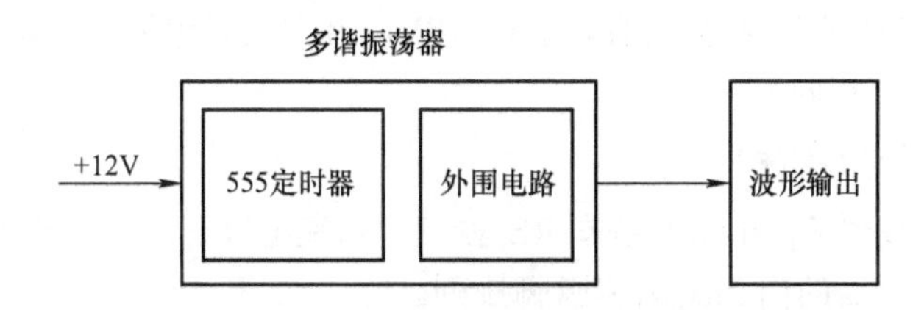

图 5-1　三角波发生器电路系统框图

围绕三角波发生器电路的知识与技能点，本项目分解为两个子任务，即 555 定时器的功能测试、三角波发生器的制作与调试。

学习目标

【知识目标】

1）熟悉 555 定时器的基本结构和分类。
2）掌握 555 定时器构成施密特触发器的电路结构及工作原理。
3）掌握 555 定时器构成单稳态触发器的电路结构及工作原理。
4）掌握 555 定时器构成多谐振荡器的电路结构及工作原理。

【技能目标】

1）熟悉 555 定时器资料查询、识别与选用方法。
2）掌握 555 定时器的应用及电路测试方法。
3）掌握三角波发生器电路的安装与调试。

任务一　555 定时器的功能测试

【任务导入】

555 定时器（时基电路）是电子工程领域中广泛使用的一种中规模集成电路。1972 年由西格尼蒂克斯公司（Signetics）研制，设计新颖、构思奇巧，备受电子专业设计人员和电子爱好者青睐。

【知识链接】

一、555定时器概述

555定时器是一种多用途的数字-模拟混合集成电路，具有结构简单、使用电压范围宽、工作速度快、定时精度高、驱动能力强等优点。555定时器配以外部元器件，可以构成施密特触发器、单稳态触发器和多谐振荡器等多种实际应用电路，所以555定时器在波形的产生与变换、测量与控制、家用电器、电子玩具等许多领域中都得到了应用。

555定时器产品型号繁多，有TTL和CMOS两种类型，其中TTL为××555（××556双555），CMOS为7555（7556双555）。TTL定时器电源电压范围为5～16V，最大负载电流可达200mA；CMOS定时器电源电压范围为3～18V，最大负载电流在4mA以下。它们的功能和外部引脚的排列完全相同。

（一）555定时器电路结构

555定时器由比较器C_1和C_2、基本RS触发器和集电极开路的放电晶体管VT三部分组成。图5-2为555定时器的内部结构和引脚排列。

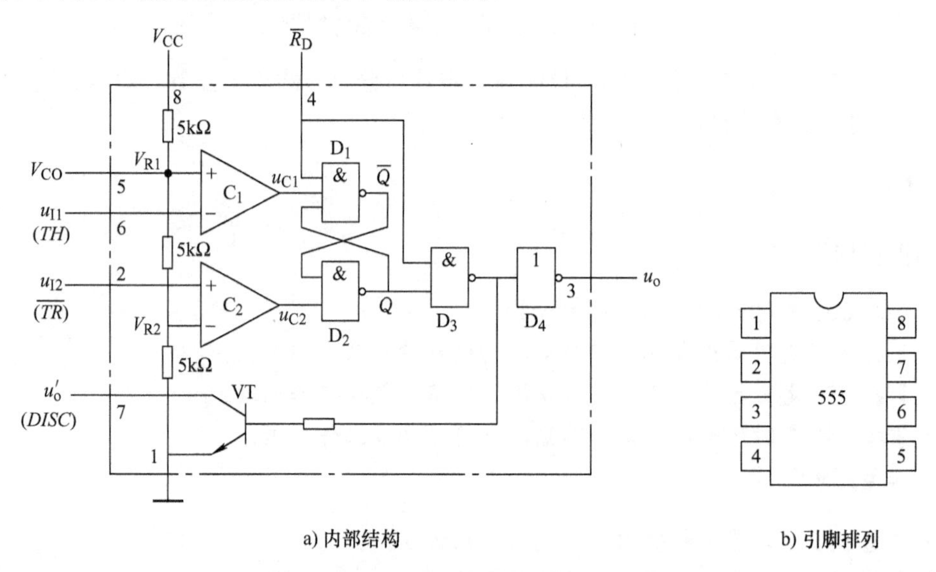

a) 内部结构　　b) 引脚排列

图5-2　555定时器的内部结构和引脚排列

图5-2a中*TH*（6脚）和$\overline{TR}$（2脚）是555定时器的两个输入端，*TH*是比较器C_1的输入端，而$\overline{TR}$是比较器C_2的输入端。C_1和C_2的基准电压经过3个5kΩ的电阻分压提供。当控制电压输入端*CO*（5脚）悬空时，$V_{C1}=\frac{2}{3}V_{CC}$、$V_{C2}=\frac{1}{3}V_{CC}$，如果*CO*端外接固定电压，则$V_{C1}=V_{CO}$、$V_{C2}=\frac{1}{2}V_{CO}$。

$\overline{R_D}$（4脚）是复位端，只要加上低电平，输出端*OUT*（3脚）便立即被置成低电平，不受其他输入信号的影响，正常工作时必须使$\overline{R_D}$处于高电平。

DISC（7脚）是放电端，其导通或关断为*RC*回路提供了放电或充电通路。

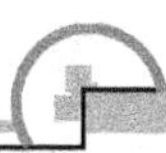

（二）555 定时器的工作原理

1．当 $u_{I1}>\frac{2}{3}V_{CC}$，$u_{I2}>\frac{1}{3}V_{CC}$ 时

比较器 C_1 输出低电平，比较器 C_2 输出高电平，基本 RS 触发器置 0，Q=1，放电晶体管 VT 导通，输出端 $u_o=Q$ 为低电平。

2．当 $u_{I1}<\frac{2}{3}V_{CC}$，$v_{I2}<\frac{1}{3}V_{CC}$ 时

比较器 C_1 输出高电平，比较器 C_2 也输出高电平，基本 RS 触发器的 R=1，S=1，触发器状态不变，电路保持原状态不变。

3．当 $u_{I1}<\frac{2}{3}V_{CC}$，$u_{I2}<\frac{1}{3}V_{CC}$ 时

比较器 C_1 输出高电平，比较器 C_2 输出低电平，基本 RS 触发器置 1，Q=0，放电晶体管 VT 截止，输出端 $u_o=Q$ 为高电平。

4．当 $u_{I1}>\frac{2}{3}V_{CC}$，$u_{I2}<\frac{1}{3}V_{CC}$ 时

比较器 C_1 输出高电平，比较器 C_2 输出低电平，基本 RS 触发器置 1，Q=0，放电晶体管 VT 截止，输出端 $u_o=Q$ 为高电平。

综上所述，555 定时器的功能表见表 5-1。

表 5-1　555 定时器的功能表

输入			输出	
$\overline{R_D}$	u_{I1}	u_{I2}	u_o	VT 状态
0	×	×	低	导通
1	$>\frac{2}{3}V_{CC}$	$>\frac{1}{3}V_{CC}$	低	导通
1	$<\frac{2}{3}V_{CC}$	$>\frac{1}{3}V_{CC}$	不变	不变
1	$<\frac{2}{3}V_{CC}$	$<\frac{1}{3}V_{CC}$	高	截止
1	$>\frac{2}{3}V_{CC}$	$<\frac{1}{3}V_{CC}$	高	截止

二、555 定时器的应用

555 定时器加上外部元器件可构成脉冲信号发生器和整形电路，其典型电路有施密特触发器、单稳态触发器和多谐振荡器。

（一）施密特触发器

1．电路结构

由 555 定时器构成的施密特触发器如图 5-3 所示，定时器外接直流电源和地，高电平触发端 TH 和低电平触发端 $\overline{TR}$ 直接连接，作为信号输入端；外部复位端 $\overline{R_D}$ 接直流电源 V_{CC}（即 $\overline{R_D}$ 接高电平），控制端 CO 通过滤波电容接地。

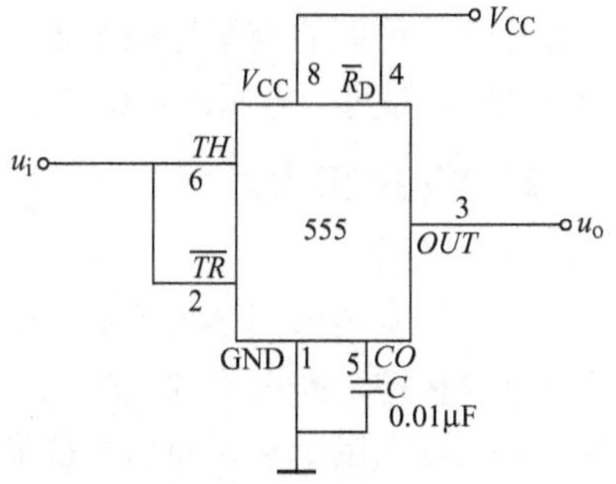

图 5-3　施密特触发器

2．工作原理

工作波形如图 5-4 所示。

1）u_i 由 0 上升至 $\frac{2}{3}V_{CC}$ 时，分析如下：

当 $u_i<\frac{2}{3}V_{CC}$ 时，因为 $\overline{TR}<\frac{1}{3}V_{CC}$，$TH<\frac{2}{3}V_{CC}$，使 555 定时器置 1，$v_o=V_{OH}$。

当 $\frac{1}{3}V_{CC}<u_i<\frac{2}{3}V_{CC}$ 时，因为 $\overline{TR}>\frac{1}{3}V_{CC}$，$TH<\frac{2}{3}V_{CC}$，555 定时器处于保持功能，故 $u_o=V_{OH}$ 不变。

2）u_i 继续上升到达最大值时，分析如下：

当 $u_i > \frac{2}{3}V_{CC}$ 时，因为 $\overline{TR} > \frac{1}{3}V_{CC}$，$TH > \frac{2}{3}V_{CC}$，使 555 定时器置 0，故 $u_o = V_{OL}$。输出 u_o 由 V_{OH} 变化到 V_{OL} 发生在 $u_i = \frac{2}{3}V_{CC}$，因此 $V_{T+} = \frac{2}{3}V_{CC}$。

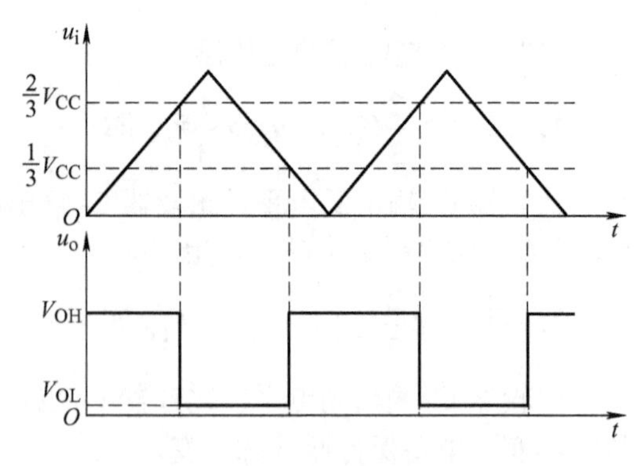

图 5-4　施密特触发器工作波形图

3）u_i 由 $\frac{2}{3}V_{CC}$ 减小至 0 时，分析如下：

当 $\frac{1}{3}V_{CC} < u_i < \frac{2}{3}V_{CC}$ 时，因为 $\overline{TR} > \frac{1}{3}V_{CC}$，$TH < \frac{2}{3}V_{CC}$，555 定时器处于保持功能，故 $u_o = V_{OL}$ 不变。

当 $u_i < \frac{1}{3}V_{CC}$ 时，因为 $\overline{TR} < \frac{1}{3}V_{CC}$，$TH < \frac{2}{3}V_{CC}$，使 555 定时器置 1，$u_o = V_{OH}$。输出 u_o 由 V_{OL} 变化到 V_{OH} 发生在 $u_i = \frac{1}{3}V_{CC}$ 处，因此 $V_{T-} = \frac{1}{3}V_{CC}$。

由此可得到回差电压为 $\Delta V_T = V_{T+} - V_{T-} = \frac{1}{3}V_{CC}$。

如果参考电压由外接控制电压 V_{CO} 提供，则 $V_{T+}=V_{CO}$，$V_{T-}=V_{CO}/2$，$\Delta V_T= V_{T+}-V_{T-}=V_{CO}/2$。只要改变 V_{CO} 的数值，就能调节回差电压的大小。图 5-5 为利用 555 定时器的外接控制电压实现回差电压可调的施密特触发器。调节 R_P 电位器可以改变控制电压 V_{CO} 的大小，从而改变 555 定时器内部两个电压比较器的门限值，达到控制 V_{T+} 和 V_{T-} 的目的。

（二）单稳态触发器

1. 电路结构

单稳态触发器如图 5-6 所示。电路由一个 555 定时器和若干电阻、电容构成。定时器外接直流电源和地，高电平触发端 *TH* 和放电端 *DISC* 直接连接，低电平触发端 $\overline{TR}$ 作为触发信号输入端接输入电压 u_i，外部复位端 $\overline{R_D}$ 接直流电源 V_{CC}（即 $\overline{R_D}$ 接高电平），控制端 *CO* 通过滤波电容接地。

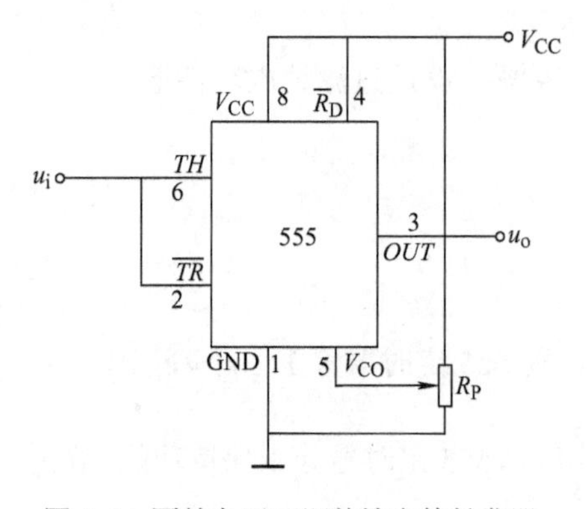

图 5-5　回差电压可调的施密特触发器

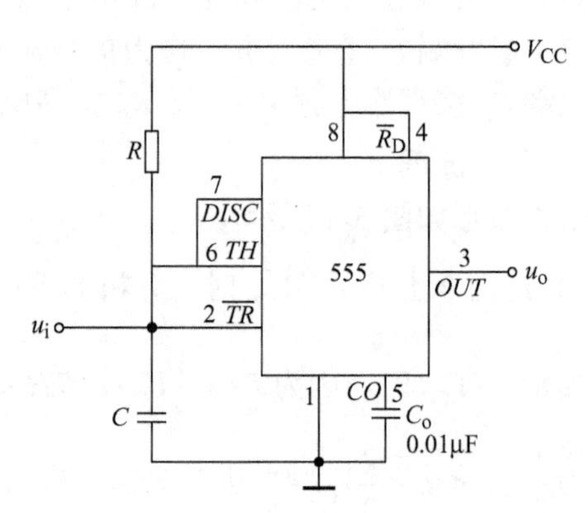

图 5-6　单稳态触发器

2．工作原理

单稳态触发器的工作波形如图 5-7 所示。

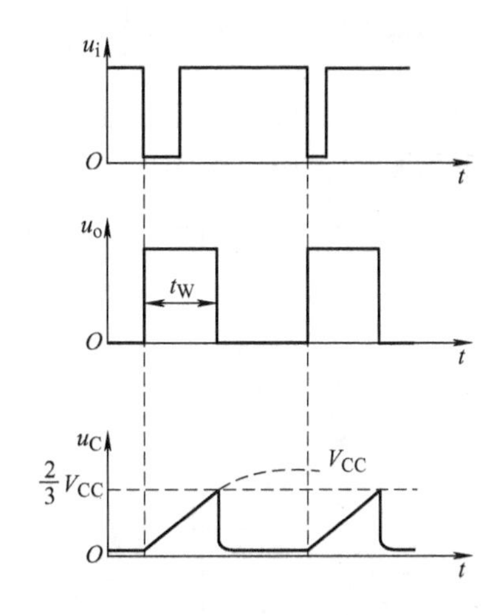

图 5-7　单稳态触发器工作波形图

1）稳态。如果接通电源后触发器处于 Q=1 的状态，则内部泄放开关（VT）截止，V_{CC} 经过 R 向电容 C 充电。当充电到 $u_C > \frac{2}{3}V_{CC}$ 时，555 定时器置 0；同时，泄放开关导通，由电容 C→VT→GND 放电，使 u_C 按指数关系迅速下降至 $u_C \approx 0$。此后，若 u_i 没有触发信号（低电平），则 555 定时器处于保持功能，输出也相应地稳定在 $u_o = 0$ 的状态，所以 $u_o = 0$ 是电路的稳定输出状态。

2）由稳态进入暂稳态。当输入触发脉冲 u_i 的下降沿到达后，因为 $\overline{TR} < \frac{1}{3}V_{CC}$，使 555 定时器置 1，故 $u_o = 1$，电路进入暂稳态。与此同时，泄放开关截止，V_{CC} 通过 R 开始向电容 C 充电。

3）暂稳态的维持。当电容 C 从 0 开始充电，但 $u_C < \frac{2}{3}V_{CC}$ 时，定时器处于保持功能，维持 $u_o = 1$ 的状态，电容继续充电。

4）由暂稳态自动返回稳态。当电容 C 充电至 $u_C > \frac{1}{3}V_{CC}$ 时，555 定时器置 0，于是输出自动返回到起始状态 $u_o = 0$。与此同时，泄放开关导通，电容 C 通过其迅速放电，直到 $u_C \approx 0$，电路恢复到稳态。

暂稳态（$u_o = 1$）的持续时间取决于外接电容 C 和电阻 R 的大小，输出脉冲的宽度 t_W 等于电容电压 u_C 从 0 上升到 $\frac{1}{3}V_{CC}$ 所需的时间，可用以下公式估算：

$$t_w = RC\ln 3 \approx 1.1RC$$

（三）多谐振荡器

多谐振荡器是一种自激振荡器，它在接通电源后，无需外加触发信号，就能自动振荡起来，产生一定频率和幅值的矩形脉冲，所以常用作脉冲信号源。由于矩形波中除基波分量外，还包含许多高次谐波分量，因此习惯上称这类振荡器为多谐振荡器。由于多谐振荡器的两个输出状态自动交替转换，故又称为无稳态触发器。

1．电路结构

由 555 定时器构成的多谐振荡器如图 5-8 所示。高电平触发端 TH 和低电平触发端 $\overline{TR}$ 直接连接，无外部信号输入端，放电端 $DISC$ 也接在两个电阻之间。

2．工作原理

当接通电源以后，因为电容 C 上的初始电压为零，所以 V_{CC} 经过 R_1 和 R_2 向电容 C 充电。当电容 C 充电到 $u_C > \frac{2}{3}V_{CC}$ 时，555 定时器置 0，输出跳变为低电平；同时，泄放开关 VT 导通，电容 C→电阻 R_2→VT→地 GND 开始放电。

当电容 C 放电至 $u_C < \frac{1}{3}V_{CC}$ 时，555 定时器置 1，输出电位又跳变为高电平，同时泄放开关 VT 截止，电容 C 重新开始充电，重复上述过程。如此周而复始，电路产生振荡，其工作波形如图 5-9 所示。

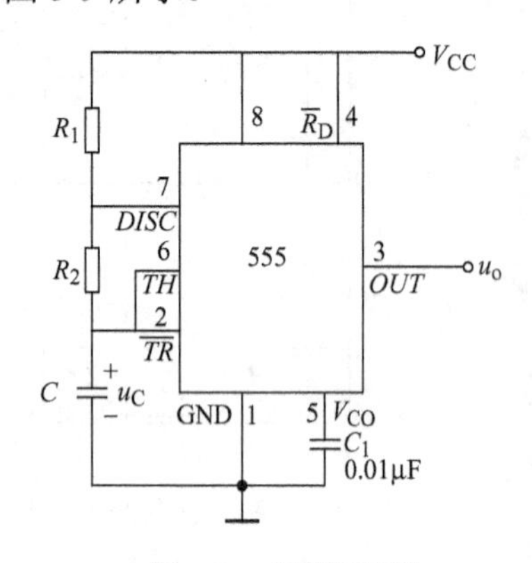

图 5-8　多谐振荡器

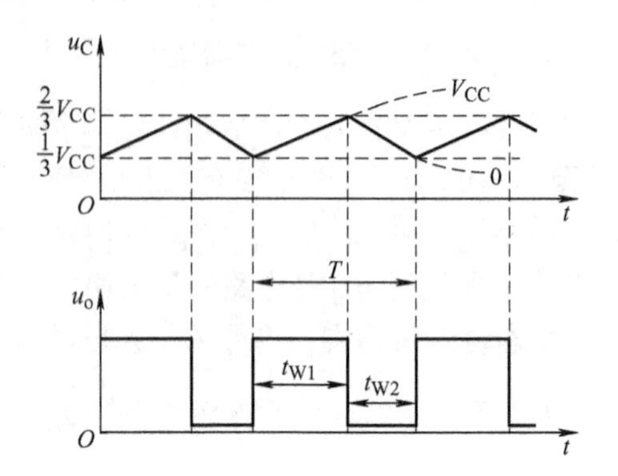

图 5-9　多谐振荡器工作波形

其中 t_{w1} 为电容 C 从 $\frac{1}{3}V_{CC}$ 充电到 $\frac{2}{3}V_{CC}$ 所需时间，可推得 $t_{w1} \approx 0.7(R_1 + R_2)C$

t_{w2} 为电容 C 从 $\frac{2}{3}V_{CC}$ 放电到 $\frac{1}{3}V_{CC}$ 所需时间，可推得 $t_{w2} \approx 0.7R_2C$

矩形波的周期为 $T = t_{w1} + t_{w2} \approx 0.7(R_1 + R_2)C$

矩形波的占空比为 $q = \frac{t_{w1}}{t_{w1} + t_{w2}} = \frac{R_1 + R_2}{R_1 + 2R_2}$

可见，调节 R_1、R_2 或电容 C 的大小，即可改变振荡周期和矩形波的占空比。

（四）工程应用

图 5-10 所示电路是一个照明灯自动亮灭装置，白天让照明灯自动熄灭，夜晚自动点亮。图中 R 是一个光敏电阻，当受光照射时电阻变小；当无光照射或光照微弱时电阻增大。

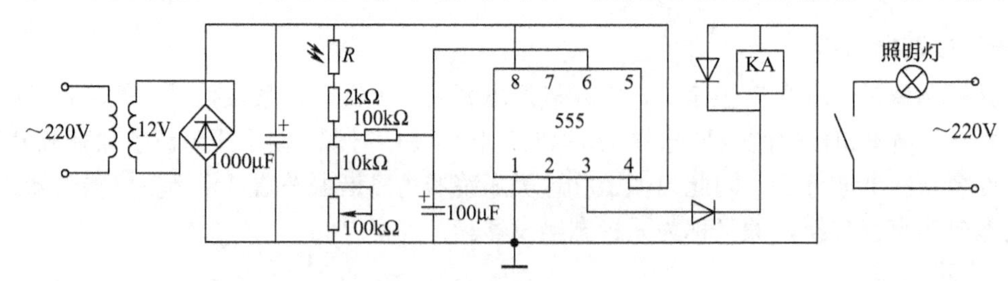

图 5-10　照明灯自动亮灭电路

当接通交流电源时，555 定时器获得直流电压为

$$V_{CC} = 1.2 \times 12\text{V} = 14.4\,\text{V}$$

1）白天有光照射时，光敏电阻 R 的阻值变小，电源向 100μF 电容充电，当充电到：

$$u_C > \frac{2}{3}V_{CC} = \frac{2}{3} \times 14.4\text{V} = 9.6\,\text{V}$$

这时 555 定时器输出低电平，不足以使继电器 KA 动作，照明灯熄灭。

2）夜晚无光照射或光照微弱时光敏电阻 R 的阻值增大，100μF 电容放电，当放电到：

$$u_C < \frac{1}{3}V_{CC} = \frac{1}{3} \times 14.4\text{V} = 4.8\text{ V}$$

这时 555 定时器输出高电平，使继电器 KA 动作，照明灯点亮。

图中 100kΩ 电位器用于调节动作灵敏度，阻值增大易于熄灯，阻值减小易于开灯。两个二极管是防止继电器线圈的感应电动势损坏 555 定时器，起续流保护作用。

【任务实施】

一、任务目的

1）掌握施密特触发器的特点。

2）学会测试集成施密特触发器的阈值电压。

3）了解施密特触发器的应用。

二、仪器与元器件

1）双踪示波器 1 台、函数信号发生器 1 台、数字万用电 1 块。

2）本任务所需元器件见表 5-2。

表 5-2　元器件清单

序号	名称	型号与规格	封装	数量	单位
1	施密特触发器	CD40106	直插	1	个
2	色环电阻	10kΩ	直插	1	个
3	电容	0.1μF	直插	1	个
4	二极管	1N4148	直插	1	个

三、内容与步骤

1. 波形变换

图 5-11a 中，电源电压 V_{CC} 取+5V，u_I 接信号发生器的正弦波（输入信号是由直流分量和正弦分量叠加而成的，且峰峰值 V_{P-P}=4V，频率为 1kHz），用双踪示波器观察并记录这种情况下的输入 u_I 及输出 u_O 波形。同时用示波器测出 V_{T+}、V_{T-}、ΔV_T、V_{OH}、V_{OL} 及 u_O 的周期，将结果填入自行设计的表格中。**注意：做此项任务时，信号发生器的直流偏置开关必须起作用。**

2. 展宽脉冲

按图 5-12 接线，取电阻 R=10kΩ，电容 C=0.1μF，二极管用 1N4148，u_I 为 V_{P-P}=5V、频率 f=100Hz（f÷10）左右的正脉冲，调节其脉宽为窄脉冲。用示波器观察并记录 u_I、u_O 的波形，并测出 u_I 及 u_O 的脉冲宽度。

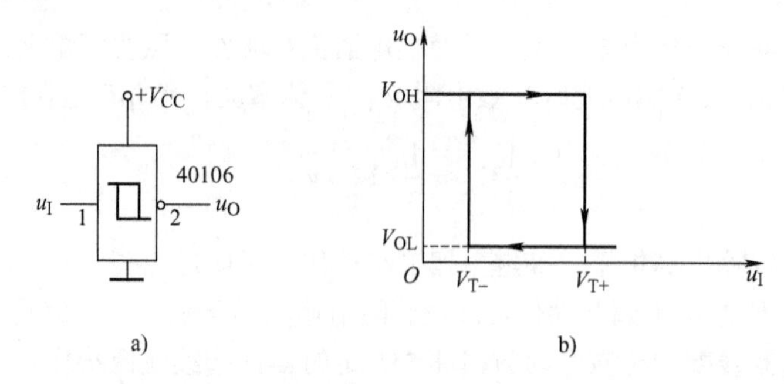

图 5-11　CMOS 集成施密特触发器 CD40106 逻辑符号与电压传输特性曲线

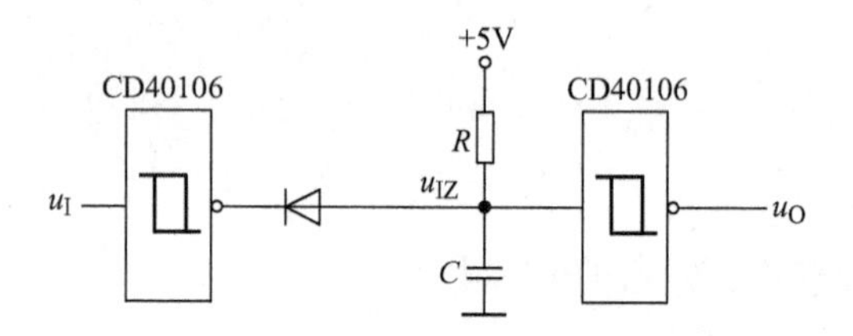

图 5-12　施密特触发器实现窄脉冲展宽电路

3. 单稳态触发器

多谐振荡器按图 5-13 接线，取 R=10kΩ，C=0.1μF，用示波器观察并记录 u_O 的波形，并读出周期 T。

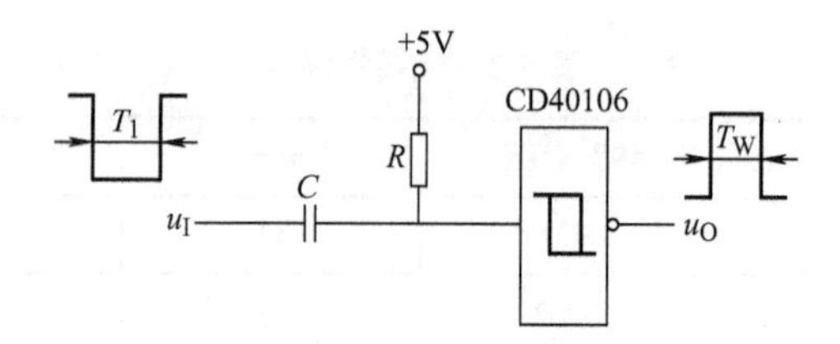

图 5-13　用施密特触发器构成的单稳态触发器

4. 多谐振荡器

按图 5-14 接线，取电阻 R=10kΩ，电容 C=0.1μF，u_I 接信号发生器的输出正脉冲，频率 f=100Hz 左右（f÷10），幅值为 5V，调节其脉宽，使其 T_1>T_W，用示波器观察并记录 u_I 及 u_O 的波形，并读出脉宽 T_1 及 T_W。

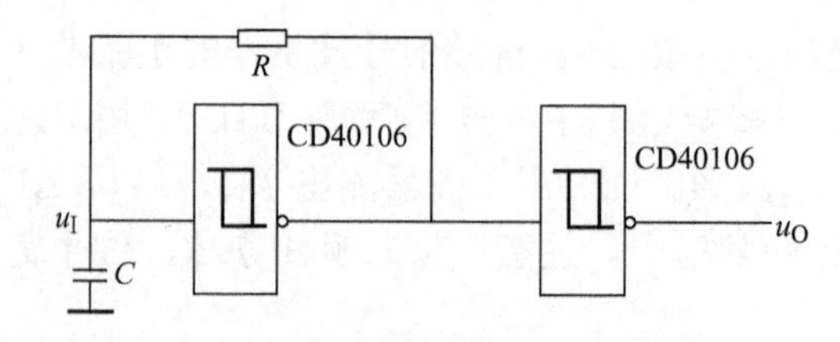

图 5-14　用施密特触发器构成的多谐振荡器

四、思考题

1）施密特触发器的工作特点如何？它具有怎样的传输特性？

2）CMOS 施密特触发器 V_{CC} 的大小和芯片的 V_{T+}、V_{T-}、ΔV_T 参数有何关系？

3）试简述施密特电路具有抗干扰性的原理。

五、注意事项

1）当从信号发生器输出信号作为单稳态触发器的输入触发信号时，其脉冲宽度要适当调节。

2）用信号发生器输出正脉冲信号时，必须调节其直流偏置旋钮。

3）当信号发生器的占空比旋钮起作用时，此时频率应为 $f/10$。

4）从信号发生器输出的正脉冲信号，如果要调节其脉宽，占空比旋钮必须起作用。

【任务评价】

1）分组汇报 555 定时器中元器件识别与检测、电路工作原理、安装与调试等内容的学习情况，通电演示电路功能，并回答相关问题。

2）填写任务评价表，见表 5-3。

表 5-3　任务评价表

评价标准		学生自评	小组互评	教师评价	分值
知识目标	掌握 555 定时器的结构与工作原理				
	掌握施密特触发器的工作原理与功能				
	掌握多谐振荡器的工作原理与功能				
	掌握单稳态触发器的工作原理与功能				
技能目标	掌握施密特触发器的应用与调试方法				
	掌握多谐振荡器的应用与调试方法				
	掌握单稳态触发器的应用与调试方法				
	安全用电、遵守规章制度				
	按企业要求进行现场管理				

【任务总结】

1）555 集成定时器主要由比较器、基本 RS 触发器、门电路构成。基本应用形式有三种：施密特触发器、单稳态触发器和多谐振荡器。

2）施密特触发器具有电压滞回特性，某时刻的输出由当时的输入决定，即不具备记忆功能。当输入电压处于参考电压 U_{REF1} 和 U_{REF2} 之间时，施密特触发器保持原来的输出状态不变，所以具有较强的抗干扰能力。

任务二　三角波发生器的制作与调试

【任务导入】

三角波发生器是采用 555 定时器配以外部元器件构成的，通过三角波发生器的制作与调试等任务的训练，来掌握 555 芯片的特点与应用。

【知识链接】

一、三角波发生器的工作原理

（一）工作原理

某企业承接了一批三角波发生器电路的安装与调试任务，请按照相应的企业生产标准完成该产品的组装与调试，实现该产品的基本功能，并正确填写相关测试数据。原理图如 5-15 所示。

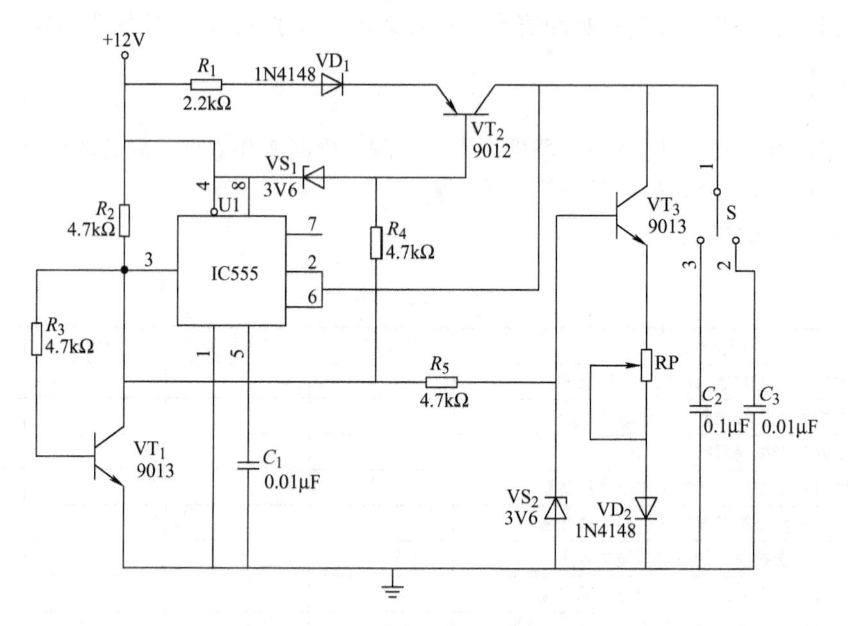

图 5-15　三角波发生器电路原理图

（二）电路分析

电路是由 555 构成的具有恒流充电、恒流放电的多谐振荡器，恒流源 I_1 由 VT_1 控制。当 VT_1 导通时，VT_2 导通，I_1 对 C_2 充电，当 C_2 电压达到阈值电平 $\frac{2}{3}V_{dd}$ 时，555 被复位，3 脚呈低电平，VT_1 截止，I_1=0，C_2 通过 VT_3、RP_1、VD_2 放电，当放至触发电平 $V_{dd}/3$ 时，555 又被置位，输出高电平，开始第二周期的充电。

二、电路元器件参数及功能

（一）电路元器件清单

元器件清单见表 5-4。

表 5-4　元器件清单

序号	名称	型号与规格	封装	数量	单位
1	电阻	4.7kΩ 1/4W	色环直插	4	

（续）

序号	名称	型号与规格	封装	数量	单位
2	电阻	2.2kΩ 1/4W	色环直插	1	
3	电容	0.01μF	直插	2	
4	电容	0.1μF	直插	1	
5	二极管	1N4148	直插	2	
6	稳压二极管	3V6	直插	2	
7	晶体管	9013	直插	2	
8	晶体管	9012	直插	1	
9	精密电位器	5kΩ	直插	1	
10	集成电路	NE555	直插	1	
11	单排针			12	
12	PCB			1	

（二）元器件介绍

555 定时器的引脚排列图如图 5-16 所示。

引脚功能介绍：

1 脚：接地脚。

2 脚：$\overline{TR}$ 触发输入端。

3 脚：输出端

4 脚：$\overline{R_D}$ 复位端。

5 脚：CO 控制端。

6 脚：TH 触发输入端。

7 脚：$DISC$ 放电端。

8 脚：V_{CC} 正电源电压端，标准电压范围为 4.6～16V。

逻辑功能表见表 5-5。

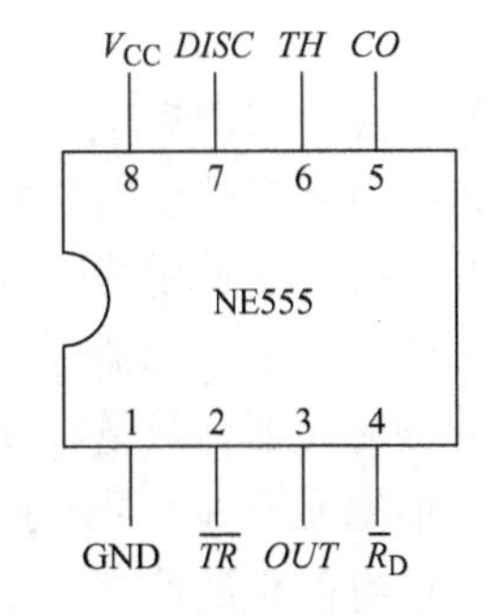

图 5-16　555 定时器引脚排列图

表 5-5　555 定时器的逻辑功能表

输入			输出	
复位（$\overline{R_D}$）	阈值输入（TH）	阈值输入（$\overline{TR}$）	输出（OUT）	放电端（$DISC$）
0	×	×	0	导通
1	$<2V_{CC}/3$	$<V_{CC}/3$	1	截止
1	$>2V_{CC}/3$	$<V_{CC}/3$	0	导通
1	$<2V_{CC}/3$	$>V_{CC}/3$	不变	不变
1	$<2V_{CC}/3$	$<V_{CC}/3$	1	截止

【任务实施】

一、任务目的

1）熟悉数字电路的结构及三角波电路的工作原理。

2）了解 555 定时器的外形及引脚排列。

3）熟练使用常用电子仪器仪表。

4）能正确安装电路，并能完成电路的调试与技术指标的测试。

5）提高实践技能，培养良好的职业道德和职业习惯。

二、仪器及材料

1）焊接工具 1 套。

2）实训电路板 1 块。

3）双踪示波器 1 台。

4）双通道直流稳压电源 1 台。

5）万用表 1 块。

6）电路元器件 1 套（按元器件清单表配齐）。

三、内容及步骤

1）清点下发的焊接工具数目，检查焊接工具的好坏。

2）清点下发的仪器仪表数目，检查仪器仪表好坏。

3）填好设备使用情况登记表。

4）清点下发的元器件。

5）核对元器件数量和规格，检查器件的好坏。

6）根据元器件布局与接线图，在 PCB 上进行电路接线、焊接。

7）通电前正确检查电路。

8）通电调试，调试前，请在图 5-17 中绘制电路与仪器仪表的接线示意图。

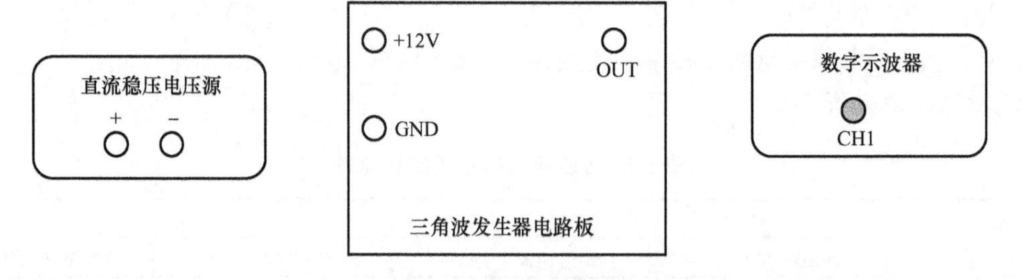

图 5-17　测试接线示意图

9）通电测试。接入 12V 直流电源，调节电位器，使电路输出对称的三角波，并利用示波器分别测试开关 1、3 脚连接和 1、2 脚连接时，输出三角波的周期 T 和峰峰值 V_{P-P}，完成表 5-6。

表 5-6　三角波发生器电路测试结果

名称	开关 1、3 脚连接	开关 1、2 脚连接
周期/ms		
峰峰值 V_{P-P}/V		

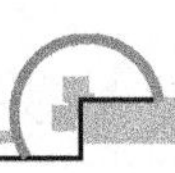

四、思考题

1）本任务中电容 C_1、C_2 的主要作用是什么？

2）本任务中采用 555 定时器构成的是哪种形式的振荡器电路？

【任务评价】

1）分组汇报三角波发生器中元器件识别与检测、电路工作原理、安装与调试等内容的学习情况，通电演示电路功能，并回答相关问题。

2）填写任务评价表，见表 5-7。

表 5-7　任务评价表

评价标准		学生自评	小组互评	教师评价	分值
知识目标	掌握三角波发生器的工作原理				
	掌握多谐振荡器的工作原理与功能				
技能目标	掌握 555 定时器电路的应用与调试方法				
	掌握电路检测方法，具备故障排除能力				
	安全用电、遵守规章制度				
	按企业要求进行现场管理				

【任务总结】

三角波发生器电路是电子设计中应用非常普遍也是非常重要的电路之一，本任务制作与调试的三角波发生器电路是其中最简单的电路之一，它结构简单，容易实现。

习题训练五

一、填空题

1．555 定时器的最后数码为 555 的是________产品，为 7555 的是________产品。

2．555 定时器配以外围元器件可以构成的典型电路有________、________、________。

3．施密特触发器具有________现象，又称________特性。

4．施密特触发器有________个阈值电压，分别称为________和________。

5．单稳态触发器有________个稳定状态，多谐振荡器有________个稳定状态，施密特触发器有________个稳态。

6．常见的脉冲产生电路有________，常见的脉冲整形电路有________、________。

7．为了实现高的频率稳定度，常采用________振荡器。

8．单稳态触发器受到外触发时进入________态。

9．占空比是指矩形波________持续时间和________之比。

10．多谐振荡器的输出信号的________与________的参数成正比。

二、选择题

1. 脉冲整形电路有（　　）。

A. 多谐振荡器　B. 单稳态触发器　C. 施密特触发器　D. 555 定时器

2. 多谐振荡器可产生（　　）。

A. 正弦波　B. 矩形脉冲　C. 三角波　D. 锯齿波

3. 石英晶体多谐振荡器的突出优点是（　　）。

A. 速度高　B. 电路简单　C. 振荡频率稳定　D. 输出波形边沿陡峭

4. TTL 单定时器型号的最后几位数字为（　　）。

A. 555　B. 556　C. 7555　D. 7556

5. 555 定时器可以组成（　　）。

A. 多谐振荡器　B. 单稳态触发器　C. 施密特触发器　D. JK 触发器

6. 用 555 定时器组成施密特触发器，当输入控制端 *CO* 外接 10V 电压时，回差电压为（　　）。

A. 3．33V　B. 5V　C. 6.66V　D. 10V

7. 以下各电路中，（　　）可以产生脉冲定时。

A. 多谐振荡器　B. 单稳态触发器　C. 施密特触发器　D. 石英晶体多谐振荡器

8. 能将正弦波变成同频率方波的电路为（　　）。

A. 稳态触发器　B. 施密特触发器　C. 双稳态触发器　D. 无稳态触发器

9. 能把 2kHz 正弦波转换成 2kHz 矩形波的电路是（　　）。

A. 多谐振荡器　B. 施密特触发器　C. 单稳态触发器　D. 二进制计数器

10. 能把三角波转换为矩形脉冲信号的电路为（　　）。

A. 多谐振荡器　B. DAC　C. ADC　D. 施密特触发器

三、综合分析题

1. 电路图如图 5-18 所示，已知 $R_1=10\text{k}\Omega$、$R_2=20\text{k}\Omega$、$C_1=1\mu\text{F}$。

（1）写出该电路的名称。

（2）画出 u_C、u_o 的波形。

（3）求 u_o 的周期和频率。

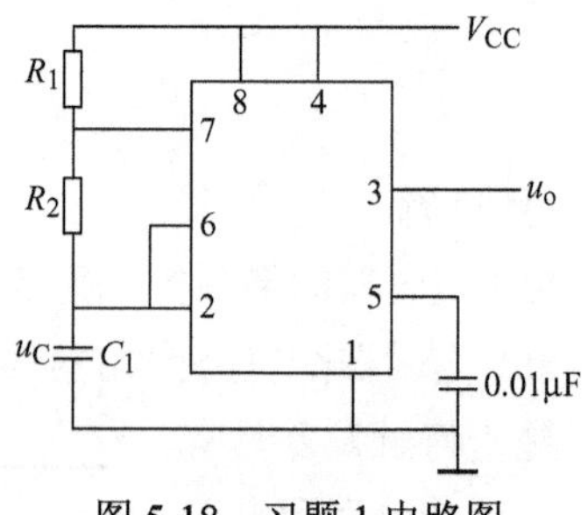

图 5-18　习题 1 电路图

2. 用 555 定时器设计一个施密特触发器，要求：

（1）画出接线图。

（2）画出该电路的传输特性。

（3）若电源电压为 6V，输入电压为 $u_i=6\sin\omega t\text{V}$，试画出相应的输出电压波形。

3. 如图 5-19 所示，电路采用 555 构成施密特触发器，当输入信号为图示周期性心电波形时，试画出经施密特触发器整形后的输出电压波形。

4. 用 555 定时器设计一个多谐振荡器，要求振荡周期为 *T*=1～10s，选择电阻、电容的参数，画出该电路的接线图。

图 5-19　习题 3 电路图

5．图 5-20 给出了 555 定时器构成的施密特触发器用作光控路灯开关的电路图，分析其工作原理。

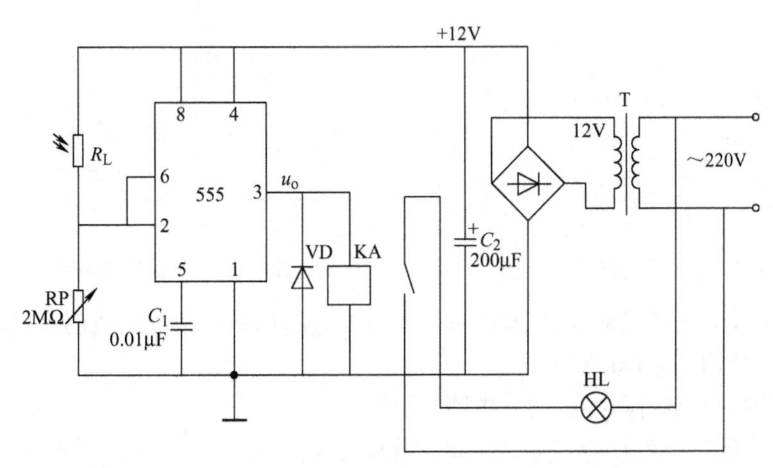

图 5-20　习题 5 电路图

6．由 7555 构成的单稳态电路如图 5-21a 所示，试回答下列问题：

1）该电路的暂稳态持续时间 t_{WO} 为多少？

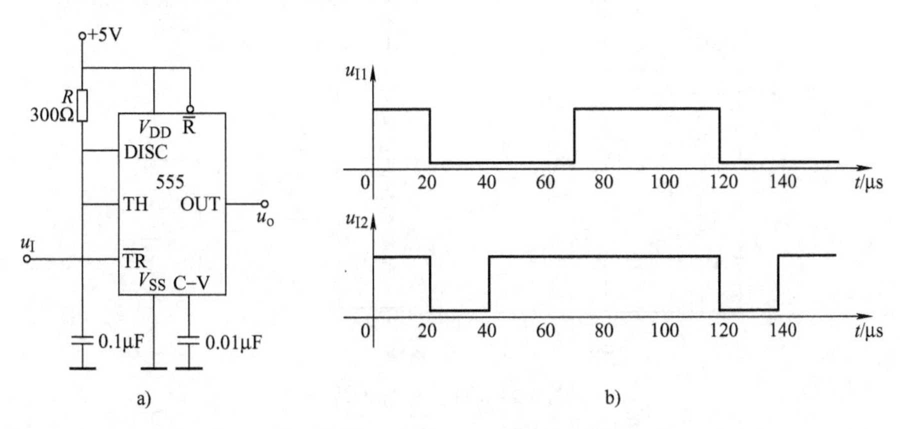

图 5-21　习题 6 电路与波形图

2）根据 t_{WO} 的值确定图 5-21b 中，哪个适合作为电路的输入触发信号，并画出与其相对应的 u_C 和 u_o 波形。

7. 在使用图 5-22 由 555 定时器组成的单稳态触发器电路时对触发脉冲的宽度有无限制？当输入脉冲的低电平持续时间过长时，电路应如何修改？

8．图 5-23 为一通过可变电阻 R_P 实现占空比调节的多谐振荡器，图中 R_P=R_{P1}+R_{P2}，试分析电路的工作原理，求振荡频率 f 和占空比 q 的表达式。

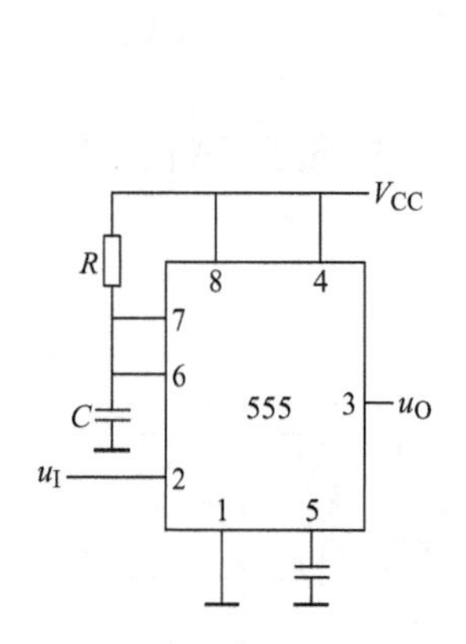

图 5-22　习题 7 电路图

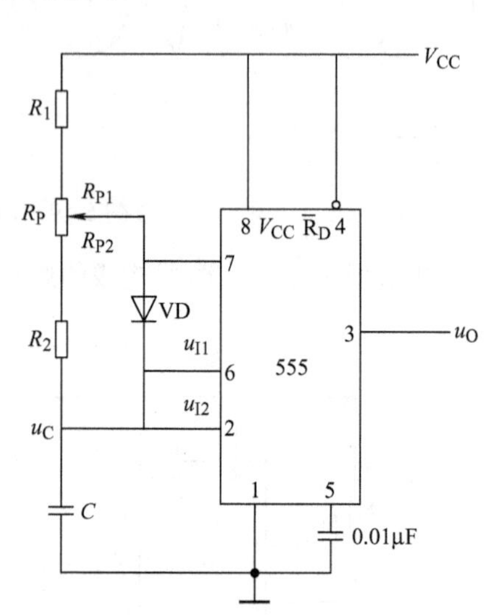

图 5-23　习题 8 电路图

9．图 5-24 为由一个 555 定时器和一个 4 位二进制加法计数器组成的可调计数式定时器原理示意图，试解答下列问题：

（1）电路中 555 定时器接成何种电路?

（2）若计数器的初态 $Q_4Q_3Q_2Q_1$=0000，当开关 S 接通后大约经过多少时间发光二极管变亮（设电位器的阻值全部接入电路）?

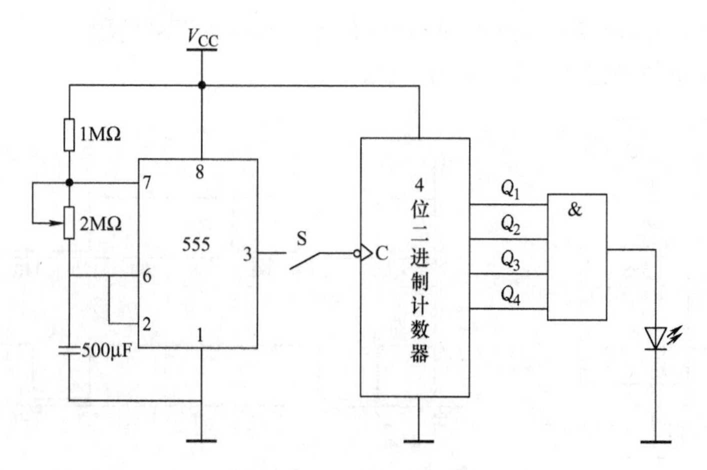

图 5-24　习题 9 电路图

10．图 5-25 是救护车扬声器发声电路。在图中给定的电路参数下，设 V_{CC}=12V 时，555

定时器输出的高、低电平分别为 11V 和 0.2V，输出电阻小于 100Ω，试计算扬声器发声的高、低音的持续时间。

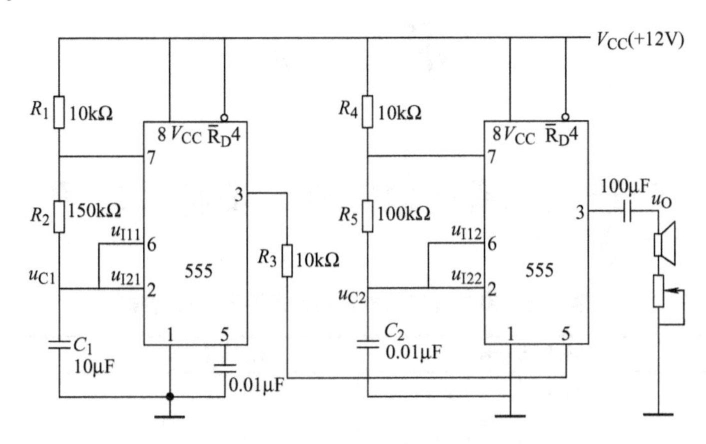

图 5-25　习题 10 电路图

附　　录

附录 A　常用电路新、旧符号对照

表 A-1　集成逻辑门电路新、旧图形符号对照

名称	新国标图形符号	旧图形符号	逻辑表达式
与门	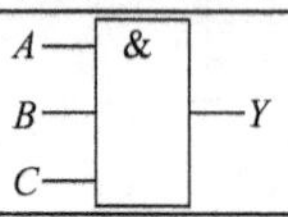 A B C & Y	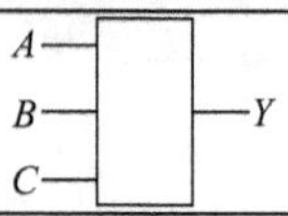 A B C Y	$Y = ABC$
或门	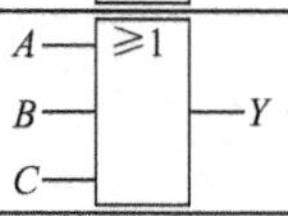 A B C ≥1 Y	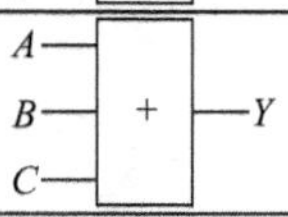 A B C + Y	$Y = A + B + C$
非　门	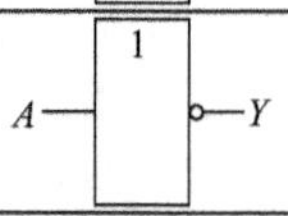 A 1 Y	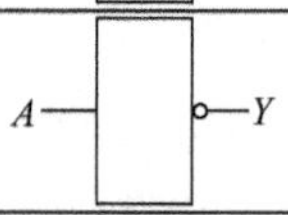 A Y	$Y = \overline{A}$
与非门	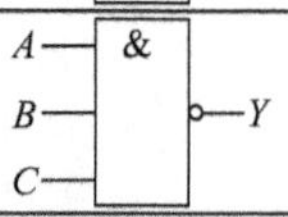 A B C & Y	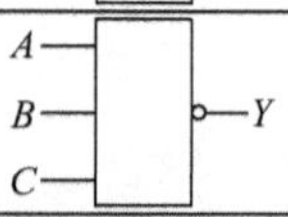 A B C Y	$Y = \overline{ABC}$
或非门	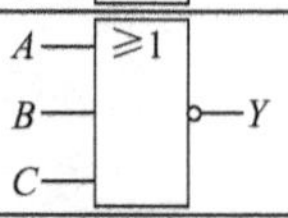 A B C ≥1 Y	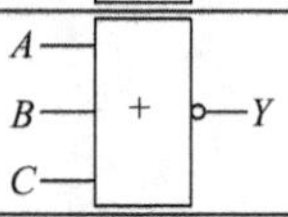 A B C + Y	$Y = \overline{A + B + C}$
与或非门	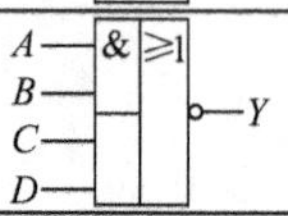 A B C D & ≥1 Y	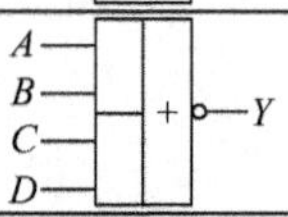 A B C D + Y	$Y = \overline{AB + CD}$
异或门	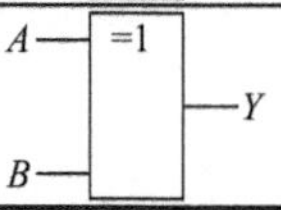 A B =1 Y	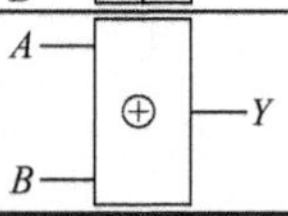 A B ⊕ Y	$Y = A\overline{B} + \overline{A}B$

表 A-2　集成触发器新、旧图形符号对照

名称	新国标图形符号	旧图形符号	触发方式
由与非门构成的基本 RS 触发器	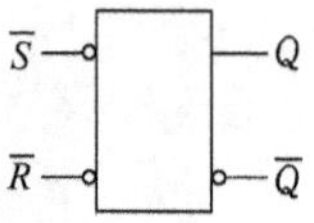 $\overline{S}$ $\overline{R}$ Q $\overline{Q}$	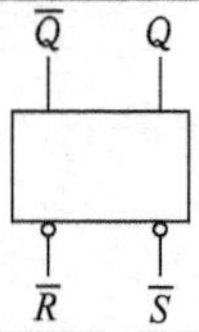 $\overline{Q}$ Q $\overline{R}$ $\overline{S}$	无时钟输入，触发器状态直接由 S 和 R 的电平控制
由或非门构成的基本 RS 触发器	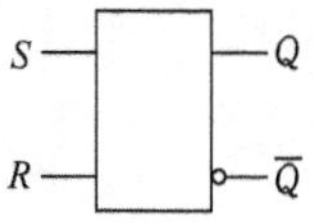 S R Q $\overline{Q}$	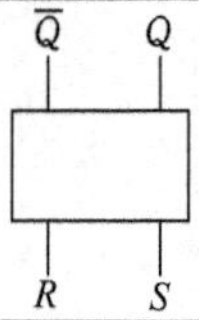 $\overline{Q}$ Q R S	

（续）

名称	新国标图形符号	旧图形符号	触发方式
TTL 边沿型 JK 触发器			*CP* 脉冲下降沿
TTL 边沿型 D 触发器			*CP* 脉冲上升沿
CMOS 边沿型 JK 触发器			*CP* 脉冲上升沿
CMOS 边沿型 D 触发器			*CP* 脉冲上升沿

附录 B　主要器件引脚图与功能表

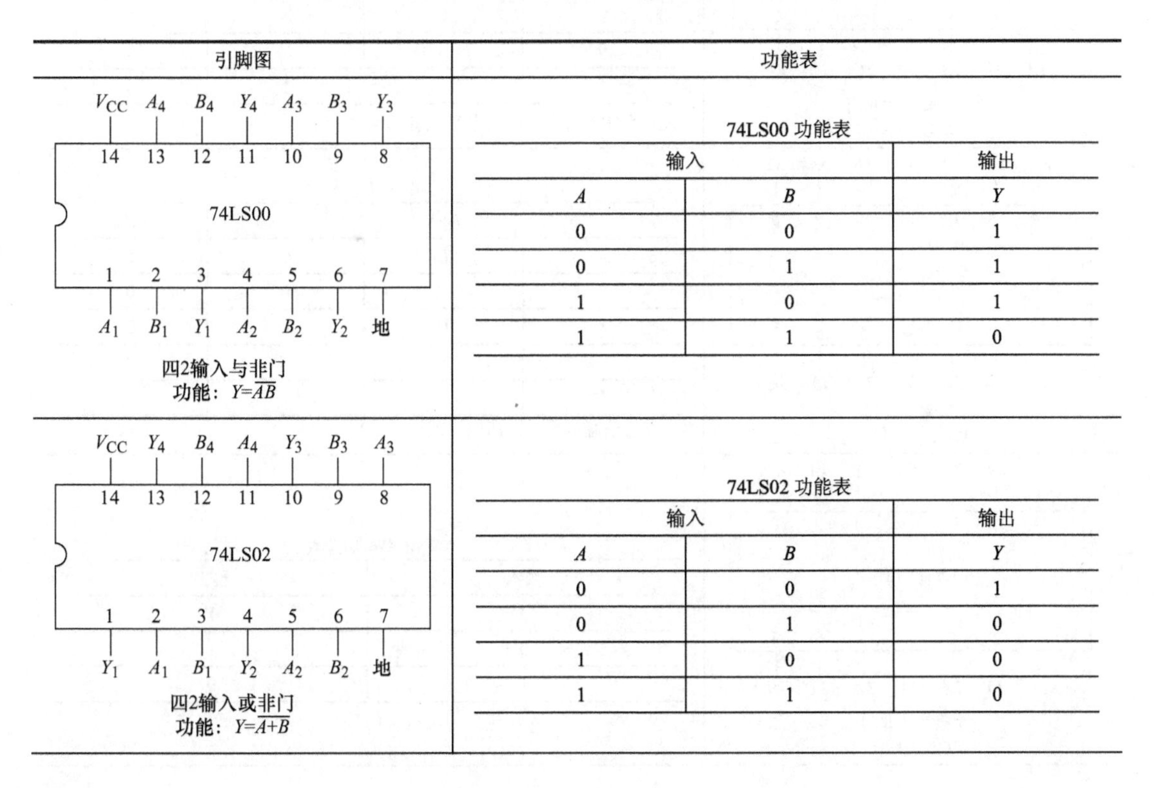

74LS00 功能表

输入		输出
A	*B*	*Y*
0	0	1
0	1	1
1	0	1
1	1	0

74LS02 功能表

输入		输出
A	*B*	*Y*
0	0	1
0	1	0
1	0	0
1	1	0

（续）

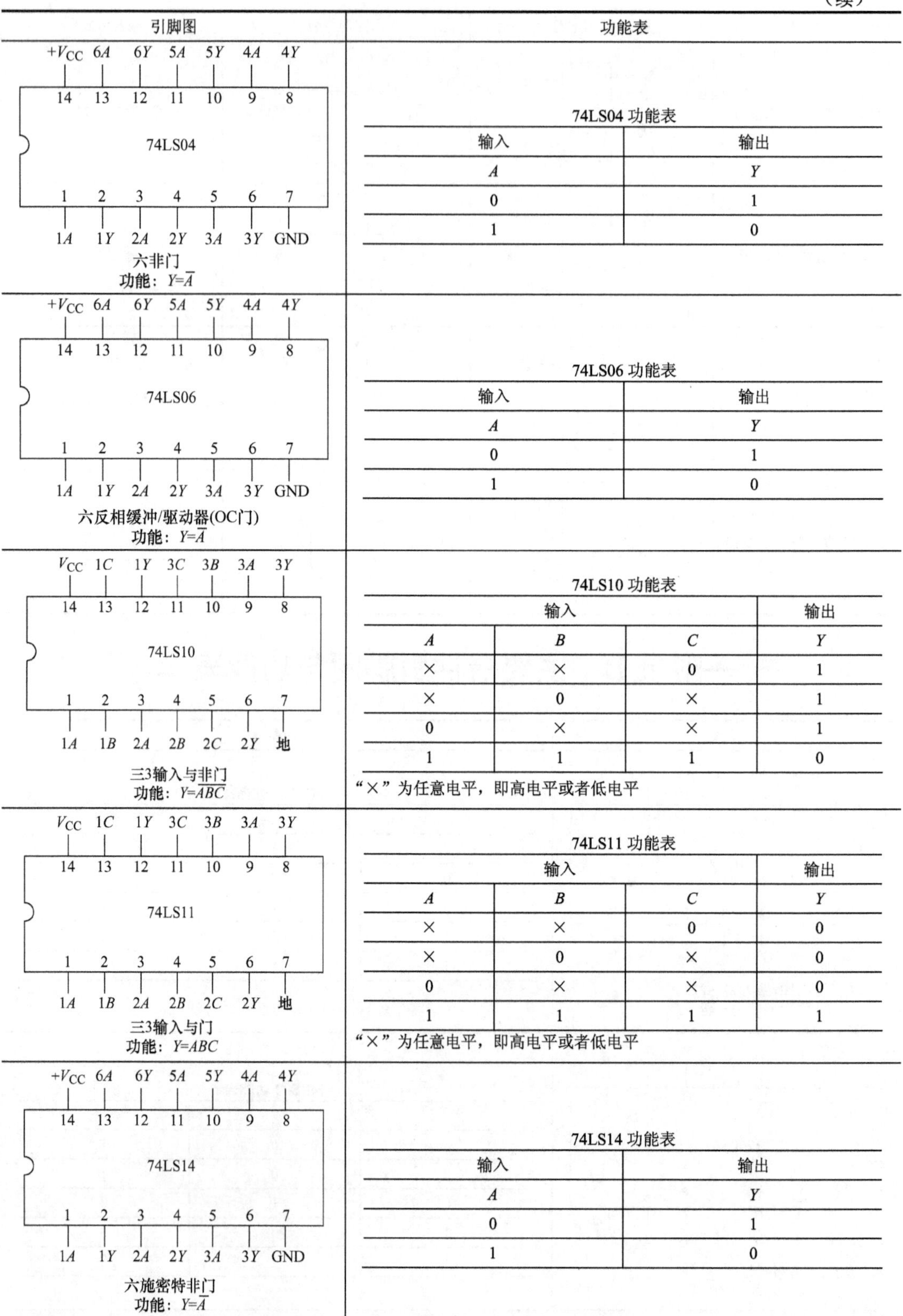

引脚图	功能表

六非门
功能：$Y=\overline{A}$

74LS04 功能表

输入	输出
A	Y
0	1
1	0

六反相缓冲/驱动器(OC门)
功能：$Y=\overline{A}$

74LS06 功能表

输入	输出
A	Y
0	1
1	0

三3输入与非门
功能：$Y=\overline{ABC}$

74LS10 功能表

输入			输出
A	B	C	Y
×	×	0	1
×	0	×	1
0	×	×	1
1	1	1	0

“×”为任意电平，即高电平或者低电平

三3输入与门
功能：$Y=ABC$

74LS11 功能表

输入			输出
A	B	C	Y
×	×	0	0
×	0	×	0
0	×	×	0
1	1	1	1

“×”为任意电平，即高电平或者低电平

六施密特非门
功能：$Y=\overline{A}$

74LS14 功能表

输入	输出
A	Y
0	1
1	0

（续）

引脚图 / 功能表

引脚图：

V_{CC}　2D　2C　NC　2B　2A　2Y

14　13　12　11　10　9　8

74LS20

1　2　3　4　5　6　7

1A　1B　NC　1C　1D　1Y　地

二4输入与非门

功能：$Y=\overline{ABCD}$

74LS20 功能表

输入				输出
A	B	C	D	Y
×	×	×	0	1
×	×	0	×	1
×	0	×	×	1
0	×	×	×	1
1	1	1	1	0

“×”为任意电平，即高电平或者低电平

引脚图：

V_{CC}　4B　4A　4Y　3B　3A　3Y

14　13　12　11　10　9　8

74LS32

1　2　3　4　5　6　7

1A　1B　1Y　2A　2B　2Y　GND

四2输入或门

功能：$Y=A+B$

74LS32 功能表

输入		输出
A	B	Y
0	0	0
0	1	1
1	0	1
1	1	1

引脚图：

V_{CC}　4B　4A　4Y　3B　3A　3Y

14　13　12　11　10　9　8

74LS37

1　2　3　4　5　6　7

1A　1B　1Y　2A　2B　2Y　GND

四2输入与非门(OC门)

功能：$Y=\overline{AB}$

74LS37 功能表

输入		输出
A	B	Y
0	0	1
0	1	1
1	0	1
1	1	0

引脚图：

V_{CC}　4B　4A　4Y　3B　3A　3Y

14　13　12　11　10　9　8

74LS86

1　2　3　4　5　6　7

1A　1B　1Y　2A　2B　2Y　地

四2输入异或门

功能：$Y=A\oplus B$

74LS86 功能表

输入		输出
A	B	Y
0	0	0
0	1	1
1	0	1
1	1	0

引脚图：

CP_1　NC　Q_A　Q_D　地　Q_B　Q_C

14　13　12　11　10　9　8

74LS90

1　2　3　4　5　6　7

CP_2　$R_{0(1)}$　$R_{0(2)}$　NC　V_{CC}　$R_{9(1)}$　$R_{9(2)}$

四位二进制计数器

(可预置“0”“9”)

74LS90 功能表

输入				输出			
$R_{0(1)}$	$R_{0(2)}$	$R_{9(1)}$	$R_{9(2)}$	Q_D	Q_C	Q_B	Q_A
1	1	0	×	0	0	0	0
1	1	×	0	0	0	0	0
×	×	1	1	1	0	0	1
×	0	×	0	计数			
0	×	0	×	计数			
0	×	×	0	计数			
×	0	0	×	计数			

（续）

引脚图	功能表

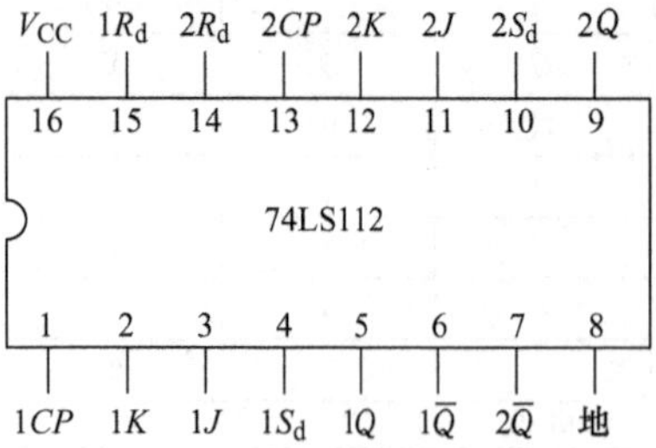

V_{CC} $1R_d$ $2R_d$ $2CP$ $2K$ $2J$ $2S_d$ $2Q$
16 15 14 13 12 11 10 9
74LS112
1 2 3 4 5 6 7 8
$1CP$ $1K$ $1J$ $1S_d$ $1Q$ $1\overline{Q}$ $2\overline{Q}$ 地

双JK触发器

74LS112 功能表

输入					输出	
S_d	R_d	CP	J	K	Q	$\overline{Q}$
0	1	×	×	×	1	0
1	0	×	×	×	0	1
0	0	×	×	×	1	1
1	1	↓	0	0	保持	
1	1	↓	1	0	1	0
1	1	↓	0	1	0	1
1	1	↓	1	1	计数	
1	1	1	×	×	保持	

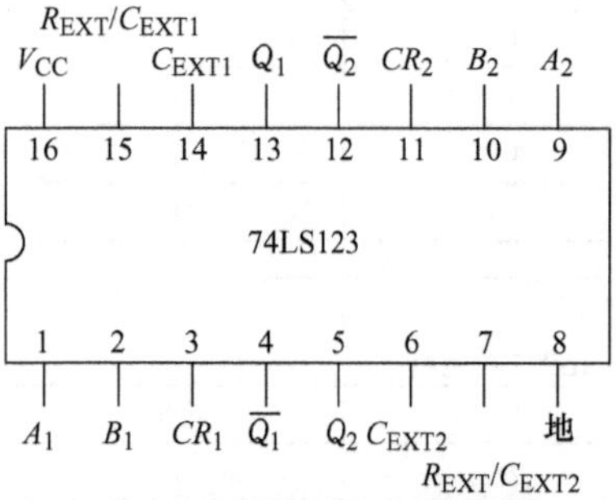

R_{EXT}/C_{EXT1}
V_{CC} C_{EXT1} Q_1 $\overline{Q_2}$ CR_2 B_2 A_2
16 15 14 13 12 11 10 9
74LS123
1 2 3 4 5 6 7 8
A_1 B_1 CR_1 $\overline{Q_1}$ Q_2 C_{EXT2} 地
R_{EXT}/C_{EXT2}

双可再触发单稳态多谐振荡器

74LS123 功能表

输入			输出	
CR	A	B	Q	$\overline{Q}$
0	×	×	0	1
×	1	×	0	1
×	×	0	0	1
1	0	↑	⊓	⊔
1	↓	1	⊓	⊔
↑	0	1	⊓	⊔

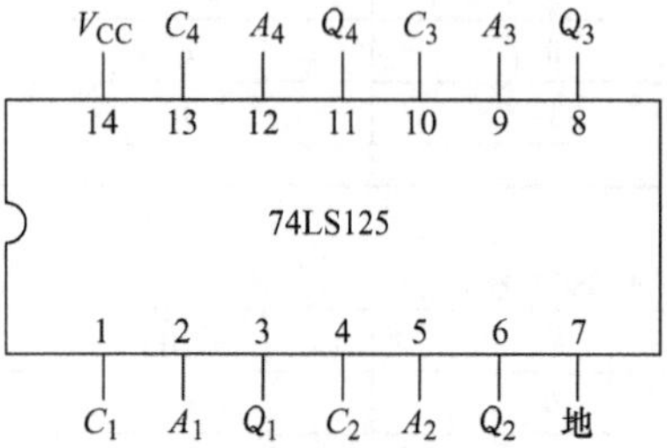

V_{CC} C_4 A_4 Q_4 C_3 A_3 Q_3
14 13 12 11 10 9 8
74LS125
1 2 3 4 5 6 7
C_1 A_1 Q_1 C_2 A_2 Q_2 地

四三态输出总线缓冲门

功能：C=0时，Q=A

C=1时，Q=高阻

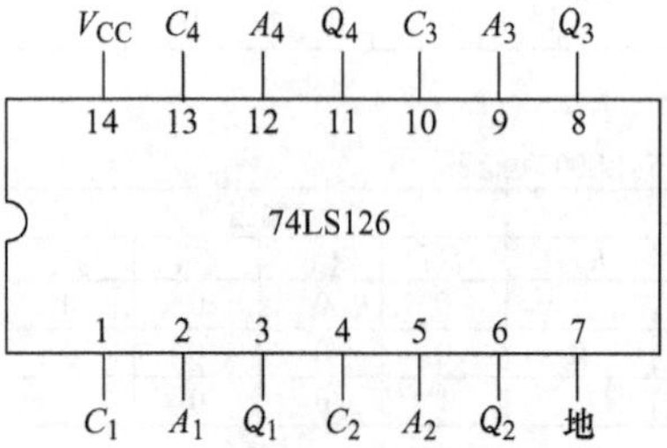

V_{CC} C_4 A_4 Q_4 C_3 A_3 Q_3
14 13 12 11 10 9 8
74LS126
1 2 3 4 5 6 7
C_1 A_1 Q_1 C_2 A_2 Q_2 地

四三态输出总线缓冲门

功能：C=1时，Q=A

C=0时，Q=高阻

（续）

引脚图	功能表

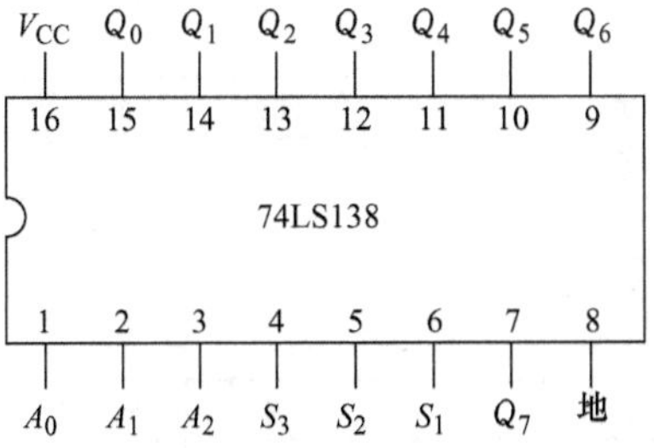

74LS138 引脚图

V_{CC} Q_0 Q_1 Q_2 Q_3 Q_4 Q_5 Q_6

16 15 14 13 12 11 10 9

74LS138

1 2 3 4 5 6 7 8

A_0 A_1 A_2 S_3 S_2 S_1 Q_7 地

3/8译码器

74LS138　3/8译码器的功能

S_1=0或S_2=S_3=1时：

Q_0～Q_7均为高电平。

S_1=1及S_2=S_3=1时：

$A_0A_1A_2$的八种组合状态分别在Q_0～Q_7端译码输出。

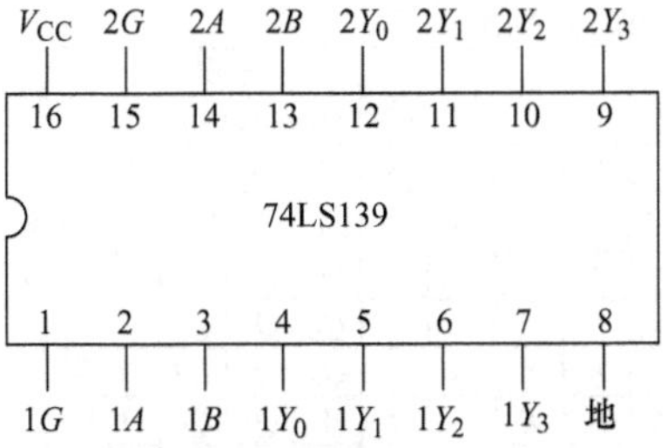

74LS139 引脚图

V_{CC} 2G 2A 2B 2Y_0 2Y_1 2Y_2 2Y_3

16 15 14 13 12 11 10 9

74LS139

1 2 3 4 5 6 7 8

1G 1A 1B 1Y_0 1Y_1 1Y_2 1Y_3 地

2/4译码器

74LS139 2/4 译码器的功能

G	B	A	Y_0	Y_1	Y_2	Y_3
1	×	×	1	1	1	1
0	0	0	0	1	1	1
0	0	1	1	0	1	1
0	1	0	1	1	0	1
0	1	1	1	1	1	0

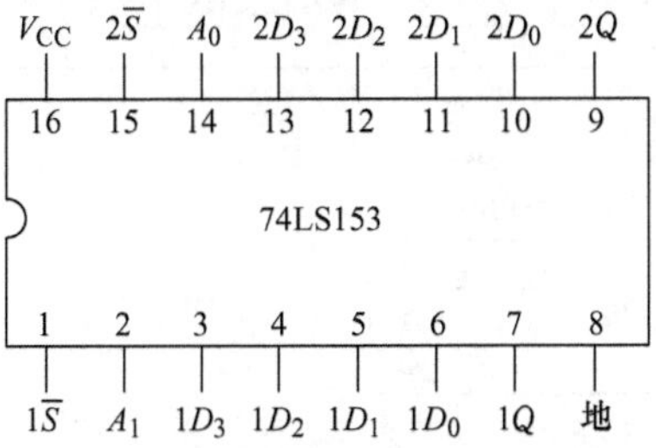

74LS153 引脚图

V_{CC} 2$\overline{S}$ A_0 2D_3 2D_2 2D_1 2D_0 2Q

16 15 14 13 12 11 10 9

74LS153

1 2 3 4 5 6 7 8

1$\overline{S}$ A_1 1D_3 1D_2 1D_1 1D_0 1Q 地

双四选一数据选择器

74LS153 功能表

输入				输出
$\overline{S}$	A_1	A_0	D	Q
1	×	×	×	0
0	0	0	D_0	D_0
0	0	1	D_1	D_1
0	1	0	D_2	D_2
0	1	1	D_3	D_3

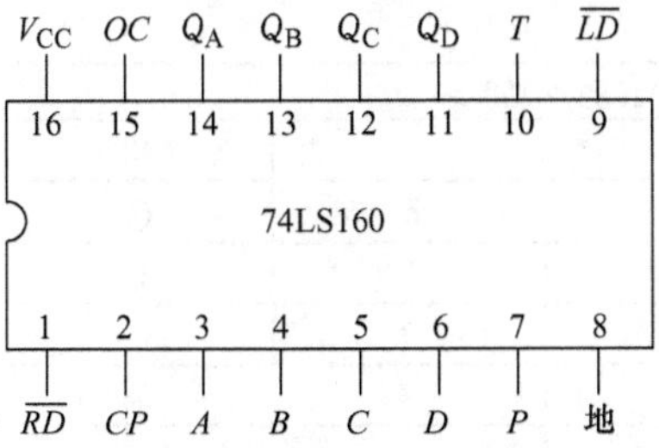

74LS160 引脚图

V_{CC} OC Q_A Q_B Q_C Q_D T $\overline{LD}$

16 15 14 13 12 11 10 9

74LS160

1 2 3 4 5 6 7 8

$\overline{RD}$ CP A B C D P 地

同步可预置十进制计数器

74LS160 功能表（模十）

清零	使能		置数	时钟	数据				输出			
$\overline{RD}$	P	T	$\overline{LD}$	CP	D	C	B	A	Q_D	Q_C	Q_B	Q_A
0	×	×	×	×	×	×	×	×	0	0	0	0
1	×	×	0	↑	D	C	B	A	D	C	B	A
1	1	1	1	↑	×	×	×	×	计数			
1	0	1	1	×	×	×	×	×	保持			
1	×	0	1	×	×	×	×	×	保持（OC=0）			

74LS161 引脚图

V_{CC} OC Q_A Q_B Q_C Q_D T $\overline{LD}$

16 15 14 13 12 11 10 9

74LS161

1 2 3 4 5 6 7 8

$\overline{RD}$ CP A B C D P 地

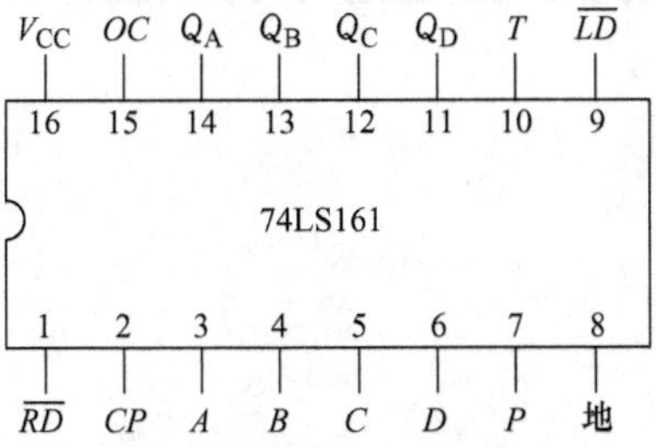

同步可预置四位二进制计数器

74LS161 功能表（模十六）

清零	使能		置数	时钟	数据				输出			
$\overline{RD}$	P	T	$\overline{LD}$	CP	D	C	B	A	Q_D	Q_C	Q_B	Q_A
0	×	×	×	×	×	×	×	×	0	0	0	0
1	×	×	0	↑	D	C	B	A	D	C	B	A
1	1	1	1	↑	×	×	×	×	计数			
1	0	1	1	×	×	×	×	×	保持			
1	×	0	1	×	×	×	×	×	保持（OC=0）			

（续）

引脚图	功能表
74LS190	74LS190 功能表

Pin diagram 74LS190:
16 V_{CC}, 15 D_a, 14 CP, 13 $\overline{RC}$, 12 TC, 11 $\overline{LD}$, 10 D_c, 9 D_d
1 D_b, 2 Q_b, 3 Q_a, 4 $\overline{CE}$, 5 $\overline{U}/D$, 6 Q_c, 7 Q_d, 8 地

二—十进制同步加/减计数器

74LS190 功能表

置数	加/减	片选	时钟	数据	输出
$\overline{LD}$	$\overline{U}/D$	$\overline{CE}$	CP	D_n	Q_n
0	×	×	×	0	0
0	×	×	×	1	1
1	0	0	↑	×	加计数
1	1	0	↑	×	减计数
1	×	0	1	×	保持

Pin diagram 74LS194:
16 V_{CC}, 15 Q_A, 14 Q_B, 13 Q_C, 12 Q_D, 11 时钟, 10 S_1, 9 S_0
1 CR 清除, 2 S_R 右移, 3 A, 4 B, 5 C, 6 D, 7 S_L 左移, 8 地

四位并行存取双向移位寄存器

74LS194 功能表

序	输入										输出				功能
	CR	S_1	S_0	S_L	S_R	A	B	C	D	CP	Q_A	Q_B	Q_C	Q_D	
1	0	×	×	×	×	×	×	×	×	×	0	0	0	0	清零
2	1	×	×	×	×	×	×	×	×	1	Q_{An}	Q_{Bn}	Q_{Cn}	Q_{Dn}	保持
3	1	1	1	×	×	D_A	D_B	D_C	D_D	↑	D_A	D_B	D_C	D_D	送数
4	1	1	0	1	×	×	×	×	×	↑	Q_B	Q_C	Q_D	1	左移
5	1	1	0	0	×	×	×	×	×	↑	Q_B	Q_C	Q_D	0	
6	1	0	1	×	1	×	×	×	×	↑	1	Q_A	Q_B	Q_C	右移
7	1	0	1	×	0	×	×	×	×	↑	0	Q_A	Q_B	Q_C	
8	1	0	0	×	×	×	×	×	×	×	Q_{An}	Q_{Bn}	Q_{Cn}	Q_{Dn}	保持

Pin diagram 74LS283:
16 V_{CC}, 15 B_3, 14 A_3, 13 F_3, 12 A_4, 11 B_4, 10 F_4, 9 C_4
1 F_2, 2 B_2, 3 A_2, 4 F_1, 5 A_1, 6 B_1, 7 C_0, 8 地

四位二进制全加器

74LS283功能

$$\begin{array}{r} A_4\ A_3\ A_2\ A_1 \\ B_4\ B_3\ B_2\ B_1 \\ +\qquad\qquad C_0 \\ \hline C_4\ F_4\ F_3\ F_2\ F_1 \end{array}$$

Pin diagram 74LS373:
20 V_{CC}, 19 Q_7, 18 D_7, 17 D_6, 16 Q_6, 15 Q_5, 14 D_5, 13 D_4, 12 Q_4, 11 G
1 $\overline{OE}$, 2 Q_0, 3 D_0, 4 D_1, 5 Q_1, 6 Q_2, 7 D_2, 8 D_3, 9 Q_3, 10 地

八D锁存器

74LS373 功能表

输入			输出
$\overline{OE}$	G	D	Q
0	1	1	1
0	1	0	0
0	0	×	Q_0
1	×	×	高阻

Pin diagram ADC0804:
20 V_{CC}, 19 $CLKR$, 18 DB_0 (LSB), 17 DB_1, 16 DB_2, 15 DB_3, 14 DB_4, 13 DB_5, 12 DB_6, 11 DB_7 (MSB)
1 $\overline{CS}$, 2 $\overline{RD}$, 3 $\overline{WR}$, 4 $CLKIN$, 5 $\overline{INTR}$, 6 $V_{IN(+)}$, 7 $V_{IN(-)}$, 8 AGND, 9 $V_{REF}/2$, 10 DGND

八位A-D转换

（续）

引脚图	功能表
V_{CC} ILE $\overline{WR_2}$ $\overline{XFER}$ D_4 D_5 D_6 D_7 I_{OUT2} I_{OUT1} 20 19 18 17 16 15 14 13 12 11 DAC0832 1 2 3 4 5 6 7 8 9 10 $\overline{CS}$ $\overline{WR_1}$ AGND D_3 D_2 D_1 D_0 V_{REF} R_{fb} DGND 八位D-A转换电路	
IN_2 IN_1 IN_0 A B C ALE D_7 D_6 D_5 D_4 D_0 REF(−) D_2 28 27 26 25 24 23 22 21 20 19 18 17 16 15 ADC0809 1 2 3 4 5 6 7 8 9 10 11 12 13 14 IN_3 IN_4 IN_5 IN_6 IN_7 START EOC D_3 OE CLK V_{CC} REF(+) GND D_1 八通道A-D转换	
V_{DD} 2CR $2Q_3$ $2Q_2$ $2Q_1$ $2Q_0$ 2EN 2CP 16 15 14 13 12 11 10 9 CD4518 1 2 3 4 5 6 7 8 1CP 1EN $1Q_0$ $1Q_1$ $1Q_2$ $1Q_3$ 1CR V_{SS} 双BCD加法计数器	
V_{DD} A_4 B_4 Q_4 Q_3 A_3 B_3 14 13 12 11 10 9 8 CD4001 1 2 3 4 5 6 7 A_1 B_1 Q_1 Q_2 A_2 B_2 V_{SS} 四2输入或非门(CMOS) 功能：$Q=\overline{A+B}$	
V_{CC} 4A 4B 4Y 3Y 3B 3A CD4011 1A 1B 1Y 2Y 2B 2A GND	

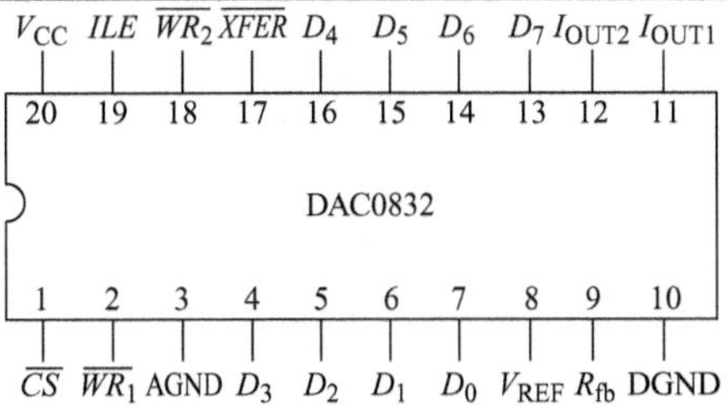

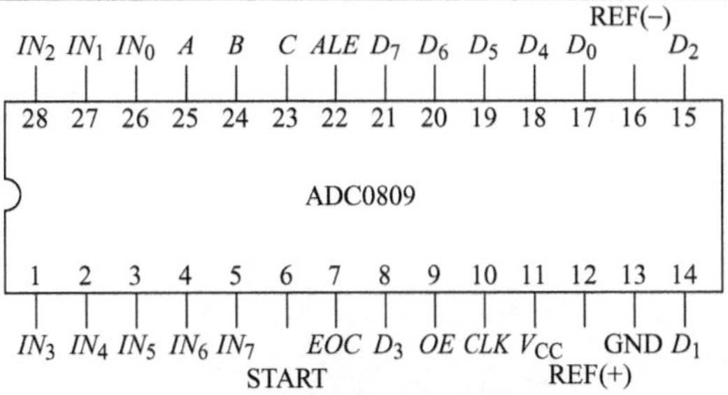

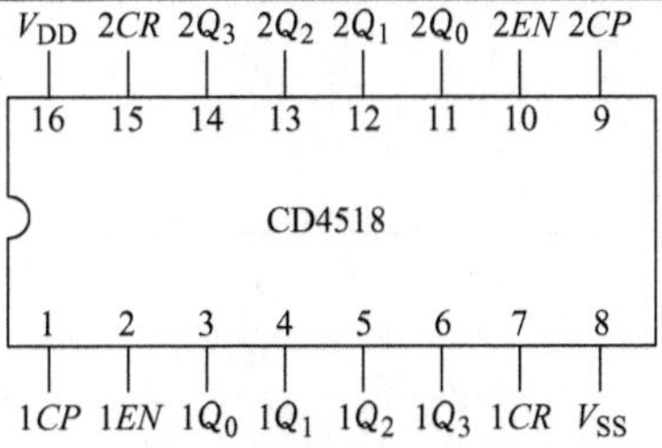

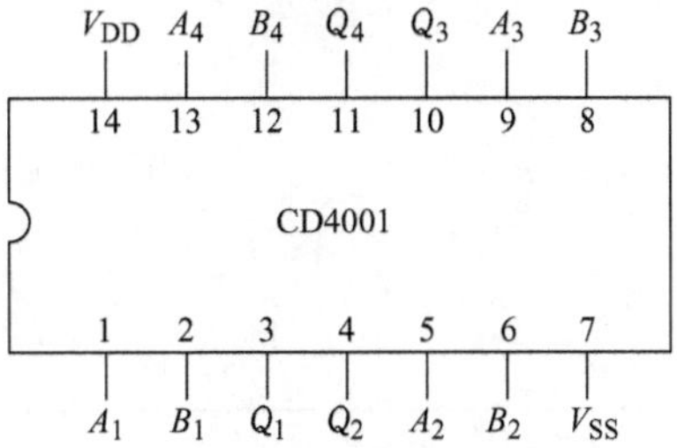

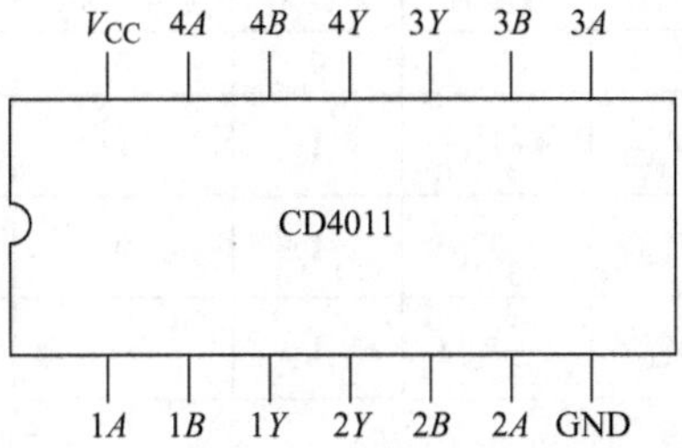

（续）

引脚图	功能表

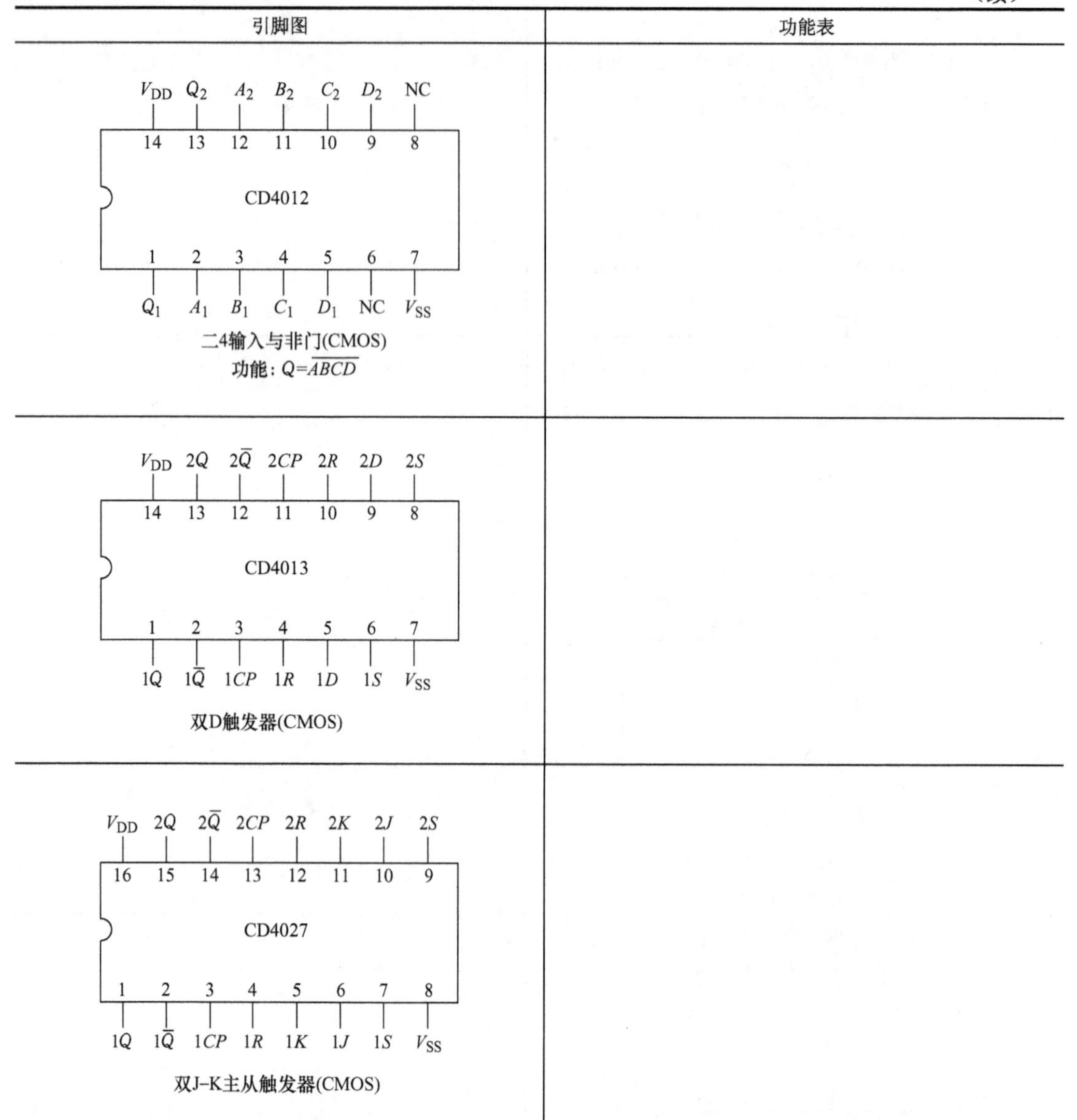

二4输入与非门(CMOS)

功能：$Q=\overline{ABCD}$

双D触发器(CMOS)

双J-K主从触发器(CMOS)

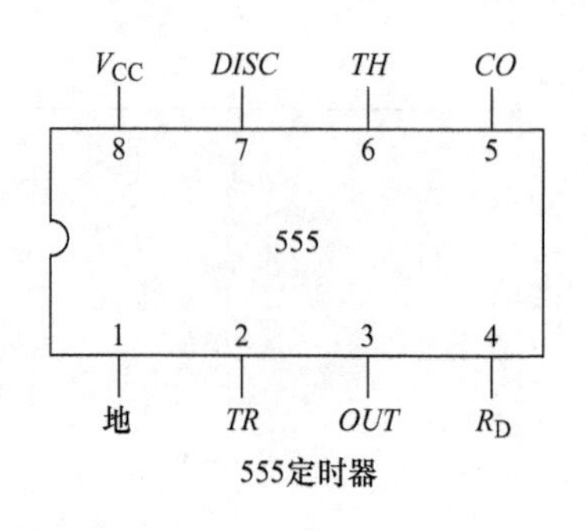

555定时器

555 定时器功能表

输入			输出	
阈值 TH	触发 TR	复位 R_D	放电 DISC	OUT
×	×	0	0	导通
$<\frac{2}{3}V_{CC}$	$<\frac{1}{3}V_{CC}$	1	1	截止
$>\frac{2}{3}V_{CC}$	$>\frac{1}{3}V_{CC}$	1	0	导通
$<\frac{2}{3}V_{CC}$	$>\frac{1}{3}V_{CC}$	1	不变	不变

（续）

引脚图	功能表
ISP1016 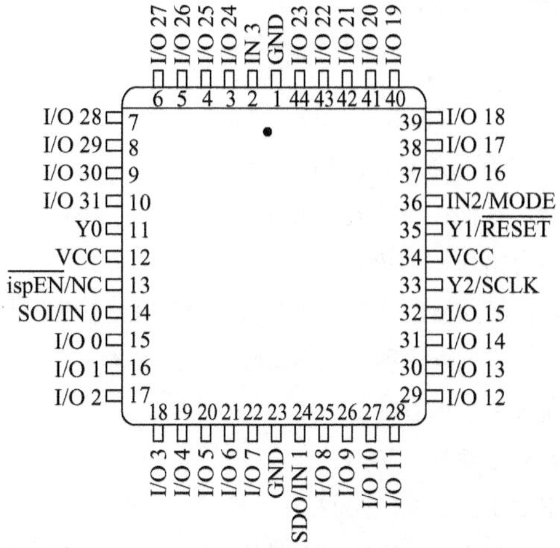 Top (pins 6–1, 44–40): I/O 27, I/O 26, I/O 25, I/O 24, IN 3, GND, I/O 23, I/O 22, I/O 21, I/O 20, I/O 19 Left (pins 7–17): I/O 28, I/O 29, I/O 30, I/O 31, Y0, VCC, $\overline{\text{ispEN}}$/NC, SOI/IN 0, I/O 0, I/O 1, I/O 2 Bottom (pins 18–28): I/O 3, I/O 4, I/O 5, I/O 6, I/O 7, GND, SDO/IN 1, I/O 8, I/O 9, I/O 10, I/O 11 Right (pins 39–29): I/O 18, I/O 17, I/O 16, IN2/MODE, Y1/$\overline{\text{RESET}}$, VCC, Y2/SCLK, I/O 15, I/O 14, I/O 13, I/O 12	
MACH-64/32 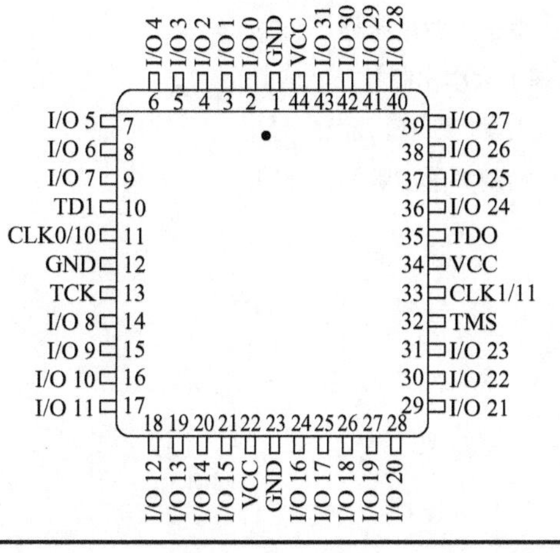 Top (pins 6–1, 44–40): I/O 4, I/O 3, I/O 2, I/O 1, I/O 0, GND, VCC, I/O 31, I/O 30, I/O 29, I/O 28 Left (pins 7–17): I/O 5, I/O 6, I/O 7, TD1, CLK0/10, GND, TCK, I/O 8, I/O 9, I/O 10, I/O 11 Bottom (pins 18–28): I/O 12, I/O 13, I/O 14, I/O 15, VCC, GND, I/O 16, I/O 17, I/O 18, I/O 19, I/O 20 Right (pins 39–29): I/O 27, I/O 26, I/O 25, I/O 24, TDO, VCC, CLK1/11, TMS, I/O 23, I/O 22, I/O 21	

参考文献

[1] 闫石. 数字电子技术基础 [M]. 5 版.北京：高等教育出版社，2010.

[2] 康华光. 电子技术基础数字部分 [M]. 6 版.北京：高等教育出版社，2014.

[3] 郭照南，孙胜麟.电子技术与 EDA 技术实验及仿真[M]. 长沙：中南大学出版社，2012.

[4] 陈意军. 电路学习指导与实验教程[M]. 北京：高等教育出版社，2006.

[5] 余孟尝. 数字电子技术基础简明教程（第三版）教学指导书[M]. 北京：高等教育出版社，2006.

[6] 江晓安，董秀峰，张军，等. 数字电子技术[M]. 西安：西安电子科技大学出版社，2008.

[7] 刘守义，钟苏. 数字电子技术[M]. 西安：西安电子科技大学出版社，2012.

[8] 邓木生. 数字电子电路分析与应用[M]. 北京：高等教育出版社，2008.

[9] 胡晓光. 数字电子技术基础[M]. 北京：北京航天航空大学出版社，2007.

[10] 马艳阳，侯艳红，张生杰. 数字电子技术项目化教程[M]. 西安：西安电子科技大学出版社，2013.

[11] 黎小桃，余秋香. 数字电子分析与应用[M]. 北京：北京理工大学出版社，2014.

[12] 李玉山，来新泉. 电子系统集成设计技术[M]. 北京：电子工业出版社，2002.

[13] 李汉珊，电工与电子技术实验指导[M]. 北京：北京理工大学出版社，2009.

[14] 黄俊仕，李彩云. 数字电子技术[M]. 广州：华南理工大学出版社，2015.

[15] 华满香，刘小春，陈庆. 电气自动化技术[M]. 长沙：湖南大学出版社，2017.